国家社科基金一般项目
“中国低碳城市建设的非技术创新系统研究”

通往碳中和

城市低碳建设的非技术创新

Towards Carbon Neutrality: Upgrading the Non-technological Innovation System for China's Low Carbon City Building

蒋尉 著

中国社会科学出版社

图书在版编目（CIP）数据

通往碳中和：城市低碳建设的非技术创新／蒋尉著．—北京：中国社会科学出版社，2021.3（2021.10重印）

ISBN 978－7－5203－7717－1

Ⅰ.①通… Ⅱ.①蒋… Ⅲ.①节能—生态城市—城市建设—研究—中国 Ⅳ.①X321.2

中国版本图书馆CIP数据核字（2020）第270966号

出 版 人 赵剑英
责任编辑 安 芳
责任校对 李 莉
责任印制 李寡寡

出 版 中国社会科学出版社
社 址 北京鼓楼西大街甲158号
邮 编 100720
网 址 http://www.csspw.cn
发 行 部 010－84083685
门 市 部 010－84029450
经 销 新华书店及其他书店

印 刷 北京明恒达印务有限公司
装 订 廊坊市广阳区广增装订厂
版 次 2021年3月第1版
印 次 2021年10月第2次印刷

开 本 710×1000 1/16
印 张 18.5
插 页 2
字 数 235千字
定 价 98.00元

凡购买中国社会科学出版社图书，如有质量问题请与本社营销中心联系调换
电话：010－84083683
版权所有 侵权必究

目　　录

第一章

导　论

气候变化带来的全球影响已是国际社会的共识，以遏制气候变暖为主题展开的世界各国“博弈”，不仅直接影响广大发展中国家的现代化进程，而且直接影响各国间在全球中的生存环境和生态资本再分配。[①] 各国政府能做的首先便是规划未来，有意识地减缓和适应气候变化，进行低碳转型，实现可持续发展。[②] 这就要求有一个清晰的法律制度、政策目标和战略框架。

作为发展中国家，我国高度重视应对气候变化，积极主动承担自己的责任和义务，并推动全球气候治理进程。2017 年习近平总书记在联合国日内瓦总部发表题为“共同构建人类命运共同体”的主旨演讲中提到坚持绿色低碳，平衡推进 2030 年可持续发展议程，建设清洁美丽的世界。中国将继续采取行动应对气候变化，百分之百承担自己的义务。[③] 在 2018 年的全国生态大会上，习近平总书记提出要全方位、全地域、全过程开展生

---

① 潘家华、黄承梁、庄贵阳、李萌、娄伟：《指导生态文明建设的思想武器和行动指南》，《环境经济》2018 年第 Z2 期。

② Andrew Macintosh, “A Thepretical Framework for Adaption Policy”, in Tim Bonyhady, Andrew Macintosh, and Jan McDonald (ed.), *Adaptation to Climate Change*, Sydney: The Ferderation Press, 2010.

③ 参见习近平《共同构建人类命运共同体》，中国共产党新闻网，http://cpc.people.com.cn/n1/2017/0120/c64094-29037658.html，登录时间 2018 年 5 月 4 日。

态文明建设，将生态环境保护定义为关系党的使命宗旨的重大政治问题。[①] 2019 年 10 月习近平总书记致信"太原能源低碳发展论坛"，再次强调要高度重视低碳发展，积极推进能源消费、供给、技术、体制革命。2020 年 9 月习近平主席在第七十五届联合国大会一般性辩论上做出碳达峰和碳中和的国际承诺，我国将提高国家自主贡献力度，采取更加有力的政策和措施，二氧化碳排放力争 2030 年前达到峰值，努力争取 2060 年前实现碳中和。这彰显了我国积极应对气候变化、走绿色低碳发展道路，加快生态文明建设的坚定决心和共建人类命运共同体的责任担当。

绿色低碳发展是生态文明制度建设的核心理念，[②] 而城市则是绿色低碳发展的重要载体。在绿色、低碳发展成为社会共识的背景下，地方各级政府已相应地将"绿色""低碳""生态环保"等词汇纳入政府文件，但并非所有的地区都能将它们列入其优先战略，或者主动进行绿色低碳转型。在我国低碳城市建设的调研中发现，有的地区低碳发展尚停留在"末端治理"阶段，只是被动地对已发生的且比较显著的环境问题着手解决，而非主动地采取"源头治理"方式来探索低碳转型路径，地方政府对低碳转型的紧迫感往往不及 GDP 增长与招商引资等目标。究其原因，除了认知局限外，更重要的是我国低碳城市建设尚待突破其非技术创新（Non - technological Innovation）系统的瓶颈，如应建立纵向多层传导和反馈机制以及横向的协调机制，使得政策目标与地方的生态文化和地方诉求能够更好地兼容；实现治理机制和评价体系的"绿色""低碳"转型；建立和完善有关低碳发展的标准和标识体系。以便在此基础上，协调各部门来激励和推动各种力量运用低碳技术以及实施相应

---

① 习近平在 2018 年全国生态大会上的讲话，参见 http：//www. xinhuanet. com/politics/2018 - 05/20/c_ 1122859915. htm，登录时间 2018 年 5 月 24 日。

② 《中国公布生态文明体制改革总体方案》，新华网，http：//news. xinhuanet. com/politics/2015 - 09/21/c_ 1116632281. htm，登录时间 2017 年 9 月 21 日。

的政策措施于地方的低碳发展，并减少实践过程中的效率损失和增进公平。基于此，本书引入“非技术创新系统”概念，介入并扩展了MLG模型，基于对案例城市的田野调查及深度访谈等手段，以及第一、二、三批低碳试点城市的比较研究，从多层治理的视角来探讨我国低碳城市建设的非技术创新系统。

第一节　低碳及低碳城市概念的提出与发展

低碳的概念最初产生于经济发展领域。英国在2003年《能源白皮书》中首次正式提出“低碳经济”的概念。在低碳经济的内涵上，塔皮欧（Tapio P.）基于“脱钩弹性”（decoupling elasticity）概念，根据不同弹性值，将衡量温室气体排放与经济增长之间脱钩程度的指标细化为八大类；[①] 潘家华提出低碳经济的重点在低碳，目的在发展，要寻求全球水平、长时间尺度的可持续发展；[②] 张坤民等认为，低碳经济是采用低碳能源、零碳能源或去碳技术的经济，是资源节约与环境友好型社会的组成部分。[③] 随后，低碳的理念由经济发展领域扩展到社会生活领域和具体实践的载体层面。如从讨论低碳生产延伸到低碳生活、低碳社区，进而聚焦到低碳城市建设。较之于低碳经济从概念内涵和政策含义上更侧重于生产领域及其能源利用，低碳社会则更加重视消费领域。[④] 作为低碳实践的主要载体，城市由于具有巨大的温室气体排放贡献率以及强大的资

---

① Tapio P.，“Towards a Theory of Decoupling：Degrees of Decoupling in the EU and the Case of Road Traffic in Finland between 1970 and 2001”，*Journal of Transport Policy*，Vol. 12，No. 2，2005.

② 潘家华：《低碳发展的社会经济与技术分析》，社会科学文献出版社2004年版。

③ 张坤民、潘家华、崔大鹏：《低碳经济论》，中国环境科学出版社2008年版。

④ 周枕戈、庄贵阳、陈迎：《低碳城市建设评价：理论基础、分析框架与政策启示》，《中国人口·资源与环境》2018年第6期。

源调动力与影响力，从而成为低碳发展的关键平台，[①] 因此低碳城市建设也成为该研究领域的一大主题。

对于低碳城市的概念和内涵，国内外学者，以及不同研究机构和组织都从不同的角度做了解释。如世界自然基金会（WWF）以及国家发展和改革委员会能源所《2050 年中国能源和碳排放》研究课题组认为，低碳城市是指城市在经济高速发展的前提下，保持能源消耗和二氧化碳排放处于较低水平；[②] 气候组织认为，低碳城市就是在城市内推行低碳经济，实现城市的低碳排放，甚至是零碳排放；[③] 中国科学院可持续发展战略研究组认为，低碳城市是指城市在发展低碳经济条件下，以低碳产业和绿色低碳化生产为主导，来改变居民生活方式和消费观念及模式，实现最大限度地减少温室气体的排放；[④] 杨丽等（Li Yang & Yanan Li）认为低碳城市意味着我们必须推动低碳经济，包括城市的低碳生产和低碳消费，建立节能环保的社会，建立良性和可持续的能源生态系统。[⑤]

上述关于低碳城市的定义具有三个共同点：其一，低碳城市是以低碳经济为基础的，因此仍然要保持经济发展，并遵循低能耗、低污染、低排放、高效益等特征；其二，低碳城市不仅涉及技术、产品等方面，还涉及社会、经济、文化、理念，以及生产方式和消费模式等方面，需要统筹考虑；其三，低碳城市建设是一个多目标问题，如何实现经济发展、生态环境保护以及居民生活水平提高等

---

① 苏美蓉、陈彬、陈晨等：《中国低碳城市热思考：现状、问题及趋势》，《中国人口·资源与环境》2012 年第 3 期。

② 刘钦普：《国内低碳城市的概念及评价指标体系研究评述》，《南京师大学报》（自然科学版）2014 年第 2 期。

③ 气候组织：《中国低碳领导力：城市》报告［R/OL］．［2011 - 08 - 01］，参见 http：//www. docin. com/p - 19028193. html? docfrom = rrela，登录时间 2019 年 3 月 15 日。

④ 中国科学院可持续发展战略研究组：《2009 中国可持续发展战略报告：探索中国特色的低碳道路》，科学出版社 2009 年版。

⑤ Yang Li，and Yanan Li，“Low - carbon City in China”，*Sustainable Cities and Society*，Vol. 9，December，2013.

多目标共赢，则是低碳城市建设的关键。[①]

第二节　中国低碳城市试点的拓展

在生态文明建设的大背景下，为确保我国控制温室气体排放行动目标，实现绿色低碳转型，国家发展和改革委员会于 2010 年、2012 年和 2017 年相继组织开展了三批低碳省区和城市试点的工作。2010 年 10 月，五省八市确定为第一批低碳试点，即广东、辽宁、湖北、陕西、云南五省，以及天津、重庆、深圳、厦门、杭州、南昌、贵阳、保定八市。[②]

在第一批试点工作取得初步成效的基础上，为进一步探寻不同类型地区控制温室气体排放的可行性路径，实现绿色低碳发展，国家发展和改革委员会于 2012 年扩大试点范围，根据地方申报情况，并统筹考虑各申报地区的工作基础、示范性和试点布局的代表性等因素，确定了 29 个省市开展第二批国家低碳省区和低碳城市的试点工作。其中包括北京市、上海市、海南省、石家庄市、秦皇岛市、晋城市、呼伦贝尔市、吉林市、大兴安岭地区、苏州市、淮安市、镇江市、宁波市、温州市、池州市、南平市、景德镇市、赣州市、青岛市、济源市、武汉市、广州市、桂林市、广元市、遵义市、昆明市、延安市、金昌市、乌鲁木齐市等试点。[③]

2017 年 1 月，根据“十三五”规划《纲要》《国家应对气候变

① 苏美蓉、陈彬、陈晨等：《中国低碳城市热思考：现状、问题及趋势》，《中国人口·资源与环境》2012 年第 3 期。

② 国家发展和改革委员会：《关于开展低碳省区和低碳城市试点工作的通知》，2010 年 7 月。

③ 国家发展和改革委员会：《关于开展第二批国家低碳省区和低碳城市试点工作的通知》，2012 年 12 月，http：//www. ndrc. gov. cn/gzdt/201212/t20121205_ 517506. html，登录时间 2018 年 3 月 1 日。

化规划（2014—2020年）》和《“十三五”控制温室气体排放工作方案》要求，为扩大国家低碳城市试点范围，鼓励更多的城市探索低碳发展道路，国家发展和改革委员会再次开展了第三批低碳城市试点的工作。在考察申报地区的试点实施方案、工作基础、示范性和试点布局的代表性等因素的基础上，确定了第三批低碳城市试点的范围。其中包括乌海市、沈阳市、大连市、朝阳市、逊克县、南京市、常州市、嘉兴市、金华市、衢州市、合肥市、淮北市、黄山市、六安市、宣城市、三明市、共青城市、吉安市、抚州市、济南市、烟台市、潍坊市、长阳土家族自治县、长沙市、株洲市、湘潭市、郴州市、中山市、柳州市、三亚市、琼中黎族苗族自治县、成都市、玉溪市、普洱市思茅区、拉萨市、安康市、兰州市、敦煌市、西宁市、银川市、吴忠市、昌吉市、伊宁市、和田市、新疆建设兵团第一师阿拉尔市等45个市（县/区）。[①] 至此，共有87个省市区有组织地开展了低碳试点工作。

第三节　中国低碳城市的研究进展

中国低碳城市的发展进展引起了国内外学者深入而全面的研究。近年来学界对低碳城市的研究主要有四方面的变化，一是对低碳城市的研究重点由概念内涵和宏观层面转向与城市交通、城市规划等较为微观的话题相联系；二是对低碳城市的研究空间尺度由单个城市向家庭、社区、城市群等不同的层面和范围扩展；三是对低碳城市的评估方法和指标体系构建趋向综合全面性；四是低碳城市的评估维度和范围也在不断延伸。

---

① 国家发展和改革委员会：《关于开展第三批国家低碳省区和低碳城市试点工作的通知》，2017年1月，http：//www.ndrc.gov.cn/zcfb/zcfbtz/201701/t20170124_836394.html，登录时间2018年3月1日。

一　低碳城市研究重点的转变

低碳城市研究的重点由宏观层面的概念内涵逐渐转向与城市交通、城市规划、企业责任、公民义务等较为微观具体的话题相联系。

2008年初，住房和城乡建设部首次提出了“低碳城市”的理念，此时的研究主要集中于低碳城市的概念内涵，如辛章平、张银太、戴亦欣、刘志林等。[①] 随着2010年以来我国依次启动了三批低碳城市试点的建设，同时期国内学者对低碳城市的关注度与研究也开始增长，[②] 并且主要研究重点由概念内涵逐渐转向与城市交通、城市规划等较为微观的话题相联系，如桂晓峰、张凌云及张玮等研究了低碳城市交通；[③] 费衍慧和林震分析了城市绿色建筑；[④] 张泉、叶兴平等，以及叶祖达、王雅捷和何永等分别从主要维度、成本效益、技术方法研究了低碳城市规划；[⑤] 而杜栋和葛韶阳基于系统工程方法研究了低碳城市规划、建设与管理之间的统筹。[⑥] 帕特里克和史蒂芬（Patrick Moriartya & Stephen Jia Wang）认为虽然增加可

---

① 辛章平、张银太：《低碳经济与低碳城市》，《城市发展研究》2008年第4期；戴亦欣：《中国低碳城市发展的必要性和治理模式分析》，《中国人口·资源与环境》2009年第3期；刘志林、戴亦欣、董长贵等：《低碳城市理念与国际经验》，《城市发展研究》2009年第6期。

② 杨威杉、蔡博峰、王金南等：《中国低碳城市关注度研究》，《中国人口·资源与环境》2017年第2期。

③ 桂晓峰、张凌云：《低碳型城市交通发展初探》，《城市发展研究》2010年第11期；张玮、魏津瑜、康在龙等：《低碳视角下的现代城市公共交通发展战略研究》，《科技管理研究》2013年第20期。

④ 费衍慧、林震：《低碳城市建设中的绿色建筑发展研究》，《中国人口·资源与环境》2010年第S2期。

⑤ 张泉、叶兴平、陈国伟：《低碳城市规划——一个新的视野》，《城市规划》2010年第2期；叶祖达：《低碳城市规划建设：成本效益分析》，《城市规划》2010年第8期；王雅捷、何永：《基于碳排放清单编制的低碳城市规划技术方法研究》，《中国人口·资源与环境》2015年第6期。

⑥ 杜栋、葛韶阳：《基于系统工程方法统筹低碳城市规划、建设与管理》，《科技管理研究》2016年第24期。

再生能源的使用和提高能源效率都是可取的，但是到 2050 年它们将无法显著减少化石燃料的使用，由于相关的技术解决方案在未来几十年内无法实现，因而城市生活方式的改变将是必要的。[①] 此外，不少学者对低碳城市的发展，低碳转型的政府职能、政策工具、企业责任、公民义务等方面都做了有益的探索。[②]

二　低碳城市研究空间范围的扩展

低碳城市研究的空间尺度由单个城市逐渐向家庭、社区、城市群等不同的层面和范围扩展。

对于低碳城市的研究空间尺度，最初更多的是对单个城市的研究，如陈飞和诸大建对作为全国首批低碳试点城市之一的上海进行了低碳发展路径研究，[③] 随后谢华生等研究了天津市的低碳发展，[④] 张莹对武汉市的低碳发展进行了评价。[⑤] 伴随着对低碳城市的认识与研究不断深入与全面，对城市不同空间层面的关注度也不断提高，学者们从城市内部研究了低碳城市的组成元素，如郑思齐和霍燚对城市中居民家庭的研究、[⑥] 秦波和邵然等对于城市社区的研究、[⑦] 董锴和侯光辉对景区社区的研究、庞博和方创琳以城镇为对

---

① Patrick Moriartya, Stephen Jia Wang, "Low - carbon Cities: Lifestyle Changes are Necessary", *Energy Procedia*, Vol. 61, December, 2014.

② 庄贵阳：《低碳经济与城市建设模式》，《开放导报》2010 年第 6 期；姚红、游珍、方淑荣等：《低碳经济背景下地方政府环境政策执行力调控研究》，《环境科技》2011 年第 4 期；郑振宇：《论低碳经济时代的政府管理创新》，《未来与发展》2011 年第 9 期。

③ 陈飞、诸大建：《低碳城市研究的理论方法与上海实证分析》，《城市发展研究》2009 年第 10 期。

④ 谢华生、杨勇、虞子婧等：《天津市低碳发展路径探讨》，《中国人口·资源与环境》2010 年第 S2 期。

⑤ 张莹：《基于低碳评价指标的武汉低碳城市建设研究》，《中国软科学》2011 年第 S1 期。

⑥ 郑思齐、霍燚：《低碳城市空间结构：从私家车出行角度的研究》，《世界经济文汇》2010 年第 6 期。

⑦ 秦波、邵然：《城市形态对居民直接碳排放的影响——基于社区的案例研究》，《城市规划》2012 年第 6 期。

象的研究；[1] 从城市外部，学者们研究了低碳城市的空间集聚效应，如刘细良和秦婷婷对长株潭城市群交通系统优化的研究、[2] 单卓然和黄亚平研究了长江中游城市群的健康发展；[3] 周军和马晓丽研究了京津冀协同发展下的低碳城市发展规划；[4] 史丹等以北京、天津、石家庄为"煤改气、电"政策实施的实验组，河北省其余 10 个地级市为对照组，基于 DID 模型与 PSM - DID 模型对 2003—2015 年京津冀地区的"煤改气、电"政策实施推动城市群绿色发展的效果进行了准自然实验分析。[5]

三　低碳城市评估方法和指标体系构建的综合化

低碳城市的评估方法和指标体系的构建越来越综合和全面。

在低碳城市评估方法和指标体系的构建方面，由单一性逐渐向综合性发展，而且空间特征和政策工具的重要性不断加强。陈飞和诸大建采用人均 GDP 能耗的弹性系数来评价上海的低碳发展效果；[6] 任福兵等基于低碳社会的内涵和特点，建立了三级多指标的低碳社会评价指标体系；[7] 蒋惠琴和张丽丽以城市为基本单位，构建了低碳发展、经济发展及社会发展"三位一体"的低碳城市评价

---

① 庞博、方创琳：《智慧低碳城镇研究进展》，《地理科学进展》2015 年第 9 期。

② 刘细良、秦婷婷：《低碳经济视角下的长株潭城市群交通系统优化研究》，《经济地理》2010 年第 7 期。

③ 单卓然、黄亚平：《跨省域低碳城市群健康发展策略初探——以长江中游城市群为例》，《现代城市研究》2013 年第 12 期。

④ 周军、马晓丽：《京津冀协同发展视角下低碳城市发展规划及路径》，《人民论坛》2015 年第 32 期。

⑤ 史丹、李少林：《京津冀绿色协同发展效果研究——基于"煤改气、电"政策实施的准自然实验》，《经济与管理研究》2018 年第 11 期。

⑥ 陈飞、诸大建：《低碳城市研究的理论方法与上海实证分析》，《城市发展研究》2009 年第 10 期。

⑦ 任福兵、吴青芳、郭强：《低碳社会的评价指标体系构建》，《江淮论坛》2010 年第 1 期。

指标体系；[①] 巩翼龙和魏大泉运用层次分析法构建了三级指标的公路交通绿色低碳化评价模型，分别从交通的规模、路网结构、交通实用效率、交通占有率、交通能耗、交通排碳等方面对黑龙江省进行了公路交通绿色低碳化评价；[②] 王赢政等构建了包含低碳经济、社会、环境、能源、理念及政策等的评价指标体系，并采用层次分析法（AHP）对杭州市进行了实证研究；[③] 杜栋和王婷在中国社会科学院2010年提出的低碳城市标准体系的基础上构建了以低碳建筑、低碳交通、低碳产业、低碳消费、低碳能源、低碳政策，以及低碳技术为准则层，以人均碳排放、零碳能源在一次能源中所占比例、单位能源生产排放量等为指标层的低碳城市评价指标体系；[④] 连玉明借鉴 DPSIR 模型构建了以低碳城市发展水平为目标层，以经济发展、资源承载、社会进步、生活质量、环境保护 5 个方面为准则层，包含人均 GDP、居民可支配收入等 20 个客观性指标，碳生产率、低碳产业政策完善度等 10 个导向性指标等在内的低碳城市综合评价指标体系，进而采用 Spearman 秩相关系数和主成分分析方法，对中国 35 个重点城市的低碳发展水平进行了实证分析；[⑤] 杜栋、庄贵阳等建立了以基本状况评价、政策落实评价、措施实施评价、发展状况评价为主要指标的"评建结合"的低碳城市指标体系；[⑥] 杜栋、葛韶阳和王慕宇通过对选出的直接规制、碳税、碳排放权交易、财政补贴、政策倡议和政府采购 6 个政策工具进行量化

---

① 蒋惠琴、张丽丽：《低碳城市综合评价指标体系研究》，《经营与管理》2012 年第 11 期。

② 巩翼龙、魏大泉：《低碳公路交通评价模型的构建与应用——以黑龙江省为例》，《武汉大学学报》（工学版）2012 年第 6 期。

③ 王赢政、周瑜瑛、邓杏叶：《低碳城市评价指标体系构建及实证分析》，《统计科学与实践》2011 年第 1 期。

④ 杜栋、王婷：《低碳城市的评价指标体系完善与发展综合评价研究》，《中国环境管理》2011 年第 3 期。

⑤ 连玉明：《中国大城市低碳发展水平评估与实证分析》，《经济学家》2012 年第 5 期。

⑥ 杜栋、庄贵阳、谢海生：《从"以评促建"到"评建结合"的低碳城市评价研究》，《城市发展研究》2015 年第 11 期。

处理，并与低碳城市建设评价的指标体系联系起来，建立政策工具的有效性分析模型；[①] 段永蕙等从低碳经济、低碳社会、低碳能源、低碳环境 4 个方面选取指标，构建低碳城市评价指标体系，并运用主成分分析法和聚类分析法以及 GIS 模型，对山西 11 个地级市进行低碳城市评价与空间格局分析；[②] 朱婧等以东北亚低碳城市平台（NEA - LCCP）、ELITE 中国低碳生态城市评价工具、ISO 37120 对于城市可持续性评价的指标体系为基础，提取出涉及能耗、碳排放、城市主要领域（工业、交通、建筑）以及废弃物处理等与低碳城市建设直接相关的 30 个指标，并采用“压力—状态—响应”（press - state - response，PSR）分析方法，构建了中国低碳城市建设的评价指标体系；[③] 吴健生等以低碳开发、低碳经济、低碳环境、城市规模与能源消耗 5 个方面 22 个指标构建了低碳城市的三级指标评价体系，并引入遥感影像中的 DMSP - OLS 夜间灯光数据集与 PM2.5 浓度反演影像，利用因子分析、聚类分析及空间相关性分析对低碳城市进行了综合性研究；[④] 杜栋等基于投入产出模型，以城市低碳建设过程中的技术、资金、政策 3 个方面的指标作为投入，并选取总体发展、生产、生活 3 个方面的指标来描述产出，构建了低碳城市建设评价体系。[⑤]

陈世庭（Sieting Tan）等人以经济、社会、环境为目标层构建

---

① 杜栋、葛韶阳、景雪琴：《低碳城市建设政策工具包的建立及政策工具的有效性分析》，《环境保护与循环经济》2016 年第 6 期；杜栋、王慕宇：《低碳城市建设政策工具的有效性分析》，《华北电力大学学报》（社会科学版）2017 年第 1 期。

② 段永蕙、针宏艳、张乃明：《山西省低碳城市评价与空间格局分析》，《生态经济》2018 年第 4 期。

③ 朱婧、刘学敏、张昱：《中国低碳城市建设评价指标体系构建》，《生态经济》2017 年第 12 期。

④ 吴健生、许娜、张曦文：《中国低碳城市评价与空间格局分析》，《地理科学进展》2016 年第 2 期。

⑤ 杜栋、李亚琳：《基于“投入—产出”角度的低碳城市建设评价体系研究》，《上海环境科学》2018 年第 2 期。

了低碳城市三级的评估体系，并考虑了政策、规划等对未来的影响，选取伦敦、悉尼、斯德哥尔摩、墨西哥城、北京、约翰内斯堡、圣保罗、温哥华、纽约、东京 10 个城市进行了评估，结果显示，伦敦的低碳水平最高。① 郝斯尼等（Hossny Azizalrahman & Valid Hasyimi）构建了一个包含经济、土地利用、水、交通、能源、碳排放等参数的低碳城市评估模型，并对上述 10 个城市进行了实证研究。② 纳兹鲁尔（Md. Nazirul Islam Sarker）等以中国新型城镇化为背景，对低碳城市的发展从概念、政策等方面进行了总结分析，认为一个标准的评价指标体系应该由政府来控制，能够监控和激发人们使用低碳技术，他们认为应做进一步的研究，以确定政府机构在低碳城市发展中所发挥的作用，从而解决如何提高中国低碳城市试点项目绩效的问题。③ 刘伟、秦波（Wei Liu & Bo Qin）从目标、内容、工具三个方面分析了中国的低碳城市政策，认为，尽管在实施过程中尚存在不少问题，但中国已经基本形成了一个多层次、多主体的低碳城市发展决策过程，民间社会在未来应该发挥更大的作用。④

四　低碳城市评估维度的拓展

低碳城市评估维度方面，由单维度截面评估逐渐趋向双维度时空评估，且评估区域由发达地区向欠发达地区延伸。

对于截面维度的评估，既有单个城市，也有多个发达城市。如

---

① Tan Sieting, Jin Yang, Jinyue Yan, "Development of the Low - carbon City Indicator (LCCI) Framework", *Energy Procedia*, Vol. 75, December 2015.

② Hossny Azizalrahman and Valid Hasyimi, "Towards a Generic Multi - criteria Evaluation Model for Low - Carbon Cities", *Sustainable Cities and Society*, Vol. 39, May 2018.

③ Md. Nazirul Islam Sarker, Md. Altab Hossin, Yin Xiao Hua, et al., "Low Carbon City Development in China in the Context of New Type of Urbanization", *Low Carbon Economy*, Vol. 9, No. 1, 2018.

④ Liu Wei and Bo Qin, "Low - carbon City Initiatives in China: A Review from the Policy Paradigm Perspective", *Cities*, Vol. 51, January 2016.

陈飞和诸大建对上海的实证研究、[1] 张莹对武汉的评估、[2] 马军等对东部沿海6省的评价；朱霞和路正南对江苏省13个地级市的评估等。[3] 对于时间和空间双维度的评估也从单个城市扩展到多个城市，从发达城市延伸到欠发达城市。单个城市基于时间序列的研究，如刘竹等基于“脱钩”模式对沈阳市2001—2008年进行了低碳城市评价；[4] 杨德志以主成分分析法构建的低碳城市评价体系对上海市2000—2009年的低碳发展进行了评估；[5] 朱丽运用熵值法对对广州市2000—2015年的低碳发展进行了综合评估。[6] 多个城市基于面板数据的评估，如宋伟轩构建低碳城市评价指标体系，对长江沿岸28个城市在2004—2008年的低碳发展进行聚类分析与评价；[7] 王锋等构建了城市低碳发展指数模型，对江苏省13个城市2005—2011年的数据进行了纵向和横向的对比研究；[8] 庄贵阳等选取100个城市包括发达城市与欠发达城市开展了中国城市低碳发展水平的综合评价；[9] 刘骏等应用DPSIR模型构建评估指标体系，对欠发达

---

① 陈飞、诸大建：《低碳城市研究的理论方法与上海实证分析》，《城市发展研究》2009年第10期。

② 张莹：《基于低碳评价指标的武汉低碳城市建设研究》，《中国软科学》2011年第S1期。

③ 马军、周琳、李薇：《城市低碳经济评价指标体系构建——以东部沿海6省市低碳发展现状为例》，《科技进步与对策》2010年第22期。

④ 刘竹、耿涌、薛冰等：《基于“脱钩”模式的低碳城市评价》，《中国人口·资源与环境》2011年第4期。

⑤ 杨德志：《基于主成分分析法的低碳城市发展综合评价》，《通化师范学院学报》2011年第4期。

⑥ 朱丽：《2000—2015年广州城市低碳可持续发展进程研究》，《生态环境学报》2018年第5期。

⑦ 宋伟轩：《长江沿岸28个城市的绿色低碳化发展评价》，《地域研究与开发》2012年第1期。

⑧ 王锋、刘传哲、吴从新等：《城市低碳发展指数的构建与应用——以江苏13城市为例》，《现代经济探讨》2014年第1期。

⑨ 庄贵阳、朱守先、袁路等：《中国城市低碳发展水平排位及国际比较研究》，《中国地质大学学报》（社会科学版）2014年第2期。

地区典型的低碳城市——贵阳进行了评价；[①] 吴健生等运用综合方法、多项指标对2006年及2010年284个地级及以上城市进行了低碳效果评估；[②] 石龙宇和孙静（2018）采用城市低碳发展评价指标体系及综合评价指数，对中国35个城市2010—2015年的低碳发展水平及趋势进行了评价与分析。[③] 中国社会科学院城市与环境研究所在已有研究的基础上从宏观领域、能源、产业、低碳生活、资源环境、低碳政策创新六个维度开发了一套低碳城市建设评价指标体系，并利用该指标体系对2010年和2015年全国三批70个低碳试点城市（地级市）进行了多维度评估，得出了低碳试点工作取得积极成效的结论，并发现低碳城市演进的规律和存在局部不平衡、低碳政策效果未完全发挥等问题，并提出了以系统工程思维规划布局、完善"以评促建""评建结合"的制度、发挥低碳建设与区域发展的协同效应、把握标准化趋势等政策建议。[④]

国内外学者从低碳经济及低碳城市的内涵、技术途径、政策工具以及发展水平评估等方面都做了深入的研究。其中对低碳城市建设及其评价指标的探讨主要集中在单位GDP碳排放、低碳技术的应用、低碳社会、低碳能源、低碳政策等层面，而对低碳发展的非技术创新系统尚缺乏专门的深入研究。

第四节　理论框架、研究思路、主要方法与数据采集

本书紧扣党的十九大"加快生态文明体制改革，建设美丽中

① 刘骏、胡剑波、袁静：《欠发达地区低碳城市建设水平评估指标体系研究》，《科技进步与对策》2015年第7期。

② 吴健生、许娜、张曦文：《中国低碳城市评价与空间格局分析》，《地理科学进展》2016年第2期。

③ 石龙宇、孙静：《中国城市低碳发展水平评估方法研究》，《生态学报》2018年第15期。

④ 陈楠、庄贵阳：《中国低碳试点城市成效评估》，《城市发展研究》2018年第10期。

国”的重要精神，结合三批低碳城市试点的发展开展案例研究，以盖里·马克斯（Gary Marks）提出的多层治理（MLG，multi - level governance）为理论框架，从非技术创新的视角，探求我国低碳城市建设有效的多层治理机制和评价体系。这对我国低碳城市建设研究是一个积极的尝试，并具有实践创意。

一 理论框架

本书引入和扩展了 MLG 多层治理作为理论框架，从管理学、社会学与经济学等学科有机结合的理论视角，讨论我国低碳城市建设的非技术创新系统的构建，尤其是有效的多层治理结构、评价机制及标准体系。根据 MLG 理论框架，结合我国的行政结构特点，研究确定地级市为基准层，建立 MLG 的 T1 和 T2 二维结构模型，分析“自上而下、自下而上”的政策传导、实施和反馈机制；从横向层面，解剖不同部门和机构，政府、企业、社区、公民等各利益相关者之间的沟通协调机制。在借鉴前人已有研究的基础上，运用多层治理模型构建二维框架，研究低碳城市建设的非技术创新。

二 研究思路

本书的研究思路主要包括下述七个方面：

1. 分析低碳城市和非技术创新问题的研究概况，并讨论非技术创新在国际社会的应用案例及借鉴。

2. 通过案例城市的年鉴查阅和部门数据分析，梳理从 2010 年以来低碳试点城市发展的动态变化，讨论其中存在的问题。

3. 基于第一、二、三批低碳试点城市的跟踪调研，分析低碳城市建设的非技术创新因素。在 1、2 的研究基础上筛选出非技术创新因素，确定各项因素的权重或排序；沿着 MLG 的二维框架剖析各因素在政策形成、传导、实施和反馈过程中以及横向治理结构中的作用机理。同时通过对欧盟环境政策及其成员国的低碳发展案例的讨论，来探索欧盟低碳转型的非技术创新因素，借鉴国际经验。这部分内容侧重低碳城市建设的有效性。

4. 在1、2、3研究的基础上，探讨有效的治理框架，在前人已有研究的基础上，切分试点城市低碳发展的技术性指标与非技术创新指标，基于专家咨询及部门征求意见，调整评价体系的指标及其权重，构建低碳城市建设的非技术创新系统。这部分内容侧重低碳城市建设的可持续性。

5. 将有效治理机制和评价体系等非技术创新的政策建议分发给相关专家、地方政府及相关部门、企业负责人、社区民众代表等利益相关者，根据各方的反馈意见做出进一步的修改。

6. 以改造后的评价体系对70个地级市低碳试点城市的非技术创新水平进行评估，分批次（第一批、第二批、第三批低碳试点城市）、分类型（生态型、服务型、工业型和综合型）、分少数民族地区城市与非少数民族地区城市，进行比较分析，研究不同类型城市的非技术创新对低碳发展的贡献，以及非技术创新因素与碳生产力以及低碳发展水平之间的相关性。其中分类型探讨了案例城市的低碳发展及其非技术创新因素，包括生态功能区城市天么钦(Tiamitcheen，藏语谐音)、综合型试点城市成都、服务型试点城市三亚以及工业型试点城市西宁等，并通过对少数民族与汉族聚居社区的调研分析，探讨了民族文化心理及族际交流对低碳城市建设的影响。

7. 总结并提出建设性的政策建议，以及进一步研究的问题。

研究的技术路线如图1—1所示。

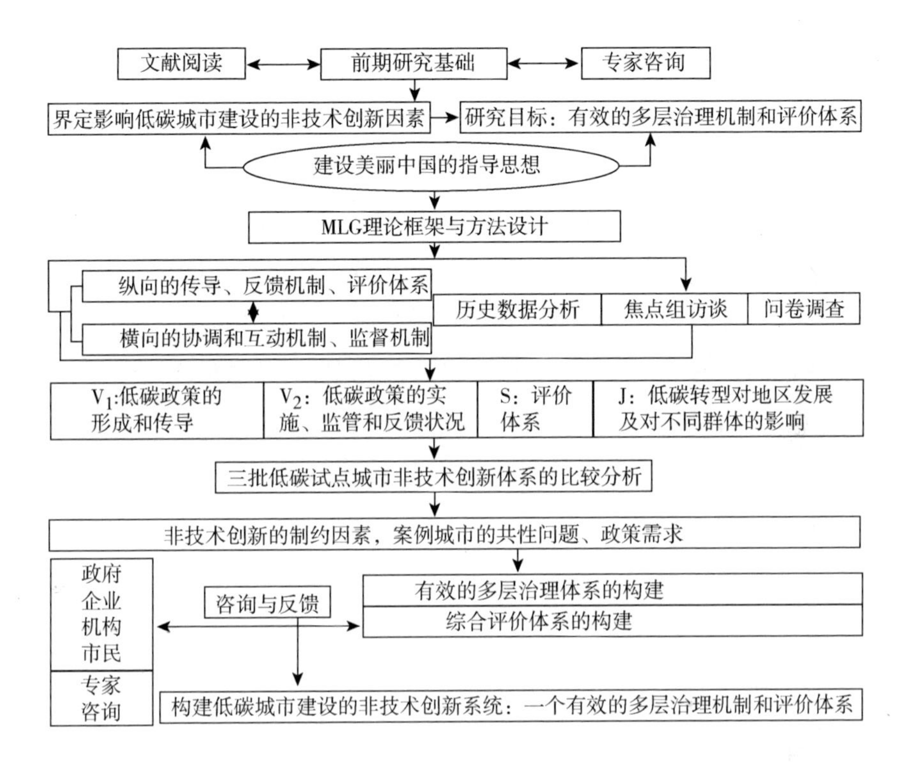

图 1—1　研究技术路线

（注：V_1，V_2：有效性；S：可持续性；J：公正性。）

三　主要方法

研究应服务于低碳城市建设实践中的现实需求，应此目标之需，本书采用多案例比较法：一是国内外比较，如非技术创新系统在国际上应用于环境政策、低碳能源推广、城市住房能效等不同领域案例的成功经验及借鉴；二是不同低碳试点城市之间的比较，如根据城市的不同发展类型分生态型、服务型、工业型及综合型四大类城市的比较，根据试点获批的不同时间，分第一、二、三批低碳试点城市的比较，此外，还有少数民族地区与非少数民族地区试点城市之间的比较等。这对以往基于单个案例或单类型的研究有所突破，弥补了代表性不足的缺陷，提高了成果的可推广性。

相应地，本书提取低碳城市建设中的非技术创新变量，以 70 个地级低碳试点城市为样本，检验非技术创新与低碳生产力以及低碳发展综合指数之间的相关性并进行回归分析，讨论非技术创新对于不同类型城市的低碳发展贡献。以非技术创新因素的视角，运用多层治理模型构建二维框架，厘清以地级市为基准层的多层结构体系，沿着 MLG 的结构脉络，结合现实问题，基于不同类型城市的比较研究，探讨低碳试点城市间存在的差异与共性问题，探求有效的治理机制和评价体系，以期为低碳城市研究提供较新颖的思路，使成果更具有现实针对性和可操作性。

四　数据来源

本书数据资料的来源由下述三部分组成：一是国家生态环境部气候司关于低碳城市试点的文件、案例城市的统计年鉴；二是中国社会科学院城市发展与环境研究所的数据库，尤其是庄贵阳老师和陈楠博士的数据分享；三是基于田野调查的第一手资料，来自作者自 2008 年以来对低碳城市的跟踪调查，主要通过焦点组访谈、一对一访谈以及问卷调查法，展开访谈和问卷调查，以掌握案例城市的低碳政策及其传导和实施路径，低碳领导能力、监管机制，不同部门和机构之间在低碳城市建设问题上的关系，案例城市的政府绩效考核体系，主要部门及其职员、社区及其居民、规模以上企业及其职员的低碳理念和行动，案例城市的政策需求等情况。并获取下述问题的一线资料：评价体系如何增进低碳发展中的公平性，以及兼顾不同功能区的特点、减少低碳政策对欠发达地区及弱势群体的负面影响；如何在政绩考核体系中体现低碳目标以提高地方决策层的转型积极性等。

五　基本结论

整体来看，非技术创新对低碳试点城市的低碳发展和碳生产力均是中等正相关，且通过了显著性检验，尤其与碳生产力的相关性更为显著，并且非技术创新对碳生产力的影响效应不断增强，即非技术创新系统是推动低碳城市建设的核心要素。一是有效的多层治理（MLG）机制：纵向维度“自上而下、自下而上”的多层级互动和协调机制；横向层面不同利益相关者之间有效有序的互动和对话机制。二是有效的评价体系：低碳城市的评价指标不仅需要关注经济、科技、环境等技术性指标，更要引入治理机制等非技术性指标；地方政府绩效考核指标则要进行定性和定量的“低碳转型”，充分体现低碳贡献。三是建立低碳发展的标准和标识体系，以此链接低碳发展的政策目标与市场机制，提高低碳城市建设的效度和效率。非技术创新对于低碳城市建设的作用在于从制度层面协调各部门、激励各种力量实施低碳政策措施和运用低碳技术，以最有效的协调、监管机制及评价体系推动低碳转型，并减少过程中的效率损失和增进公平。如奖励和补贴必须进行分类：一类针对结果，如可再生能源补贴，住房能效改善补贴；另一类针对过程，如地方政府对绿色低碳发展的教育和宣传。通过适当分类促进精准补贴的实现。

第二章

非技术创新的概念、进展及对中国低碳城市建设的意义

第一节　非技术创新的内涵和研究进展

非技术创新（Non - technological Innovation，NTI）源自熊彼得（Schumpeter）对创新的定义，他将创新分为产品、工艺、市场、原料配置和组织管理五个方面。[①] 之后创新又更明确地被切分为技术创新和非技术创新，即技术创新是包罗万象的产品和工艺创新，而非技术创新包括新的营销战略、管理技术或组织结构以及运行机制的变化，涉及治理结构和运行体系的完善。[②] 刘伟、尹家绪等将非技术创新归纳为商业模式创新、管理创新、组织结构创新、文化创新、体制创新等方面。[③] 可见，如果说技术创新是属于硬实力的话，非技术创新则是一种软实力。

仅就从对非技术创新本身的讨论上看，国内文献数量远低于国外文献。从知网上看，以“非技术创新”为搜索主题，1 次频率的

① Schumpeter，J.，*The Theory of Economic Development*，Harvard University Press：Cambridge，MA，1934.

② Damanpour，F.，Evan，W. M.，“Organizational Innovation and Performance：The Problem of ‘Organizational Lag’”，*Administrative Science Quarterly*，Vol. 29，No. 3，1984.

③ 刘伟、尹家绪：《筑信息时代的企业竞争力：企业信息化战略及其应用》，科学出版社 2004 年版。

中文文献为 63 篇，2 次频率的仅为 18 篇。而在西文过期数据库（Jstor）同样以“non – technological innovation”为主题搜索的英文文献则为期刊论文 1721 篇，书或章节 269 篇，研究报告 21 篇。涉及的内容涵盖生产设计、市场营销、社会改革、金融市场结构等方面。[①] 从对历时的频率变化上看，对非技术创新的讨论越来越频繁，在 20 世纪 30 年代之前仅有零星的文献，而随着讨论的进一步展开，文献出现的频率越来越高。

从 1908 年凡勃伦（Thorstein Veblen）在《经济学季刊》发表关于资本属性的讨论中提及隐性资本（非技术性质），[②] 到 Schumpeter 在《经济发展理论》中明确将创新分为产品、工艺、市场、原料配置和组织管理五个方面，一直到 20 世纪 50 年代，与非技术创新相关的文献累积仅不足 10 篇；而从 60 年代到 80 年代，则有了明显的增加，达到 95 篇；从 80 年代到 2000 年增加更为明显，达到 197 篇，到了 21 世纪，文献数量有了快速的增长，从 2001—2010 年达到了 1004 篇，[③] 如图 2—1 所示。非技术创新文献以显著的加速度在增长，说明非技术创新的重要性在逐渐地更多地被人们所认识。

非技术创新出现于各部门的讨论中，如赫亚德（Alexandra Hyard）研究了交通部门的非技术创新，他认为出于经济环境和社会的压力，交通部门也被迫革新，但是该部门的革新是关注提高能源经济和最终实现交通的能源转型，侧重于技术创新，而赫亚德（Alexandra Hyard）则关注于交通可持续发展的非技术创新，他认为交通不仅是制造产业还是服务产业，要实现环境和社会友好型的

① 参见 https：//www. jstor. org/action/doBasicSearch? Query = non – technological + innovation，登录时间 2019 年 10 月 26 日。

② Thorstein Veblen，“On the Nature of Capital：Investment，Intangible Assets，and the Pecuniary Magnate”，*The Quarterly Journal of Economics*，Vol. 23，No. 1，1908.

③ 参见 https：//www. jstor. org/action/doBasicSearch? Query = non – technological + innovation，登录时间 2019 年 11 月 1 日。

可持续型交通，就必须提高交通领域的非技术创新能力。[①]

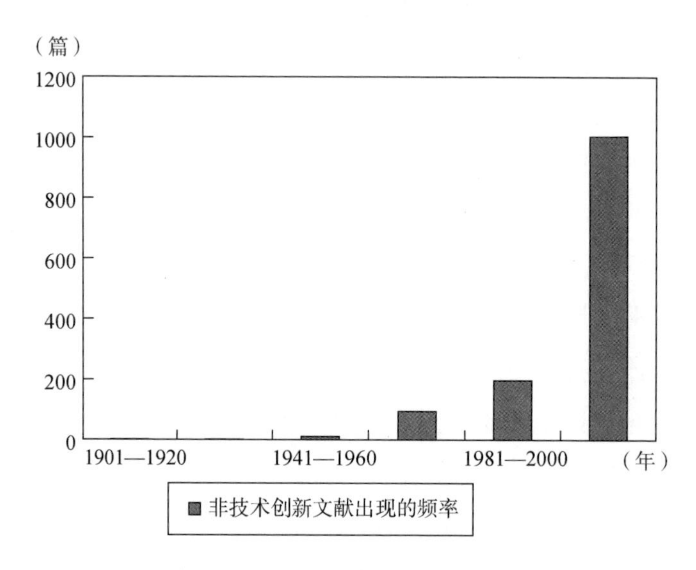

图 2—1　非技术创新文献出现频率的历时变化

资料来源：根据 JSTOR 数据库搜索的结果计算。

但对于非技术创新最普遍的讨论则是在企业管理领域。OECD与欧盟统计署联合出版的《奥斯陆手册》中阐述了非技术创新对企业战略、内部管理和外部关系的作用；[②] 雍兰利和叶微波认为广义的创新包括技术创新和非技术创新，两者构成了企业创新不可分割的整体：技术创新和非技术创新的不同因素对企业经营各具功效，而不同因素的适度联合则可发挥协同效应。[③] 李勇辉、袁旭宏、潘爱民等在论述非技术要素性质与特征的基础上，对企

① Alexandra Hyard, "Non - technological Innovations for Sustainable Transport", *Technological Forecasting & Social Change*, Vol. 80, No. 7, 2013.

② Organization for Economic Co - operation and Development (OECD), *Proposed Guidelines for Collecting and Interpreting Tchnological Innovation Data - Oslo Manual*, second edition (OECD/EC/Eurostat, 1996).

③ 雍兰利、叶微波：《简论技术创新以及非技术创新》，《科技进步与对策》2006 年第 11 期。

业非技术创新的思想形成、引导因素、选择机制、对企业绩效的影响，及其与技术创新的协同性研究进展做了系统梳理，他们认为企业非技术创新理论是创新经济学的重要内容，具有重要的实践意义，非技术要素的协同创新及其与企业绩效、技术创新的联动性，使得创新经济学研究从技术向非技术领域延伸成为必然。[①] 默罕比尔（Mohanbir Sawhney）等建立了一个公司多维度创新的雷达图，包括了解决方案、平台、产品、品牌、人际网、展示、供应链、组织、工序、价值获取、客户体验、客户等12种不同途径，如图2—2所示。[②]

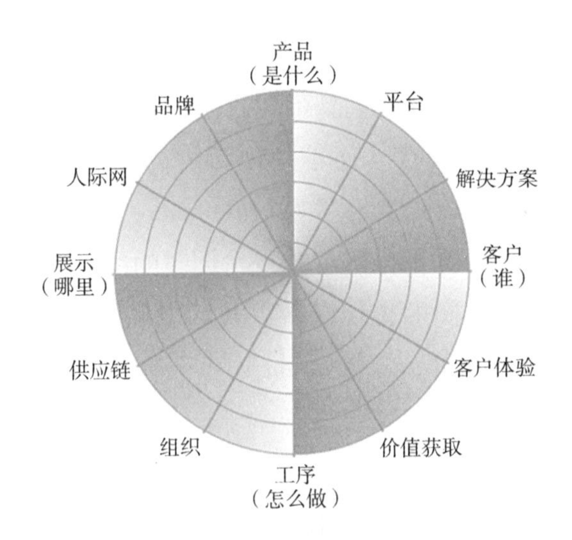

图2—2　默罕比尔等的创新雷达

资料来源：Sawhney，M.，Wolcott，R. and Arroniz，I.，"The Twelve Different Ways for Companies to Innovate"，*MIT Sloan management Review*，Spring，2006，47（3），pp. 75－81.

非技术创新与技术创新之间，以及非技术创新的不同类型之间

---

① 李勇辉、袁旭宏、潘爱民：《企业非技术创新理论研究动态》，《经济学动态》2016年第5期。

② Sawhney，M.，Wolcott，R. and Arroniz，I.，"The Twelve Different Ways for Companies to Innovate"，*MIT Sloan Management Review*，Vol. 47，No. 3，2006.

的关系也引起学者们的诸多关注。珍尼弗等人（Jennifer González - Blanco & Jose Luis Coca - Pérez & Manuel Guisado - González）使用PITEC（技术创新小组）的西班牙制造业公司的数据，以最小二乘法为主要分析工具，研究了产品创新、生产过程创新和非技术创新对环境绩效的影响，以及该三种创新的不同组合之间的互补性或可替代性，以便发现哪种组合能够改善或恶化环境绩效。结论发现，产品创新和工艺创新对环境绩效具有负面影响，只有非技术创新才能实现更好的环境绩效，产品创新和非技术创新的联合实施是有条件的互补。[①] 卡罗琳·莫特（Mothe, C.）等论证了非技术创新在创新过程的不同阶段具有不同的影响力，[②] 之后，又利用卢森堡社区创新调查的企业数据，对组织创新和市场创新进行了实证研究，进一步论证了非技术创新在创新不同阶段的不同作用，认为市场和组织创新对创新的可能性（而不是创新的商业性）的提高作用显著。[③] 施密特等（Schmidt）和罗默（Rammer）采用德国CIS4（第四次社会创新调查）数据分析了非技术创新的决定因素，证明技术创新和非技术创新之间的密切联系以及后者的显著影响力；[④] 迭戈和保拉等（Diego Aboal and P. Garda）基于乌拉圭的调查数据，研

---

① Jennifer González - Blanco & Jose Luis Coca - Pérez & Manuel Guisado - González, "The Contribution of Technological and Non - Technological Innovation to Environmental Performance. An Analysis with a Complementary Approach", *Sustainability*, MDPI, Open Access Journal, Vol. 10, No. 11, 2018.

② Caroline Mothe, Thuc Uyen Nguyen Thi, "The Link Between Non - technological Innovations and Technological Innovation", *European Journal of Innovation Management*, Vol. 13, No. 3, 2010.

③ Caroline Mothe, Thuc Uyen Nguyen Thi, "Non - technological and Technological Innovations: do Services Differ from Manufacturing? An Empirical Analysis of Luxembourg Firms", *International Journal of Technology Management*, Vol. 57, No. 4, 2012. 全文源自 https://www. researchgate. net/publication/241760665_ The_ impact_ of_ non - technological_ innovation_ on_ technical_ innovation_ do_ services_ differ_ from_ manufacturing_ An_ empirical_ analysis_ of_ Luxembourg_ firms，登录时间2019年10月31日。

④ Schmidt T. and Rammer C. , *Non - technological and technological innovation: strange bedfellows?* Mannheim: Working Paper 07 - 052, ZEW, 2007. 全文源自 ftp://ftp. zew. de/pub/zew - docs/dp/dp07052. pdf，登录时间2019年10月31日。

究了发展中国家的创新投资与创新产出（技术创新与非技术创新），以及服务业和制造业的生产力之间的关系，认为技术创新（如产品或生产过程的创新）和非技术创新（如市场与组织的创新）与服务业生产力的提高正相关，而其中非技术创新的贡献更为显著，但是在制造业领域正好相反，技术创新的影响更为明显。[①]弗莱彻、查维等人（Chavi C. Y. Fletcher – Chen，F. B. Al – Husan，F. B. Alhussan）调研了中国大陆和台湾地区的252个公司，用结构方程模型分析了中国社会的关系资源（信任和关系有效性）在非技术创新中的作用，以及对公司开拓业务的影响。[②] 德拉加纳（Dragana Radicic）和库尔希德（Khurshid Djalilov）对技术创新和非技术创新对于企业出口强度的影响做了实证分析，并探讨了技术创新和非技术创新的联合效应。结论认为，技术创新对中小企业的出口强度有着正向的影响，而非技术创新对企业出口强度不产生影响——无论企业的规模大小，并且检验证明，技术创新与非技术创新在对企业出口强度的影响上不具有互补效应。[③] 吴翌琳以中国制造业为例，通过构建创新与就业关联机制的Jordi模型，分析了不同类型创新活动的就业影响，认为中国制造业就业增长的瓶颈在于技术创新与非技术创新的短板及其相互间缺乏协同性，提出促进两者协同发展，

① Diego Aboal and Paula Garda，“Technological and Non – technological Innovation and Productivity in Services vis – à – vis Manufacturing Sectors”，*Economics of Innovation and New Technology*，Vol. 25，No. 5，2015.

② Fletcher – Chen，Chavi C. Y. F. B. Al – Husan，and F. B. Alhussan，“Relational Resources for Emerging Markets’ Non – technological Innovation：Insights from China and Taiwan”，*Journal of Business & Industrial Marketing*，Vol. 32，No. 6，2017.

③ Radicic D. and Djalilov K.，“The Impact of Technological and Non – technological Innovations on Export Intensity in SMEs”，*Journal of Small Business and Enterprise Development*，Vol. 26，No. 4，2018. 全文源自 https：//www. researchgate. net/publication/329451380_ The_ impact_ of_ technological_ and_ non – technological_ innovations_ on_ export_ intensity_ in_ SMEs，登录时间2019年11月1日。

不仅有助于促进就业增长，也有助于提升就业质量。[①] 塞萨尔·皮诺（Cesar Pino）等人研究了包括哥伦比亚、秘鲁和智利等在内的南美新兴经济体的出口公司非技术创新（组织创新和营销创新）对市场绩效的影响，作者基于299个样本，利用结构方程模型进行了假设检验。结果表明，组织创新（新的或者改进的组织方法）对市场绩效的正面影响要比营销创新更大，证实了创新绩效作为组织创新与市场绩效之间中介的重要性。[②]熊卫探讨了微型企业进行技术创新存在的困难，认为微型企业核心竞争力的培养主要在于管理、市场开发等非技术创新方面，因而微型企业应该在非技术方面进行创新以增强自身的核心竞争力。[③]

上述无论是中文文献还是英文文献，对于非技术创新讨论的范围主要集中在企业、公司、生产和市场营销等方面。而在低碳城市建设的相关研究中，非技术创新尚未得到足够的关注。

第二节　非技术创新研究对中国低碳城市建设的意义

一　三批低碳城市试点的目标和要求

自2010年7月启动第一批国家低碳省区和低碳城市试点工作以来，各试点单位按照相关工作要求，制定了低碳试点工作实施方案，逐步建立健全低碳试点工作机构，积极创新有利于低碳发展的体制机制，探索不同层次的低碳发展实践形式，从整体上带动和促

---

① 吴翌琳：《技术创新与非技术创新对就业的影响研究》，《统计研究》2015年第32（11）期。

② Cesar Pino, Christian Felzensztein, Anne Marie Zwerg - Villegas, Leopoldo Arias - Bolzmann, "Non - technological Innovations: Market Performance of Exporting Firms in South America", *Journal of Business Research*, Vol. 69, No. 10, 2016.

③ 熊卫：《微型企业非技术创新提升核心竞争力的策略》，《企业经济》2012年第31（06）期。

进了全国范围的低碳发展。

对于首批五省八市低碳试点，国家发展和改革委员会《关于开展低碳省区和低碳城市试点工作的通知》提出了较为明确的要求，如发展低碳产业、建设低碳城市、倡导低碳生活：在技术性范畴，主要是结合当地产业特色和发展战略，加快低碳技术创新，推进低碳技术研发、示范和产业化，积极运用低碳技术改造提升传统产业，加快发展低碳建筑、低碳交通，培育壮大节能环保、新能源等战略性新兴产业。在非技术创新范畴，要求试点城市必须制定支持绿色低碳发展的配套政策，发挥应对气候变化与节能环保、新能源发展、生态建设等方面的协同效应，积极探索有利于节能减排和低碳产业发展的体制机制，实行控制温室气体排放目标责任制，探索有效的政府引导和经济激励政策，研究运用市场机制推动控制温室气体排放目标的落实等。[①]

相对于全国人均 GDP 和人均碳排放水平，第一、二批低碳试点中的大部分与全国均值比较属于高排放高经济增长的态势。与第一批低碳城市试点相较，第二批试点工作的要求更为明确和具体，并分解为六个方面：一是明确工作方向和原则要求。要把全面协调可持续作为开展低碳试点的根本要求，以全面落实经济建设、政治建设、文化建设、社会建设、生态文明建设五位一体总体布局为原则，进一步协调资源、能源、环境、发展与改善人民生活的关系，合理调整空间布局，积极创新体制机制，不断完善政策措施，加快形成绿色低碳发展的新格局，开创生态文明建设新局面。二是编制低碳发展规划。要结合本地区自然条件、资源禀赋和经济基础等方面情况，积极探索适合本地区的发展模式，将低碳发展理念融入城市交通规划、土地利用规划等相关规划

---

① 参见笔者于 2017 年 10 月对生态环境部应对气候变化司的访谈（当时为国家发展和改革委员会应对气候变化司）。

中。三是建立以低碳、绿色、环保、循环为特征的低碳产业体系。要结合本地区产业特色和发展战略，加快低碳技术研发示范和推广应用。四是地方能力建设。如建立温室气体排放数据统计和管理体系。编制本地区温室气体排放清单，加强温室气体排放统计工作，建立完整的数据收集和核算系统，为制定地区温室气体减排政策提供依据；建立控制温室气体排放目标责任制，结合本地实际，确立科学合理的碳排放控制目标，并将减排任务分配到所辖行政区以及重点企业。五是考核机制的完善，制定本地区碳排放指标分解和考核办法，对各考核责任主体的减排任务完成情况开展跟踪评估和考核。六是倡导和推广低碳的生活和消费模式，倡导个人和家庭践行绿色低碳生活理念，鼓励公共交通、共乘交通、自行车、步行等低碳出行方式，推广使用低碳产品，拓宽低碳产品销售渠道。

此外，第二批在试点工作的领导力和组织协调工作方面的要求更加严格。《关于开展第二批国家低碳省区和低碳城市试点工作的通知》明确要求各试点省市主要领导要亲自抓以加强对试点工作的组织领导，发展改革部门要做好组织协调工作。有试点任务的省发展和改革委员会要加强对低碳试点工作的支持和指导，协调解决工作中的困难和问题。国家发展和改革委员会与试点省市发展改革部门建立联系机制，加强沟通、交流，定期对试点开展情况进行评估，指导试点省市开展相关国际合作，加强能力建设，做好引导服务。可见，第二批试点工作已经更多地关注到多层治理的有效性，倾向于建立纵向不同层级之间以及横向不同部门之间的联系和沟通，在非技术创新机制上有了新的进展。

与第一、二批低碳试点比较，第三批低碳试点的目标则更加激进，明确以加快推进生态文明建设、绿色发展、积极应对气候变化为目标，以实现碳排放峰值目标、控制碳排放总量、探索低碳发展模式、践行低碳发展路径为主线，以建立健全低碳发展制度、推进能源优化利用、打造低碳产业体系、推动城乡绿色低碳化建设和管理、加快低碳技术研发与应用、形成绿色低碳的生活方式和消费模式为重点，探索低碳发展的模式创新、制度创新、技术创新和工程创新，强化基础能力支撑，开展低碳试点的组织保障工作，引领和示范全国低碳发展。

相应地，第三批低碳试点的通知文件中要求各试点必须设定碳排放峰值目标。在具体任务的部署上更加注重可操作性，要求各试点结合本地区自然条件、资源禀赋和经济基础等方面情况，积极探索适合本地区的绿色低碳发展模式和发展路径，加快建立以低碳为特征的工业、能源、建筑、交通等产业体系和低碳生活方式。此外，还要求根据设定的碳排放峰值目标及试点建设目标来编制低碳发展规划，将低碳发展纳入本地区国民经济和社会发展年度计划和政府重点工作，发挥规划的综合引导作用，统筹调整产业结构、优化能源结构、节能降耗、增加碳汇等工作，并将低碳发展理念融入城镇化建设和管理中。第三批低碳试点工作重申了第二批低碳试点工作要求中的建立控制温室气体排放目标考核制度，将减排任务分配到所辖行政区以及重点企业。制定本地区碳排放指标分解和考核办法，对各考核责任主体的减排任务完成情况开展跟踪评估和考核。即第三批试点的要求更加重视非技术层面的制度创新，如要求制定出台促进低碳发展的产业政策、财税政策和技术推广政策，为全国低碳发展发挥示范带头作用。尤其是第三批试点工作要求再次强调了提高低碳发展管理能力、完善低碳治理机构的重要性。如建立工作协调机制，编制本地区温室气体排放清单，建立温室气体排放数据的统计、监测与核算体系，加强低碳发展能力建设和人才队伍建设，并提出年度报送的要求，以便进行有效的检测，规定试点地区应按照有关要求向国家发展和改革委员会定期报送年度进展情况。

二　中国低碳城市建设的瓶颈及非技术创新研究的意义

无论从产业发展和低碳技术更新的角度，还是从治理机制、政策工具等非技术创新的角度，三批试点的要求都在显著地逐次提高。然而，从试点调研和机构访谈中发现，中国低碳城市建设在试点数量扩张的同时，质量也在逐渐提升，但是并未能达到预期，依然面临着诸多问题：

一是低碳政策的形成缺少多维沟通和足够的公众参与，居民在缺少了解和理解的情况下，不容易接受，从而影响了政策的可操作性。

二是低碳政策传导偏差或缺乏因地制宜的本地化过程，而未能更好地兼容当地的生态文化和地方诉求，如对实际问题缺乏深入的调研论证而盲目地植树造林或生态移民，既达不到低碳目标，又导致负面效应。

三是低碳政策的实施缺乏科学的管理和监督机制，行为主体之间缺乏横向协调和对话沟通机制，多头管理和无人问责并存。

四是迫于经济增长的压力，低碳发展的目标在干部考核体系中的权重相对过低，使得干部考核体系未能充分体现低碳发展和环境治理目标，不足以激发地方投入低碳建设的热情。

五是低碳发展的成效与干部任职年限内的评价不对称。低碳发展成效往往有滞后性，而干部任职期间的调动比较频繁，使得低碳发展的业绩往往无法在地方干部于当地的任职期间及时体现，造成低碳努力与业绩的不匹配，从而影响地方干部的积极性。

上述五项问题较集中地反映出非技术创新系统的缺陷，如多层治理体系的结构模糊和运作低效、低碳目标与评价体系的非对称性，这难免导致低碳建设的低效率，难以有效地激励和推动各种力量运用低碳技术以及实施相应的政策措施投入低碳发展。

可见，低碳转型，如低碳城市建设，不仅仅要依赖技术创新，还要依赖非技术创新。然而从第一章的讨论中可发现，在低碳城市建设中，人们更热衷于技术革新方面的讨论，而对非技术创新则未能有足够的关注，尤其是对其中的关键问题——非技术创新层面的治理结构、评价机制和标准体系的探索尚较欠缺，而这恰是我国低碳城市建设所亟须的。

因而，本书紧扣党的十九大“加快生态文明体制改革，建设美丽中国”的重要精神，结合三批低碳试点城市建设的实践开展案例研究，借鉴国际经验，从非技术创新的角度构建低碳城市治理结构模型和评价体系。这对我国低碳城市的系统性研究是一个积极的尝试，并且具有实践创意。

第 三 章

中国低碳城市建设的非技术创新：系统构建、综合评估与案例分析

由上文可知，非技术创新属于熊彼得（Schumpeter）对创新定义的第五项内容，包括新的营销战略和管理技术或组织结构和运行机制的变化，如商业模式创新、管理创新、组织结构创新、文化创新、体制创新等方面。我国低碳城市建设所涉及的非技术创新即属于上述范畴，可概括为治理体系和运行机制的系统完善，低碳城市建设在实践中需涉及多个行政层级和多方利益主体之间的互动关系，因而有效的多层治理（MLG，Multi - level Governance）为其中的一项关键要素。鉴于此，我们引入 MLG 理论作为低碳城市建设中非技术创新研究的分析框架，并且以第二批低碳试点的广元市为案例，通过与德阳市和汉中市的比较分析，来讨论低碳城市的非技术创新系统构建；在此基础上，参考已有的指标体系，结合数据可获得性等因素，进行指标调整，对三批低碳试点中的 70 个地市级城市做了综合评估，分析其低碳发展中的非技术创新贡献；此外，还分别选取了不同类型低碳试点中的四个城市做了案例分析。

第一节　中国低碳城市非技术创新的系统构建：MLG 的视角

一　MLG 理论及在低碳城市非技术创新研究中的适用性

（一）MLG 理论回溯

MLG 是政治学与公共事务管理领域的重要理论，埃莉诺·奥斯特罗姆（Elinor Ostrom）在 20 世纪 70 年代初的著作中已有相关的表述，她提出现代治理应该是通过有效的组织形式将治理权限从中央疏散到各级权力中心，由多个灵活交叉的地方治理机构来行使公共事务的治理权能够增强政策有效性。[①] MLG 理论开始采用 Multi - level Governance 的表述并使用是在 20 世纪 90 年代初，由盖里·马克斯（Marks Gary）和里斯贝特·胡奇（Liesbet Hooghe）明确系统地论述了 MLG 理论，其最初的本意旨在研究欧洲一体化，解析欧盟的俄罗斯套娃式的以地域分层为基础的不同治理行政层级之间的组织创新和治理机制。[②] 在 MLG 理论框架下，能够清晰地理解“欧盟—欧盟成员国—州—地区—地方”等各级权力行为主体之间的层级结构和传导机制，以及政策形成中连续博弈的协商互动关系。[③] 之后，有关 MLG 的理论逐渐普及，该类论著数量逐渐丰富并且涉及领域日益广泛，推广应用于政治科学领域的多个二级学科，

---

① Ostrom, Elinor, “Metropolitan Reform: Propositions Derived, from Two Traditions”, *Social Science Quarterly*, Vol. 53, No. 4, 1972.

② Gary Marks, “Structural Policy in the European Community”, in Alberta Sbragia, ed., *Europolitics: Institutions and Policy Making in the “New” European Community*, Washington D. C.: The Brookings Institution, 1992.

③ Schmidt T. and Rammer C., “Non - technological and Technological Innovation: Strange Bedfellows?”, *Working Paper* 07 - 052, ZEW, Mannheim, 2007. Piattoni, Simona, “Multi - level Governance: a Historical and Conceptual Analysis”, *Journal of European Integration*, Vol. 31, No. 2, 2009.

例如比较政治学、国际关系、公共政策以及都市政治等。[①]

21世纪初，盖里·马克斯（Marks Gary）和里斯贝特·胡奇（Liesbet Hooghe）又进一步将MLG概括为两种相对的类型：第一种类型（T1）是纵向维度的，治理的对象往往是较为常态化的范畴，例如主权国家范畴内的多层治理，具有较强的稳定性；第二种类型（T2）是横向维度的，治理的对象往往不属于常态化的范畴，而是问题导向的，随着问题的产生应运而生，随着问题的解决而不复存在。实际上盖里·马克斯和里斯贝特·胡奇提出的两种类型的多层治理，如"权限让渡（向上）"和"权限下放（向下）"以及向旁侧的"权限转移"，都是相对于"命令与控制"型的中央集权而言的，是一种"柔性治理"（flexible governance）。MLG的T1所构想的是通用型或者说是一般用途的，纵向非交叉的，层次有限的治理，相当于牢固的管辖权，以"俄罗斯套娃"的结构形式呈现；T2构想的是针对特定任务的，或者说是问题导向性的、横向交叉的、相对灵活的治理和管辖权，数目较多而不定，往往是公共事务问题。[②] 例如应对全球气候变化、解决核污染等超主权、跨部门范畴的联合多层治理。埃莉诺·奥斯特罗姆、基廷、洛维利（Ostrom、Keating以及Lowery）等人的研究论证了从中央到下层各级的权限疏散的观点，[③] 他们提到，针对类似于T2的特定目的，应由多个灵活交叉的地方管辖机构来行使公共事务的治理权以增强政策有

---

① Michael Stein, Lisa Turkewitsch, "The Concept of Multi - level Governance in Studies of Federalism", Paper Presented at the 2008 *International Political Science Association (IPSA) International Conference*, May 2, 2008.

② Marks Gary, and Liesbet Hooghe. "Unravelling the Central State, but how? Types of multi - level governance", *American Political Science Review*, Vol. 97, No. 2, 2003.

③ Keating, Michael, "Size, Efficiency and Democracy: Consolidation Fragmentation, and Public Choice", *In Theories of Urban Politics*, ed. David Judge and Gerry Stoker, London: Sage, 1995. Lowery, David, "A Transactions Costs Model of Metropolitan, Governance: Allocation versus Redistribution in Urban America", *Journal of Public Administration Research and Theory*, Vol. 10, No. 1, 2000.

效性。[①] 彼得斯（Peters）和皮埃尔（Pierre）则认为，从中央集权到多层治理，应该是一个逐步渐进的过程，行政机构仍然在治理中发挥决定性作用，就某一监管框架下的政府间关系而言，MLG 不是一种替代，而更多的是作为一种补充。[②]

针对 MLG 的治理权限，一直有整合化和碎片化的争论，但普遍赞同的是，如地方规划、通勤交通、学校教育等管辖权限不应该由单个的权力机构独揽，相反，应该分散到具体特定功能的多个管辖机构来负责政策制定和安排执行，而这些负有不同特定功能的机构之间必然是相互有交叉的。MLG 已经作为现代治理的典型模式，从研究欧盟的政治科学领域被延伸出来，越来越多地被政治学、经济学和管理学等领域的学者所运用，成为公共政策研究领域的一个重要理论工具。[③]

（二）MLG 理论的结构解析

MLG 有助于将外部性问题通过多层治理或多层决策而达到内部化，如减缓气候变化这一人类活动的外部性消化需要全球努力，而类似城市规划、污染控制、生态资源保护等具体措施则可以由多层治理方式而达到因地制宜的更好效果。[④] 以德国的公共政策为例，从该国可再生能源电力的发展过程中可见其比较严谨的多层治理脉

---

① Ostrom, Elinor, "Metropolitan Reform: Propositions Derived, From Two Traditions", Social Science Quarterly, Vol. 53, No. 4, 1972. Keating, Michael, "Size, Efficiency and Democracy: Consolidation, Fragmentation, and Public Choice", In David Judge and Gerry Stoker (ed.) *Theories of Urban Politics*. London: Sage, 1995. Lowery, David, "A Transactions Costs Model of Metropolitan Governance: Allocation versus Redistribution in Urban America", *Journal of Public Administration Research and Theory*, Vol. 10, No. 1, 2000.

② Peters, B. Guy, and Jon Pierre, "Developments in Intergovernmental Relations: Towards Multi - Level Governance", *Policy and Politics*, Vol. 29, No. 2, 2000.

③ Marks Gary, "Structural Policy in the European Community", in Alberta Sbragia (ed.), *Europolitics: Institutions and Policy Making in the "New" European Community*. Washington D. C.: The Brookings Institution, 1992.

④ Druckman A., Bradley P., Papathanasopoulou E., et al., "Measuring Progress towards Carbon Reduction in the UK", *Ecological Economics*, Vol. 66, No. 4, 2008.

络，如图 3—1 所示。

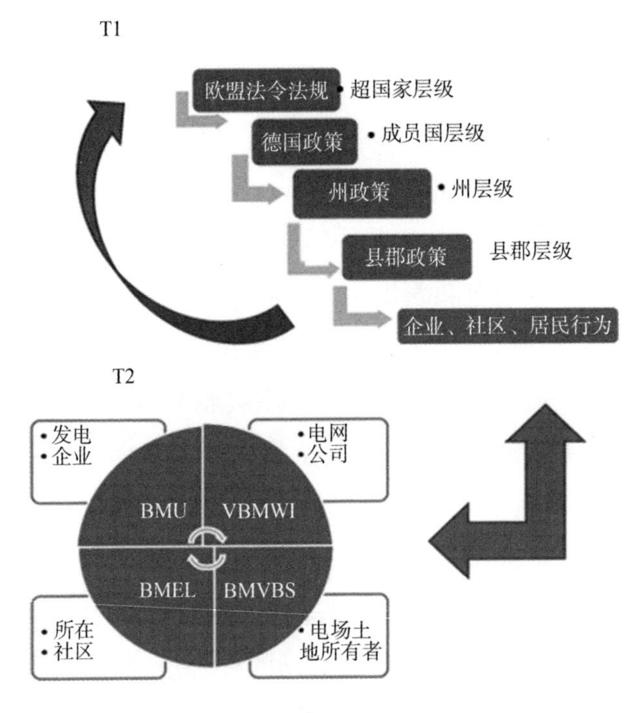

图 3—1　德国可再生能源的多层治理

资料来源：笔者自制。

从纵向维度 T1 看，德国的政策形成与实施很大程度上是自上而下的过程：在与欧盟法规一致的原则上，德国根据自身的情况制定可再生能源政策，各市州根据国家层面的政策因地制宜进行中长期规划，成为市场信号，并作为基层单位和企业的参考；但同时它也具有自下而上的途径，各地最基层的社区和个人都可以通过社区议员或者公民动议的形式将意见逐层反馈，成为政策改进的来源之一。从横向维度 T2 看，尽管政策主要产生于资源与环境保护部（BMU），但是它必须与经济技术部（VBMWI）、农业部（BMEL）、交通部（BMVBS）等多个部门通过讨论和相互妥协来达成最后的一致意见。如图 3—1 所示。在实施的过程中，可再生能源发电企业、电网公司、电厂所在的社区、电场土地所有者等利益相关者之间会有比较透彻的多层博弈，从而各方的义务和权益都变得清晰了，以便尽可能地避免垃圾工程和闲置风电场的现象。

可见，有效的多层治理是德国可再生能源发展成功的一个核心因素，它既包括了纵向的，不同层级之间的自上而下的传导过程，以及自下而上的比较顺畅的反馈过程；还包括横向的各方利益相关者之间的沟通和协调过程。这种多层多维的协调机制尽管会带来速度损失，但是它所提供的充分的争论和沟通则在很大程度上提高了政策的可操作性和民众的可接受性，并且有助于解决政策的外部性（如政策带来了利益损失或者引起了分配不公），最大限度地减少因政策失误而可能引致的豆腐渣工程。而这种多层治理机制也是我国低碳城市建设中亟须解决的问题。

（三）MLG 理论在中国低碳城市非技术创新研究中的适用性

上述可见，MLG 用于分析纵向不同层级以及横向不同组织等多种行为主体之间的相互作用，以及由此形成的公共治理结构和运作机制，是一项有效的理论工具，然而它是否可以从欧盟及成员国治理体系的研究推至我国低碳城市建设的非技术创新系统研究？

对此，我们从应对外部性问题如气候环境治理的有效性上看，尽管多数时候欧盟因其复杂冗长的多方利益博弈而影响了速度，以至于产生了明显的速度损失；但是其政策的传导以及反馈，各利益相关者之间充分的协调沟通等治理结构和运行机制所带来的稳定性和有效性，可谓值得借鉴的范例。[①]

从 MLG 理论的结构优势、适用性和可比性上看，多层治理便于分析存在多层次结构和多维互动的权力与权益行为体之间的博弈，如“欧盟—成员国—州—地区—县郡—社区”的多层级治理结

① Marks Gary, and Liesbet Hooghe, “Unravelling the Central State, But How? Types of Multi - level Governance”, *American Political Science Review*, Vol. 97, No. 2, 2003.

构，以及其间错综复杂的利益关系；此外 MLG 框架还有助于清晰地表达各行为体之间在纵向与横向维度的责任与权益分割。我国与欧盟及其成员国在治理体系方面尽管千差万别，但都具有下述共同点，即存在较多的利益相关者和涉及不同部门和机构，行为主体具有明显的分层结构等。从欧盟的环境治理到我国的低碳转型，尽管双方涉及的行政隶属关系不同，运行机制也存在巨大差异（如欧盟国家是以自下而上为主导，我国则以自上而下为主导），但层次结构和互动机制相似，即在治理结构、运行机制上是可比的，MLG 纵横维度的综合分析优势可以充分发挥。

从研究对象的现实诉求上看，我国出现的“种树风波”，以及造林的两难困境（在不适合的地方造林，结果既难以养护又不宜移除）、有地方出现的水电站或风电站由于民众环保健康理念的觉醒而被中途取消的浪费现象，以及“拉闸限电”等现象，此类应可避免的巨大浪费和带来的消极影响正是因为缺乏了政策形成过程中的纵、横层面的沟通，源自多层治理机制的不够完善。

可见，无论是从外部性问题解决的有效性，从多层治理的结构优势、适用性和可比性，还是从现实诉求上看，MLG 理论的分析框架都与低碳城市建设是相匹配的，将多层治理应用于研究我国低碳城市建设的治理机制，分析纵向的层级互动以及横向不同利益相关者之间的协调和竞争是切合实际的技术路径。

鉴于我国低碳城市建设所涉及的相关行政主体之间的纵横互动关系，包括不同利益主体之间、不同机构之间的协调沟通，均呈现多边和复杂的状态，显然 MLG 中的 T1 和 T2 无法单独作为分析框架，而需要合理的融合改进。对此，本书将结合气候变化政策的形成机制以及我国行政特点对 MLG 模型进行改进和扩展，将 T2 嵌入 T1，对 MLG 两种类型进行融合。需要指出的是，相对于 T2 最初表示的“问题导向性的权力结构及相互关系”，在此却是更多地表现为横向的权力结构以及利益主体之间的互动关系 Th（T－horizontal)；相应地，T1 更确切的表述为稳定性的纵向互动关系 Tv（T－vertical）。融合拓展之后的 MLG 模型可以简明地呈现我国低碳城市建设基于地级市层级的多层治理结构，便于分析其中纵横维度的互动关系。

基于上述思路，本研究根据我国的行政结构特点，确定盟/市级为基准层，建立 MLG 的 Tv 和 Th 二维结构模型，如图 3—2 所示。

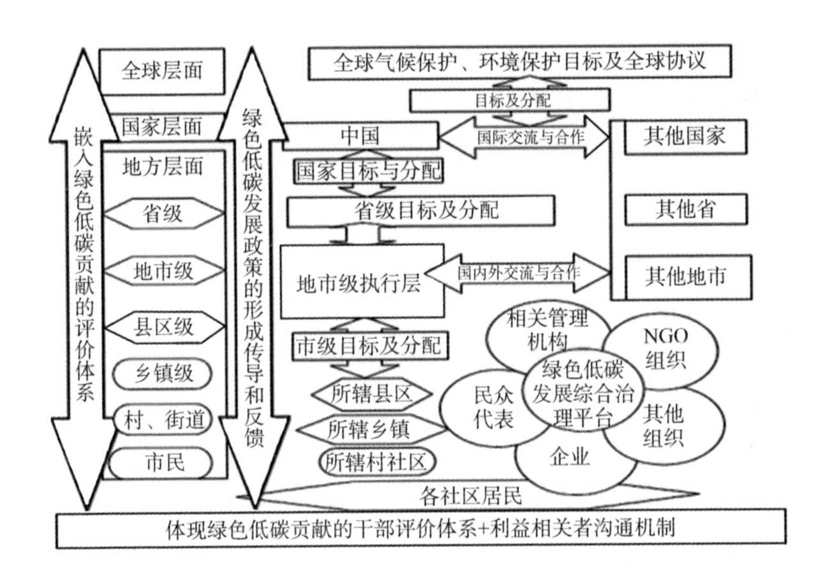

图 3—2　扩展的 MLG 理论模型

资料来源：笔者自制。

在纵向层面，从国家—自治区—盟—旗/县—乡镇—社区—居民链条，分析“自上而下、自下而上”的政策传导、实施和反馈机制；从横向层面，解剖在低碳发展、低碳城市建设过程中，不同部门和机构，政府、企业、公民、NGO 等各行为主体之间的沟通协调机制。

二　基于案例城市的非技术创新系统构建

由上文可知，MLG 的理论框架用于分析低碳城市非技术创新系统是切实可行的。构建有效的非技术创新系统，完善其中的治理结构和运行机制，发挥偏好干涉的扩散效应，同时设置相关标准，进一步修正低碳发展的评价体系，将能有效驱动地方的低碳发展。在案例的选择上，本书将第二批低碳城市试点四川省广元市选为目标案例城市，邻近的汉中市、德阳市为参考案例城市，来探讨低碳城市建设非技术创新系统的构建。

笔者在2008—2015年间对上述城市的低碳发展做了跟踪调研，主要手段为入户访谈、群组访谈、问卷调查等。除特别说明，书中该部分的数据来源于调查的第一手资料，以及广元市、汉中市、德阳市和四川省的国民经济和社会发展年度公报和统计年鉴。

（一）案例城市及其低碳发展概况

广元市，位于川陕甘连接处，地处长江分支嘉陵江的上游，是我国西南重要的生态屏障。该市辖三区四县，其中有三个国家贫困县（区）。广元市主要产业为能源、金属、农副产品加工、建材、电子机械、旅游、职教等，其特色优势产业为天然气工业、烤烟、茶叶、林果。三次产业构成由2005年的33.7∶27.4∶38.9调整为2010年的23.8∶39.0∶37.2，城镇化率为31%（2010年），尚处于城镇化中期的起步阶段。该发展阶段决定了当地生产及消费增长引致的各类排放需求将处于增长态势。鉴于广元市属于西南偏远地区的中低发展水平城市，经济发展水平低（国家贫困市），科技、资金和人才的储备和吸引力也相对不足，在欠发达地区具有很强的代表性。研究和总结该市低碳发展的非技术创新系统，可以对处于类似发展阶段的其他地市实现低碳转型提供借鉴。

由于经济发展水平相对较低，广元市历来以在经济增长方面追赶省内其他地市为主要政策目标，截至2008年底，该市将战略重点转向低碳发展，包括发展清洁能源、低碳建筑、低碳交通、低碳农业，以及建设低碳社区等途径。其中开发利用清洁能源、推广低碳交通（以天然气代替燃油，提倡城内自行车出行），普及农村户用沼气、测土配方施肥、发展花卉种植等成为因地制宜的重点措施，而工业和服务业领域则实施节能减排和能源更新等技术手段。同时，当地不断调整治理结构和提高干部考核体系中低碳贡献的权重。

表3—1　广元及邻近地市的单位GDP能耗比较（2007—2013年），根据2005年价格计算

单位GDP能耗	2007	2008	2009	2010	2011	2012	2013
全国	1.17	1.11	1.08	1.03	1.01	0.98	0.94
四川	1.48	1.42	1.33	1.27	1.22	1.13	1.07
广元	1.43	1.56	1.39	1.24	1.2	1.13	1.03
德阳	1.47	1.45	1.37	1.27	1.21	1.13	1.07
汉中	1.66	1.56	1.49	1.43	1.38	1.33	1.28

比较该市2007年以来低碳发展的核心数据，可以发现其低碳转型进展明显：从单位GDP能耗上看，广元市在2007—2008年期间，明显高于全国平均水平，其中由2007年的1.43吨标准煤/万元到2008年的1.56吨标准煤/万元。原因之一是，广元市属于2008年大地震的重灾区，2008年当地集中了大量与灾后重建相关的如金属建材、水泥等高耗能产业，引发重建初期单位能耗的激增。2008年之后逐年下降至2013年的1.03吨标准煤/万元，其间减少了27.97%，稍领先于地区下降幅度的均值27.70%，也快于邻近地市德阳和汉中的27.20%和22.89%，如表3—1。在能源碳强度方面，广元市2007—2011年由3.79—2.13吨二氧化碳/吨标准煤，四年期间下降了44%，反映了清洁能源使用比例的增加，能源结构的显著优化，这一下降幅度远远大于同期的全国平均水平，如图3—3。非化石能源的比重快速上升，原因是广元实施低碳发展

战略后，相应加快了水电、太阳能、风能以及户用沼气等低碳能源的推广，2012 年全市在沼气可建范围内实现了 100% 的沼气入户使用，非化石能源比重达到 15.97%，如图 3—4。该市森林覆盖率也从 2007 年的 47.2% 增至 2012 年的 54%，相当于地区均值的 1.5 倍，如图 3—5。其间人均 GDP 也实现了快速增长，如图 3—6。广元市于 2012 年底入选首批国家低碳城市。

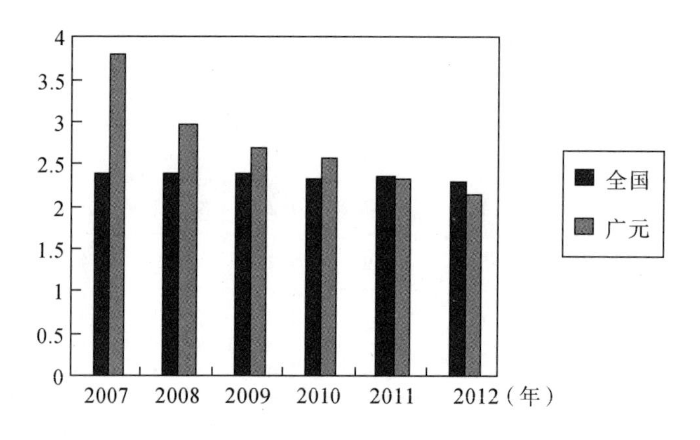

图 3—3 广元市能源碳强度（2007—2012 年）

资料来源：笔者自制。

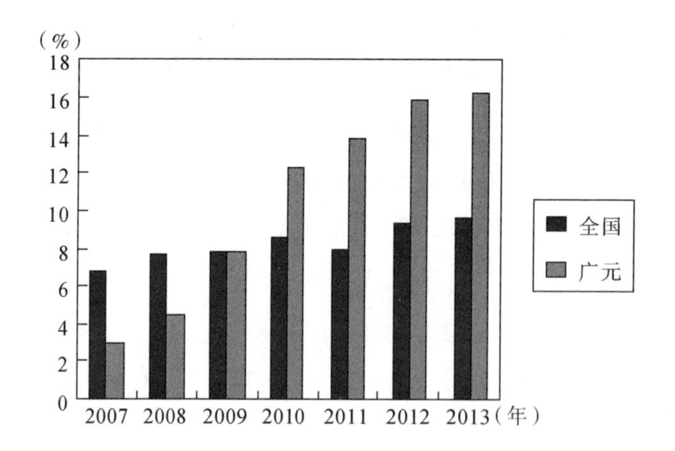

图 3—4 广元市非化石能源比例（2007—2013 年）

资料来源：笔者自制。

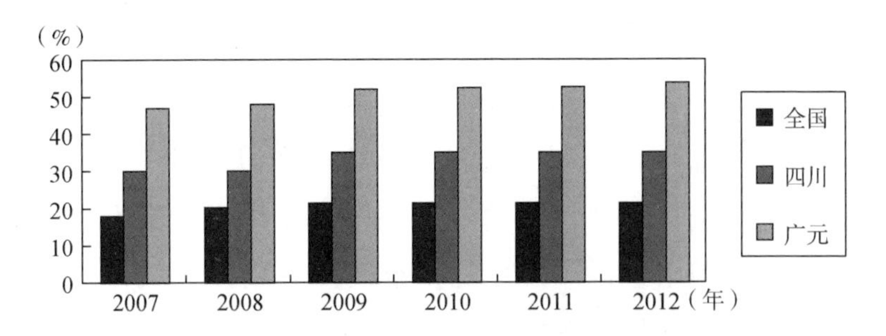

图 3—5　广元市森林覆盖率（2007—2012 年）

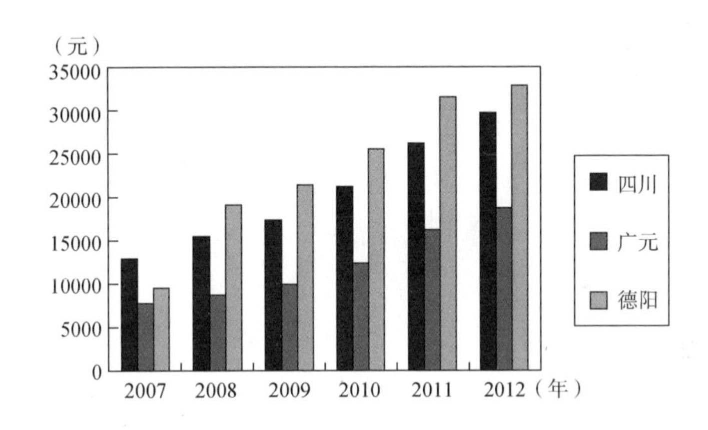

图 3—6　广元市人均 GDP（2007—2012 年）

资料来源：笔者自制。

作为四川省首个国家低碳试点城市，广元市低碳发展成效显著，节能减排考核近年来一直居四川省之首，为建设“国家低碳示范区”提供了很好的基础条件。

（二）基于案例城市的非技术创新系统构建：MLG 治理模型

如图 3—7，以广元市为案例城市，构建以市级为基准层的 MLG 治理模型。从纵向维度（Tv），广元市通过“国家—省—市”自上而下的“低碳偏好”传导，结合“自下而上”的反馈机制，以低碳发展局这一治理平台为枢纽，形成因地制宜的低碳政策，完成一个“政策本地化”的过程。在此基础上，低碳发展战略目标进一步分解，经过“广元市—7 个县区—238 个乡镇—村、街道—社区/企业—316. 2 万市民”，由“自上而下”和“自下而上”的互动和协调机制达成低碳发展目标的一致性。同时，涵盖低碳贡献的干部考评机制逐层对从县区—乡镇—村—社区居委会等执行层进行偏好干涉，驱动各级机构优先执行低碳发展的政策措施。在此过程中，低碳发展局则继续发挥其在非技术创新系统中的枢纽作用，就低碳发展的相关问题在横向维度（Th）进一步组织协调。这一过程类似于盖里・马克斯和里斯贝特・胡奇提到的 T2 维度，即针对特定任务的、横向交叉的、相对灵活的管辖权的整合，以连接不同部门和机构，如市内各专业职能机构、企业组织、民众代表，以及其他利益相关者，建立协调、对话和监督机制，并与国内科研机构，国内外环保机构开展交流与合作。Tv 和 Th 的这种有机组合形成了非技术创新系统的治理结构和运行机制。

如图 3—7，非技术创新系统的运行逻辑是：当干部考核体系所涵盖的低碳贡献权重足够高时，非技术创新系统即发挥关键的偏好传导效应。如图 3—7 的曲面箭头所示，通过“考核指标”，地市级政府的政策偏好将通过非技术创新系统，由“地市—县/区—乡镇—村/街道—社区”自上而下逐级传导，以驱使下一级进行政策偏好调整，从而使得低碳发展的偏好显著扩散，在更广范围内有效提高地方决策层对低碳发展的积极性。访谈和问卷的结果一致显示，随着干部考核体系中低碳贡献权重的增加，低碳发展的执行积极性也相应提高，这从地方政府之间的博弈中可得以证实。鉴于低碳发展已经成为“十三五”规划的核心理念，可以推断，省级之间的博弈也会围绕着低碳发展展开。因而，当低碳发展成为省级政府的战略偏好，且低碳贡献在干部考核体系中获得足够高的权重的条件下，则从市级直到村社，各级政府也将置低碳发展于优先执行的地位。

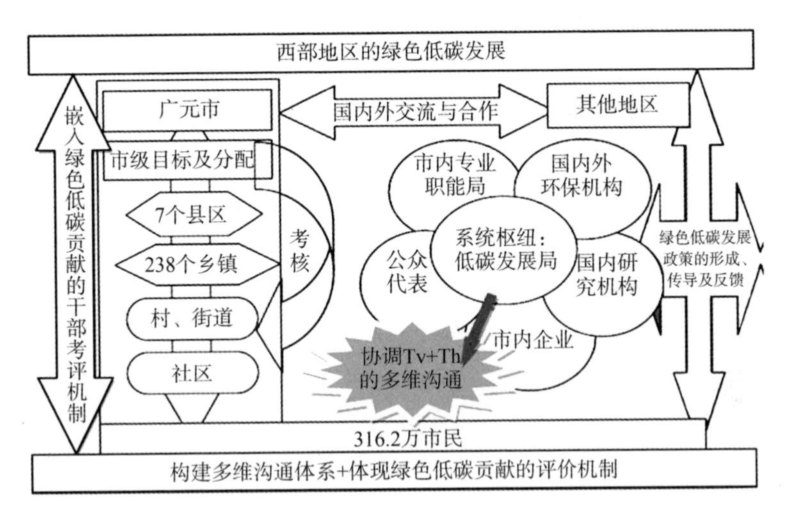

图3—7　广元市低碳转型的非技术创新系统：MLG 治理模型

资料来源：笔者自制。

以对高税收高污染产业 C 的取舍为例，考察地市不同选择的潜在得失，可得到下述结果，如图 3—8 所示。当 A 地/市和 B 地/市均选择关停 C 时，双方都将获得低碳贡献分，相关地方负责人将继续竞争晋升的机会；当 A 地/市选择关停，而 B 地/市选择保留时，前者将获得更理想的考核结果，后者将被淘汰；相反，当 A 地/市选择保留，而 B 地/市选择关停时，前者将被淘汰，后者将获得考核优势；当双方都选择保留时，均将面临淘汰。因此，A 和 B 都会理性地选择关停，从而将低碳发展作为地市的战略偏好优先执行，并且进一步向下一级传导至县/区。同理，A 乡/镇与 B 乡/镇之间展开类似的博弈，结果传导至村和社区……直至低碳发展成为每个市民的核心理念和行动偏好。

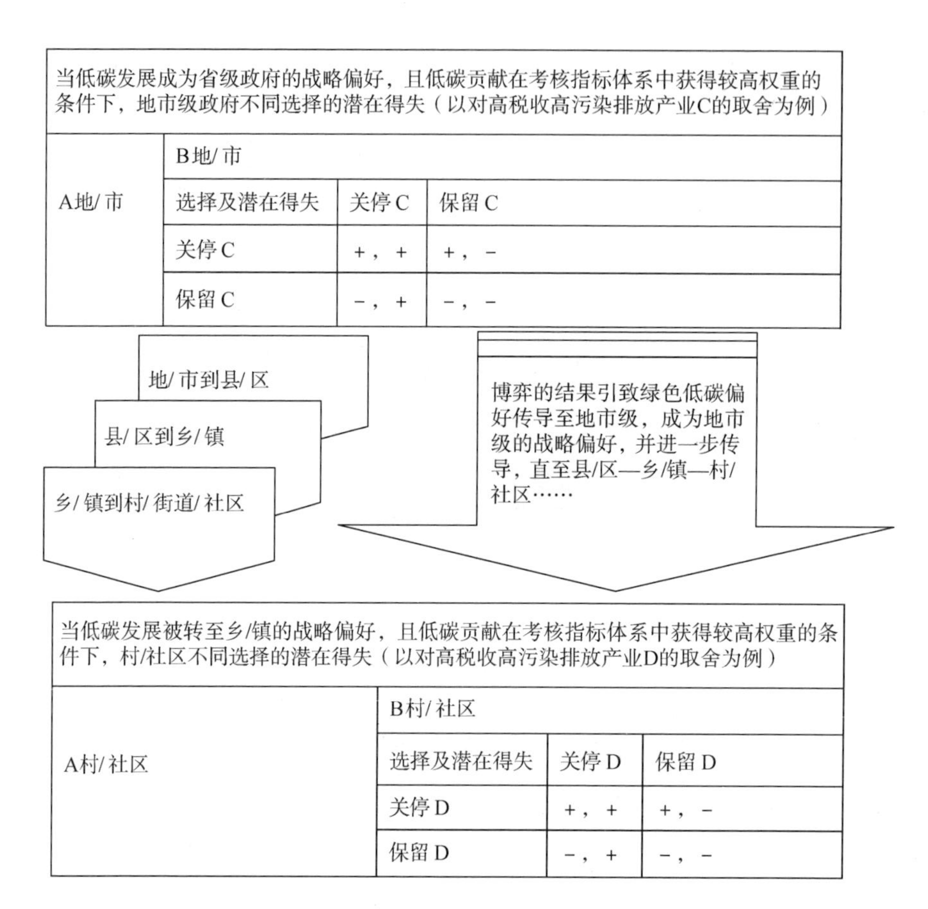

图3—8　MLG条件下低碳偏好传导的多米诺效应

资料来源：笔者自制。

上述可见，各级政府在同级层次上的博弈而引致的低碳偏好的传导可以波及更大的地域和行政范围，使得低碳发展最终成为各地方政府的政策偏好和路径选择。条件是：当且仅当非技术创新系统得以完善，其中干部考核体系中的低碳贡献权重足够大，并且Tv和Th两个维度有机组合发挥作用的时候，低碳偏好传导的多米诺效应便从省到地市、到县区直至社区各级得到了充分的分层传导和本地化，有效地驱动全国的低碳建设。

（三）基于案例城市的非技术创新系统构建：综合评价体系

在低碳发展的地方竞争中，评价体系是影响地方政府的政策行为与力度的核心因素，因而客观的评价体系有助于提高低碳发展的有效性。目前已有的低碳发展指标体系突出了低碳产出、消费、资源、低碳技术、环境质量等指标，技术性因素较受关注，而治理机制和评价体系的完善程度等非技术因素未能得以充分表达。正因为如此，非技术创新系统的建设尚未获得地方足够的重视，导致低碳政策在形成、传导和实施都受到了制约，难以达到预期的效果。在结合两者的基础上，本书参考国家气候中心的低碳城市评价体系，[①] 以及庄贵阳、杜栋、李晓西等的低碳发展指标体系，[②] 基于案例城市的经济社会发展状态，构建 MLG 结构下低碳发展评价体系的初步框架。

如表 3—2 的四级指标体系所示，从技术层面和非技术层面评价低碳转型进展情况，其中突出了非技术创新变量的影响。

技术层面主要从生产、消费、基础设施、能源和环境质量方面体现低碳转型的进展状况，包括经济发展水平、低碳水平、低碳资源禀赋、低碳城市建设等。需指出的是，资源禀赋中考察的能源主要是体现清洁能源的拥有水平，而技术系统考察的能源内容，则重在反映碳脱钩水平（碳生产力）、可再生能源和非化石能源的利用水平。此外还包括了低碳采购率、办公自动化建设、垃圾无害化处理率、低碳建筑水平和低碳交通水平等。

---

① 丁丁、蔡蒙、付琳、杨秀：《基于指标体系的低碳试点城市评价》，《中国人口、资源与环境》2015 年第 10 期。

② 庄贵阳：《低碳经济与城市建设模式》，《开放导报》2010 年第 6 期；杜栋、王婷：《低碳城市的评价指标体系完善与发展综合评价研究》，《中国环境管理》2011 年第 3 期；李晓西、刘一萌、宋涛：《人类绿色发展指数的测算》，《中国社会科学》2014 年第 6 期。

表3—2　　　　　　　　　　　低碳发展评价指标

一级指标	二级指标	三级指标	四级指标	单位	评价标准
技术性层面	经济发展及低碳投资意愿	经济发展水平	人均 GDP	元/每人	>地区均值
		低碳研发投入	低碳研发投入占地方 GDP 比重	%	>地区均值
	低碳水平	能源强度	地区 GDP 能耗	吨 CO_2/万元	<地区均值
		碳消费	相对人均碳排放	吨 CO_2/每人	相对人均碳排放（人均碳排放/全国平均水平）<相对人均收入（人均收入/全国平均水平）
		能源碳强度	单位能源碳排放	吨 CO_2/吨标准煤	<地区均值，并逐年递减
	资源禀赋	非化石能源比重	非化石能源比重	%	>地区均值
		森林覆盖率	森林覆盖率	%	>地区均值
	低碳城市建设	低碳建筑水平	低碳建筑水平	/	高于国家建筑节能标准，且高于地区均值
		低碳交通水平	低碳交通水平	%	>地区均值
		垃圾无害化处理率	垃圾无害化处理率	%	>地区均值
		办公自动化建设	办公自动化建设	%	>地区均值
		低碳采购率	低碳采购率	%	>地区均值

续表

一级指标	二级指标	三级指标	四级指标	单位	评价标准
非技术性层面	低碳发展治理体系的完备性	治理机构设置的完备性	是否有专设机构	有/无	三项均有
			是否有专职人员		
			是否有领导团队		
		专设机构的独立性和执行力	低碳治理平台独立性及行动能力	强/弱	对部门协调和监督的独立性和有效性均较强
		低碳发展政策及工具的完备性	战略规划及政策措施是否完备	是/否	有完整的低碳发展战略及规划
			低碳核算体系是否完善	有/无	具有能源清单、温室气体清单、低碳 GDP 核算
			创新驱动体系是否完善	有/无 %	具有专门机构负责 具有创新奖励机制 具有定期与不定期的推广和培训 相关人力资本及技术投入占 GDP 比重
			干部考核体系是否体现低碳贡献	%	干部考核体系中低碳贡献的权重 >10%

续表

一级指标	二级指标	三级指标	四级指标	单位	评价标准
非技术性层面	低碳发展运行机制的有效性	Tv 维度：纵向传导和反馈	政策传导反馈是否顺畅	是/否	是
			低碳相关政策措施的执行排序	位次	是否能够排在前三位以内
			公众低碳意识	%	>75%
		Th 维度：横向交流和沟通	部门协调水平	%	达成一致的次数/需要协调的次数>75%
			低碳措施的听证会频率	%	听证会次数/出台措施总数>90%
			非政府机构参与度	次数	>地区均值

资料来源：笔者自制。

非技术创新系统层面主要考察低碳治理体系的完善程度及其运行机制的有效性。前者包括治理机构设置的完备性、专设机构的独立性和执行力、低碳发展政策及工具的完善程度。后者在 MLG 模型中则体现为纵向和横向两个维度：横向维度上，包括部门之间协调的充分性、低碳发展的社会公平程度和低碳参与的广泛度等；纵向维度上，包括低碳政策传导和反馈的顺畅与否、相关措施的执行排序、公众低碳发展意识的成长等。如发展规划、政策制定和任务的分解细化，干部考核体系中低碳贡献的权重，尤其关注低碳目标的完成情况是否融入县区—乡镇—村/居委会等各级领导干部的考核内容中，并且有相应的奖惩机制，以确保低碳政策的有效实施。

（四）非技术创新系统在低碳转型中的比较优势：多城市比较的视角

通过广元市与参考城市的案例比较发现，在经济发展水平方面，广元人均 GDP 仅相当于地区均值的 2/3 左右；在科技水平、低碳禀赋、人力资源、经济实力等低碳发展潜力方面，广元处于劣势。如表 3—3，广元在与低碳发展相关的专利申请、民众受教育水平以及低碳能源投资方面也都落后于德阳和汉中，其中广元的专利申请数仅相当于德阳的 1/4，也低于汉中。

表 3—3　　　　广元、德阳和汉中低碳发展潜力的比较

	低碳发展的科技潜力			低碳能源潜力		碳汇潜力		低碳发展的经济支撑
	综合科技进步水平指数	专利申请数（个）	民众受教育水平（‰）	低碳能源投资（%）	低碳能源比例（%）	森林覆盖率（%）	增强碳汇的目标	低碳投资（百万元）
广元	40.40	548	49.97	1.35	36.13	54.00	57.00 +	18.67
汉中	/	769	62.79	1.44	/	58.18	65 +	22.61
德阳	60.96	2108	62.34	2.91	/	24.14	41% 以上	35.94

注：清洁能源比例中包括天然气等化石能源在内，因而比图 3—4 中的数值要大。

资料来源：笔者自制。

可见，从三个地级市的综合经济实力、技术创新、资金、人力等低碳发展潜力的技术性因素上看，广元并不具有比较优势。然而，与此相悖，近年来广元市低碳发展的主要指标却在四川省的前列，超过邻近的汉中和德阳市，因此值得分析其低碳转型背后的非技术创新因素。调研结果显示，在技术性条件落后的情景下，广元市逐步积累了包括治理结构和运行机制在内的非技术创新系统的优势，以四级指标体系表述为表 3—4 所示。

表3—4　　广元市低碳发展的非技术创新系统评价

一级指标	二级指标	三级指标	四级指标	单位	评价标准	广元市水平
低碳发展的非技术创新系统	低碳发展治理体系的完备性	治理机构设置的完备性	是否有专设机构	有/无	三项均有	专设低碳发展局 有专职人员 有领导小组
			是否有专职人员			
			是否有领导团队			
		机构的独立性和有效性	低碳治理平台独立性及行动能力	强/弱	对部门协调和监督的独立性和有效性	强（低碳局相对比较独立，但还是受到一定程度的牵制）
		低碳发展政策及工具的完备性	战略规划及政策措施是否完备	是/否	有完整的低碳发展战略及规划	从2008年底出台低碳发展战略，之后逐步完善规划
			低碳核算体系	有/无	具有能源清单、温室气体清单、低碳GDP核算	具有前两项
			干部考核体系是否体现低碳贡献	%	干部考核体系中低碳贡献的权重	3（2007） 5（2008） 12（2009） 15（2010） 19（2011） 19（2012）
	低碳发展运行机制的有效性	Tv维度：纵向传导和反馈	政策传导和反馈是否顺畅	是/否	是	自上而下的政策传导与自下而上的建议反馈均较顺畅
			低碳发展相关政策措施的执行排序	位次	是否能够排在前三位以内	90%以上的受访者表示排在第二位

续表

一级指标	二级指标	三级指标	四级指标	单位	评价标准	广元市水平
低碳发展的非技术创新系统	低碳发展运行机制的有效性	Tv 维度：纵向传导和反馈	公众低碳发展意识	%	>75%	2（2008 年） 15（2009 年） 93（2010 年） 97（2011 年） 98（2012 年）
		Th 维度：横向交流和沟通	部门协调的充分性	%	达成一致的次数/需要协调的次数	历年均在 95% 以上
			低碳措施的听证会频率	%	听证会次数/出台措施总数	100% 听证会或者通过宣传栏公告
			非政府机构的参与程度	次数	对外交流与合作的次数	没有具体的数据，但是正常情况下能参与

资料来源：笔者自制。

从低碳发展的治理体系上看，调查结果显示，广元市治理机构的设置较为完备：如在市发展和改革委员会设有低碳发展局作为治理枢纽，设有专门人员，成立了市级低碳发展领导小组，并且由市级主要领导担任组长。从市级一直到县区—乡镇和村及社区，均有专人负责纵向衔接，使政策传导和反馈的顺畅程度得以保证。同时低碳发展的政策及工具也相对较完善：从 2008 年底至 2009 年初，当时低碳理念在周围地市并未被民众认可的条件下，该市以低碳发展作为与其他地市竞争的核心战略，形成完整的低碳发展战略及规划。

从广元市干部考核体系中低碳贡献的权重上看，2009 年出现拐点，如图 3—9 所示，2007 年仅占 3%，2009 年快速增至 12%，到 2011 年和 2012 年提高至 19%，实际权重和增长率均高于邻近市州。低碳发展局作为该市的低碳治理平台，在整个非技术创新系统中是链接纵向维度和横向维度的枢纽，由于低碳被确定为广元市的核心战略，因而该机构被授予了较高的权威性和独立性，能够就某个低碳发展的议题组织定期和不定期的部门协调会进行讨论和沟通。访谈中发现，低碳发展局具有较强的行动能力，可以组织协调市内的各平级机构，根据低碳领导小组签署的政策监督全市相关机构和部门开展实施。在年终，低碳发展局有权限组织人员对实施的效果进行评估，结果计入组织部考核的计分系统，直接影响干部考评。从低碳核算体系上看，包括建立能源生产和消费统计体系、温室气体排放监测体系，以及低碳 GDP 核算体系等，以增强低碳目标的可量化、可监测、可考核性，对此，广元市只初步具备前两项，尚有欠缺。

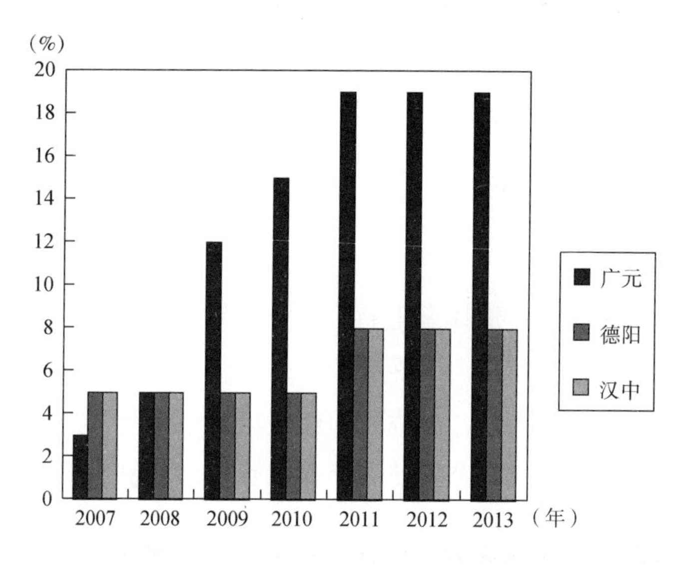

图 3—9　干部考核低碳权重的变动

从运行机制上看，根据调研结果，85% 以上的受访者对低碳发展的机构设置及运行效果表示满意，认为自上而下的政策传导与自下而上的政策建议和反馈都较顺畅。相应地，公民的低碳发展意识也成长较快。[①] 在 2008 年的回收问卷中，仅有 2% 的答卷者表示了

① 笔者曾经在 2012 年 4 月经过坐落于利州区龙潭乡小山坡的村落，在入户访谈计划之外遇到一位 70 多岁的农民老先生，老先生没上过学，但非常专业地谈起当地的低碳发展和绿色产业。

解低碳发展；2011 年、2012 年已经分别增加至 90% 和 93%；2013 年的低碳发展意识问卷调查结果显示，全市民众的普及率达到 98%，增长速度明显高于同期的汉阳和德阳，如图 3—10 所示。此外，随着广元市干部考核体系中低碳贡献权重的上升，低碳发展的政策措施在相关政府的工作排序上，则由原先的次要地位跃升至优先位置。对此，广元 90% 以上的政府部门受访者表示，低碳发展的政策措施属于“优先执行项”，只有在与“社会安全稳定”发生冲突时，才会降到第二位次。从公众参与程度上看（我们在指标体系中以听证会的频率，即听证会次数占出台措施总数的比例来表述，达到 100% 表示完全的民众参与程度），问卷调查和访谈结果显示，尽管当地政府出台新的低碳措施都设有听证会，但是市民听众并不多。为此，当地政府将大部分听证会改为通过宣传栏公告形式公之于众，并在一定的期限内反馈（如两周时间）。80% 的受访者表示宣传栏公告的形式效果优于听证会。此外，对于非政府机构的政策参与程度，在调研中没有得到具体的数据，但是当地受访群众和曾经参与该市低碳发展项目的 WWF 官员一致表示，一般情况下能参与低碳发展的具体项目合作，可以开展研究工作，提出报告建议，对此，受访对象认为是有效参与。

从德阳、汉阳、广元三个城市的案例比较发现，尽管前两者的技术性条件具有比较优势，但在非技术创新层面尚未形成完善的治理结构，干部考核指标中低碳发展的权重不足以有效驱动干部的积极性。而后者则逐步形成了相对完善的非技术创新系统，其干部考核体系中低碳发展的贡献被赋予较高的权重，从而引致了低碳偏好的多米诺效应，使得低碳发展的相应政策从市级直至村和社区得以有效的传导、本地化和实施。这一非技术创新系统的优势在一定程度上弥补了它在技术性条件上的不足，促使其低碳发展超越了其他地市。

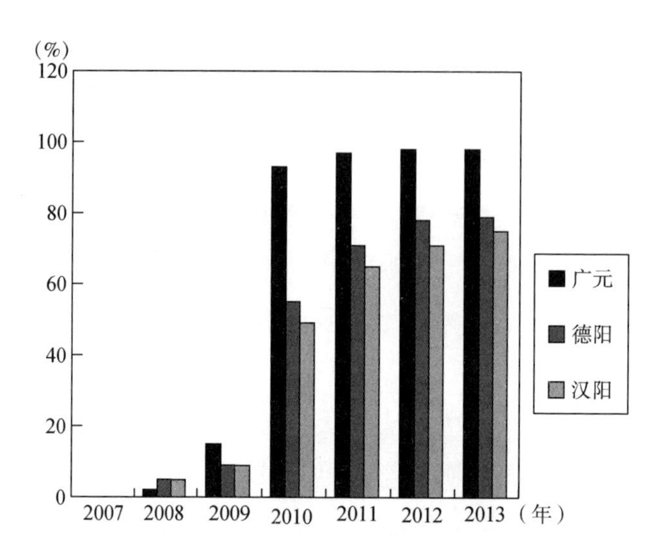

图 3—10 公众低碳发展意识的变化

资料来源：笔者自制。

（五）小结

构建有效的非技术创新系统，提高治理机构设置的完备性、专设机构的独立性和执行力，以及政策工具的完善程度，能够激发各级政府在同级层次上的博弈，从而引致低碳偏好的传导可以波及更大的地域和行政范围，使得低碳发展最终成为各级政府的政策偏好和路径选择。条件是：当且仅当非技术创新系统得以完善，其中干部考核体系中低碳贡献指标的权重足够大，并且 Tv 和 Th 两个维度有机组合发挥作用的时候，低碳偏好传导的多米诺效应便从省到地市、到县区直至社区各级得到了充分的分层传导和本地化，这种效应将可能有效地驱动全国的低碳城市建设。

第二节 中国低碳城市非技术创新的综合评估：进展及问题

自 2008 年国家住房和城乡建设部与世界自然基金会（简称 WWF）

联合推出建设上海和保定两座“低碳城市”试点以来，我国分别于2010年、2012年、2017年开展了三批试点，而且在国家政策的积极引导并大力支持下，各个低碳试点城市均积极开展了低碳建设，起到了很好的示范作用，然而由于不同城市自身资源禀赋、生产结构、功能定位、民族文化等特点的差异性，其低碳建设具有各自的重点，也即意味着低碳试点城市的低碳发展具有差异性。因此，下文选取了三批低碳城市中的70个地级市低碳试点为研究对象，首先从非技术创新角度分析了国家政策对试点的低碳发展和碳生产力的影响，然后分批次（第一批、第二批、第三批），分类型（生态型、服务型、工业型、综合型），分少数民族地区与非少数民族地区，重点分析了非技术创新对各类型试点的碳生产力和低碳发展的贡献。

一　指标设置与调整

本书采用中国社会科学院城市发展与环境研究所的指标设置方法，如陈楠、庄贵阳的《中国低碳城市建设综合评价指标体系开发》[①] 的二级指标体系，同时结合本书第四部分的非技术创新系统结构模式，即非技术创新系统四级指标体系，如表3—2所示，一级指标包括治理体系的完备性和运行机制的有效性两项，其中治理体系的完备性下分治理机构配置的完备性、专设机构的独立性和执行力水平以及低碳政策工具的完备性等三项二级指标；运行机制的有效性下分低碳政策纵向传导和反馈的顺畅程度，以及部门之间和利益相关各方之间横向交流和沟通水平等指标。在上述两种评价体系结合的基础上，得益于与庄贵阳教授，以及朱守先研究员、陈楠博士的讨论，本书尝试调整了他们已有的二级指标体系，将低碳城市发展综合评价体系切分为技术性指标和非技术指标，又考虑到数据的可得性，最后整合为三级指标体系，如表3—5所示。

---

① 陈楠、庄贵阳：《中国低碳城市建设综合评价指标体系开发》，未刊稿，2017年11月。

表3—5　　　　低碳城市建设评估指标体系及评分细则

一级指标	二级指标	权重	三级指标	权重	单位	评分标准
低碳发展技术性指标（低碳发展程度）	碳排放指标	31%	碳排放总量	11%	万吨	出现下降趋势，得1分
						出现上升趋势，得分为1－上升率
			人均 CO_2 排放量	9%	吨/人	人均GDP＜5万元/人：人均 CO_2 排放＞6.6吨/人的两倍，得0分
						人均GDP＜5万元/人：人均 CO_2 排放＞6.6吨/人，但不超过两倍，得分为1－超出率
						人均GDP＜5万元/人：人均 CO_2 排放＜6.6吨/人，得1分
						人均GDP＞5万元/人：人均 CO_2 排放＞6.6吨/人，且超过幅度不高于人均GDP超出全国平均水平幅度的一半，得分为1－超出率，否则得0分
						人均GDP＞5万元/人：人均 CO_2 排放＜6.6吨/人，得1分
						注：6.6吨/人是中国人均 CO_2 排放水平，5万元/人是2015年全国人均GDP水平
	产业绿色低碳化程度	17%	单位GDP碳排放	11%	吨/万元	单位GDP碳排放达到或低于所在城市分类领跑者城市水平得1分
						超过城市分类的目标值，则按照分类目标值/实际值的比值即为得分
						服务型城市：以北京0.60吨/万元为目标值
						工业型城市：以南昌0.77吨/万元为目标值
						综合型城市：以成都0.70吨/万元为目标值

续表

一级指标	二级指标	权重	三级指标	权重	单位	评分标准
低碳发展技术性指标（低碳发展程度）	碳排放指标	31%	单位GDP碳排放	11%	吨/万元	生态型城市：以广元0.76吨/万元为目标值
						注：城市分类方法见本书第三章第四节
	产业绿色低碳化程度	17%	规模以上工业增加值能耗下降率	9%	%	规模以上工业增加值能耗下降率达到或超过所在城市分类的平均水平（目标值）得1分
						未达到所在城市分类的平均水平（目标值），则实际值/目标值的比值即为得分
						若出现上升趋势，得0分
						服务型城市：目标值为8.52%
						工业型城市：目标值为11.28%
						综合型城市：目标值为8.48%
						生态型城市：目标值为6.57%
			战略性新兴产业增加值占GDP比重	8%	%	实际值/控制目标值（15%）的比值即为得分
						注：控制目标值15%是“十三五”国家战略性新兴产业发展规划的目标值
	能源绿色低碳化程度	20%	煤炭占一次能源消耗比重	10%	%	达到各城市省级及以上控制目标值，得1分
						未达到各城市省级控制目标值，则控制目标值与实际值的比重即为得分
						若未设置控制目标值，则1－煤炭消费量实际占比即为得分
			非化石能源占一次能源消耗比重	10%	%	达到或超过各城市所在省份的控制目标值，得1分
						未达到各城市所在省份的控制目标值，则实际值/控制目标值的比值即为得分

续表

一级指标	二级指标	权重	三级指标	权重	单位	评分标准
低碳发展技术性指标（低碳发展程度）	能源绿色低碳化程度	20%	非化石能源占一次能源消耗比重	10%	%	若所在省份未设置控制目标，则达到或超过全国平均水平（12%），得1分
						若所在省份未设置控制目标，且未达到全国平均水平，则实际值/全国平均水平（12%）的比值即为得分
						注：全国平均水平12%为2015年非化石能源占一次能源消耗的实际比重
	低碳发展的基础设施完善程度	13%	万人公共汽（电）车拥有量	7%	%	万人汽（电）车拥有量达到或超过所在城市分类水平的平均值得1分
						未达到城市分类的平均值，则按照实际值/分类平均值的比值即为得分
						城区常住人口1000万以上：万人汽（电）车拥有量达到或超过15辆/万人
						城区常住人口500万—1000万：万人汽（电）车拥有量达到或超过13辆/万人
						城区常住人口300万—500万：万人汽（电）车拥有量达到或超过10辆/万人
						城区常住人口300万以下：万人汽（电）车拥有量达到或超过7辆/万人
			城市居住建筑节能率	6%	%	居住建筑节能率即为得分

续表

一级指标	二级指标	权重	三级指标	权重	单位	评分标准
低碳发展技术性指标（低碳发展程度）	资源环境质量	12%	人均生活垃圾日产生量	5%	kg/人	低于或等于全国平均水平 1kg，得 1 分
						高于全国平均水平，则全国平均水平（1kg）/实际值的比值即为得分
						注：全国平均水平 1kg 为 2015 年人均生活垃圾实际产生量
			PM2.5 浓度	3%	$\mu g/m^3$	目标值（$35\mu g/m^3$）与城市 PM2.5 浓度的比值即为得分
						注：$35\mu g/m^3$ 为国家《环境空气质量标准》二级标准的年均浓度值
			森林覆盖率	4%	%	森林覆盖率达到或超过所在城市分类水平的平均值得 1 分
						未达到城市分类的平均值，则按照实际值/分类平均值的比值即为得分
						注：年降水量 400 毫米以下地区的城市市域森林覆盖率达到 20% 以上，且分布均匀，其中三分之二以上的区、县森林覆盖率应达到 20% 以上
						年降水量 400—800 毫米地区的城市市域森林覆盖率达到 30% 以上且分布均匀，其中 2/3 以上的区县森林覆盖率达到 30% 以上
						年减少量 800 毫米以上地区的城市市域森林覆盖率达到 35% 以上且分布均匀，其中 2/3 以上的区县森林覆盖率达到 35% 以上
						自然湿地面积占市域面积 5% 以上的城市，在计算其市域森林覆盖率时，扣除超过 5% 的自然湿地面积
						注：分类标准参考了《国家森林城市评价指标》

续表

一级指标	二级指标	权重	三级指标	权重	单位	评分标准
低碳发展的非技术创新指标	低碳治理体系的完善性	7%	低碳治理机构的完备性	2%	/	建立低碳发展领导小组，市委书记/市长是低碳发展领导小组成员，得1分
			低碳治理机构的独立性		/	低碳领导小组（或其他负责机构）是否独立运行，并具有协调其他部门的能力，有得1分
			低碳政策的完善性与发展目标的可控性	2%	/	城市规划明确指出了碳排放达峰目标，得0.1分； 城市规划明确指出了温室气体排放总量控制及强度“双控”目标，得0.1分； 设重点部门碳排放目标责任制，包括温室气体排放指标分解、清单编制常态化得0.2分； 定期开展目标执行进展评估、并纳入干部绩效考核，得1.6分
	低碳治理机制运行的有效性		低碳投资意愿度	2%	%	通过低碳投资比（节能减排和应对气候变化资金占财政支出比重）来赋值： 实际值/目标值（5.8%）的比值即为最后得分（注：深圳是全国低碳城市建设较好的城市之一，因此目标值5.8%以深圳节能减排和应对气候资金占财政支出的实际比重作为目标值）
			政策创新水平	1%	/	城市加强低碳国际合作、树立城市品牌、与生态环保具有协同性、不限于以上条目的创新性活动，按照创新力度和进展情况打分，1分

资料来源：参见陈楠、庄贵阳《中国低碳城市建设综合评价指标体系开发》，未刊稿，2017年11月。

一级指标中包含两项：低碳发展的技术性指标和低碳发展的非技术创新指标。

二级指标共七项，分别为在低碳发展技术性指标（一级指标）下包含碳排放指标、产业绿色低碳化程度、能源绿色低碳化程度、低碳基础设施完善程度、资源环境质量指标五项；在低碳发展的非技术创新指标（一级指标）下包含低碳治理结构的完善性和低碳治理机制运行的有效性等指标两项。

三级指标共十七项。其中低碳发展的技术性指标十二项，非技术创新指标五项。技术性指标中，二级指标碳排放目标层下包含了三项三级指标：碳排放总量、人均 CO_2 排放量、单位 GDP 碳排放；产业绿色低碳化程度目标层下包括战略性新兴产业占 GDP 比重及规模以上工业增加值能耗下降率两项指标；能源低碳化程度目标层下包括煤炭占一次能源消耗比重，以及非化石能源占一次能源消耗比重两项指标；低碳发展基础设置的完善程度包含万人公共汽（电）车拥有量和城市居住建筑节能率两项指标；资源环境质量主要选取了人均生活垃圾日产生量、PM2.5 浓度、森林覆盖率三个指标。[①] 非技术创新指标中，二级指标低碳治理结构的完善性目标层下包含了低碳治理机构的完备性、低碳治理机构的独立性，以及低碳政策的完善性和低碳目标的可控性三项三级指标；低碳治理机制运行的有效性目标层下包括低碳投资意愿和政策创新水平两项三级指标。因此低碳发展综合评价体系共十七

---

① 选取人均生活垃圾日产生量是因为生活垃圾的产生、处理与能耗有关，同时垃圾围城是城市面临的主要环境问题之一，因此从消费端减少垃圾产生，既可以作为解决问题的有效手段，又可以表征城市居民日常行为绿色低碳化程度。选取 PM2.5 浓度是因为中国的碳排放和环境污染同根同源，PM2.5 浓度与低碳发展没有直接关系，但实际上是低碳的间接反映。PM2.5 浓度过高是中国现阶段最严重的大气环境问题之一，PM2.5 浓度的下降可以体现人体健康及生活品质与低碳发展间的关联性。选取森林覆盖率是因为《中共中央国务院关于加快推进生态文明建设的意见》明确提出生态环境质量改善，其中一个核心指标即为森林覆盖率。生态文明建设具有强包容性，低碳是生态文明的重要组成部分，而森林覆盖率指标可以从碳汇层面反映不同地区土地利用的绿色低碳化程度。

项核心指标。

从指标的选择上看，主要考虑到我国低碳转型的现实基础和发展目标。如非化石能源占一次能源消费比重的升高及煤炭占一次能源消费比重的下降是我国逐步摆脱以化石能源为主过渡到新型能源为主的重要表征。基础设施完善程度是指交通与建筑这两项未来碳排放的主要领域。汽车尾气是《哥本哈根协议》中认定的主要碳源，万人公共汽（电）车拥有量是打造绿色低碳城市公交系统的重要方面，可以反映城市中人们出行的绿色低碳化程度。城市居住建筑节能率可以较好反映建筑节能的效果，具有数据可得性。在城市类型的大致划分上，从三次产业结构可以初步判定城市类型，但针对以煤炭为资源禀赋的城市，并不意味着二产比例高、三产比例低就不好，而是需要产业结构转型及升级。①

而从非技术创新指标的选择上主要考虑到我国低碳城市发展的目标管理体系、低碳投资意愿（节能减排和应对气候变化资金占财政支出比重）以及低碳政策创新等因素：低碳目标管理以国家发展和改革委员会对三批低碳试点工作的要求为依据，从决策层的低碳理念、低碳规划、达峰目标、总量与强度“双控目标”、碳排放目标责任制等具体措施，较强制性地考核城市低碳发展组织力度、执行力度等；低碳投资作为地方对低碳转型的意愿度，以节能减排和应对气候变化资金占财政支出比重可以衡量当地政府对低碳发展的重视程度；创新指标选取则充分考虑了各试点的不同情况，选取每个领域具有代表性且数据可得性较好的指标，如有的试点城市加强低碳国际合作、树立城市品牌、与生态环保具有协同性等创新性政

---

① 《“十三五”国家战略性新兴产业发展规划》提出，战略性新兴产业代表新一轮科技革命和产业变革的方向，是培育发展新动能、获取未来竞争新优势的关键领域，因此以战略性新兴产业占 GDP 比重作为考核指标，具有政策导向性，也是低碳城市产业转型的关键所在。《工业绿色发展规划（2016—2020 年）》提出加快推进工业绿色发展，有利于推进节能降耗、实现降本增效。规模以上工业增加值能耗下降率就是衡量工业绿色发展的核心指标之一。

策行动。[①]

此外，为了考察非技术创新对低碳发展总体水平和碳生产力的相关性，下文将城市的碳生产力指数[②]与低碳发展综合水平指数等技术性指标设置为因变量，而反映试点城市与低碳转型相关的组织机构建设、碳排放管理水平、低碳政策工具的完善性等非技术创新指标设置为自变量，人均 GDP 为控制变量，考察自变量非技术创新对低碳城市建设的影响。

二　非技术创新对试点城市整体低碳发展与碳生产力的影响

（一）非技术创新与试点城市低碳发展综合水平及碳生产力的相关性分析

70 个地级市低碳试点从整体来看，非技术创新对试点城市的低碳发展和碳生产力均是中等正相关[③]且通过了显著性检验，尤其与碳生产力的相关性更为显著，并且非技术创新对碳生产力的影响效应持续增强。

如表 3—6 所示，2010 年，70 个试点城市低碳发展的平均得分为 74. 02，碳生产力平均为 0. 52 万元/吨 CO_2，非技术创新平均得分为 2. 20；而在 2015 年，低碳发展的平均得分为 78. 98，碳生产力平均为 0. 73 万元/吨 CO_2，非技术创新平均得分为 3. 30，增长率分别为 6. 7%、40. 38%、50%。可见，低碳试点城市的非技术创新得分增长最快，出现了显著的右移，这可能是由于我国低碳政策在 2010 年刚刚开始实施，存在时间的滞后性，仅有深圳、杭州等少数几个试点城市拥有较高的非技术创新得分，而随着国家低碳政策滞

① 参见陈楠、庄贵阳《中国低碳城市建设综合评价指标体系开发》，未刊稿，2017 年 11 月。

② 即每单位碳排放产生的 GDP，计算公式为：城市的 GDP 总量（万元人民币）/生产性碳排放总量（吨）。

③ 一般来说，取绝对值后，r = 0—0. 09 为没有相关性，r = 0. 1—0. 3 为弱相关，r = 0. 3—0. 5 为中等相关，r = 0. 5—1. 0 为强相关。

后性的消失即促进作用的发挥，2015 年不仅非技术创新得分出现了显著的提高，而且低碳发展得分和碳生产力也在明显提高，意味着非技术创新对于低碳城市的建设具有显著的促进作用，而且作用在不断增强。

表 3—6　　低碳发展得分与非技术创新得分之间的相关性

年份	指标	平均数	标准偏差	样本个数	相关性
2010 年	低碳发展	74. 02	3. 76	70	0. 337 **
	非技术创新	2. 20	0. 23	70	(0. 004)
	碳生产力	0. 52	0. 23	70	0. 417 **
	非技术创新	2. 20	0. 23	70	(0. 000)
2015 年	低碳发展	78. 98	3. 39	70	0. 302 *
	非技术创新	3. 30	0. 43	70	(0. 011)
	碳生产力	0. 73	0. 33	70	0. 443 **
	非技术创新	3. 30	0. 43	70	(0)

注：* 相关性在 5% 水平上显著；** 相关性在 1% 水平上显著；碳生产力单位为万元/吨。

资料来源：根据中国社会科学院城市发展与环境研究所数据库的数据计算。

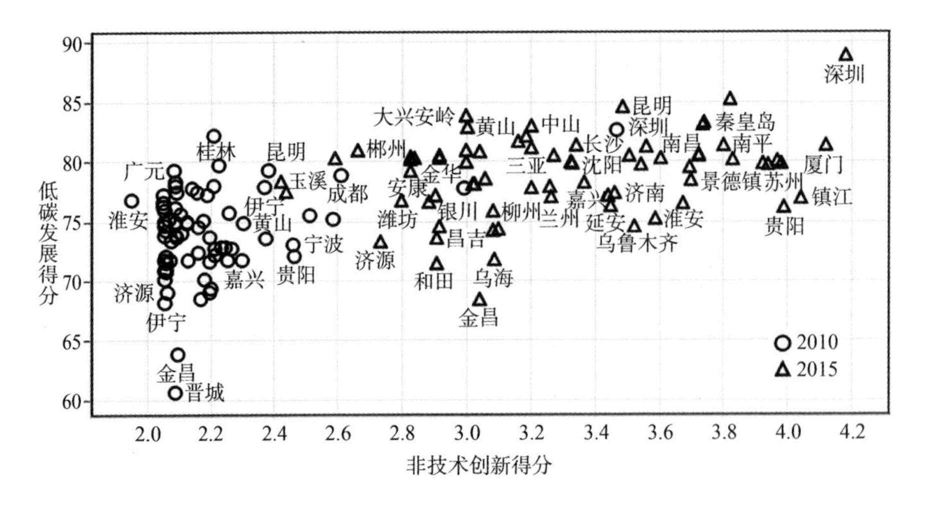

图 3—11　2010—2015 年 70 个低碳试点城市的非技术创新与低碳发展得分

资料来源：根据中国社会科学院城市发展与环境研究所提供的基础数据计算而得。

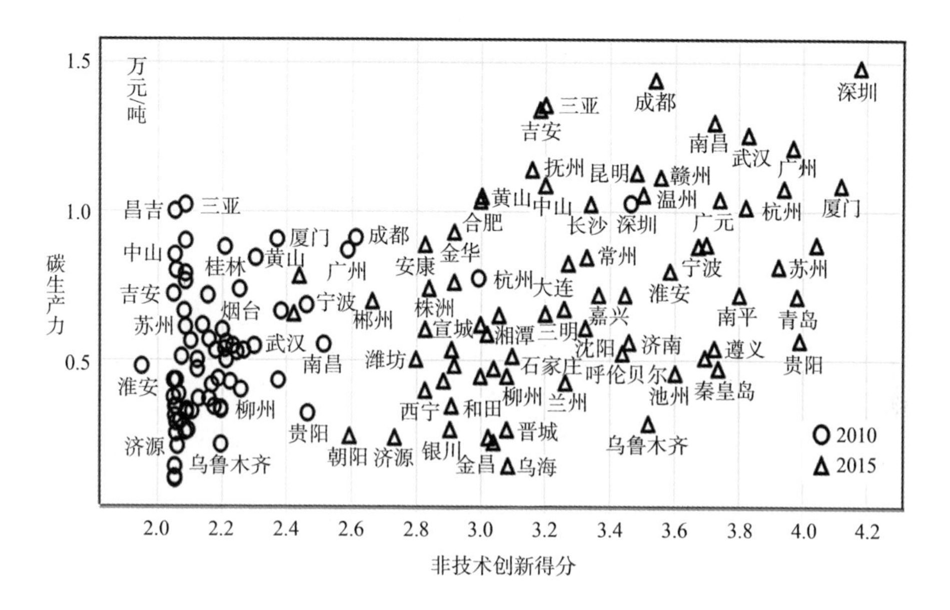

图 3—12　2010—2015 年 70 个低碳试点城市的非技术创新得分与碳生产力

资料来源：根据中国社会科学院城市发展与环境研究所提供的基础数据计算而得。

（二）非技术创新与试点城市低碳发展综合水平及碳生产力的回归分析

从表 3—7 可以看出非技术创新对试点城市整体低碳发展、碳生产力均具有强正相关性，分别通过了 1% 和 5% 的显著性水平，其中对低碳发展的影响大于碳生产力的影响。从非技术创新与试点城市整体低碳发展的回归结果来看，非技术创新的系数为 4.33，意味着试点城市的非技术创新提高 1，其低碳发展提高 4.33，具有显著的乘数效应。从非技术创新与试点城市碳生产力的回归结果来看，非技术创新的系数为 0.16，意味着试点城市的非技术创新提高 1，其碳生产力将提高 0.16，具有较明显乘数效应。

表3—7　非技术创新与总得分、低碳发展得分、碳生产力的回归结果

	模型一	模型二
自变量		
非技术创新		
因变量		
低碳发展	4.33 (10.29***)	—
碳生产力	—	0.16 (2.29**)
控制变量	0.0013	0.41
人均GDP	(0.95)	(2.01**)
组内拟合优度	0.6202	0.5265
观测值	140	140

注：***表示在1%的显著水平，**表示在5%的显著水平；括号内的数字为t值。

资料来源：根据中国社会科学院城市发展与环境研究所的基础数据计算而得。

三　三批低碳试点城市的非技术创新和低碳发展水平差异

在70个地级市低碳试点中，第一批试点有6个（占比8.6%），第二批试点有26个（占比37.1%），第三批试点有38个（占比54.3%）。其中第一批试点城市在2010—2015年碳生产力、低碳发展与非技术创新的进展最为显著：第一批试点城市的碳生产力、低碳发展与非技术创新等三项得分的最小值、最大值、平均值均大于第二批和第三批试点城市，如表3—8所示。

具体每一项分析，以2010年为基数，2015年第一批试点城市碳生产力的增加最为显著，从平均值0.65万元/吨CO_2增加到1.02万元/吨CO_2，增幅为56.9%；其次是非技术创新，第一批试点城市的均值从2010年的2.67增加到2015年的3.83，增幅为43.4%；再次是低碳发展，第一批试点城市的均值从2010年的76.57增加至2015年的81.15，增幅为5.98%。第二批和第三批试点城市的特点均是非技术创新增加最为显著，第二批试点增幅为64.5%、第三批增幅为41.6%；其次是碳生产力，分别为44.0%、34.6%；最后是低碳发展，分别为6.3%、7.1%。

表3—8　　分批次的低碳试点城市建设

年份	试点批次	指标	城市数（个）	最大值	最小值	平均数	标准偏差
2010	第一批试点	碳生产力	6	1.02	0.32	0.65	0.30
		低碳发展	6	82.66	72.04	76.57	3.75
		非技术创新	6	3.47	2.20	2.67	0.47
	第二批试点	碳生产力	26	0.90	0.21	0.50	0.20
		低碳发展	26	82.21	60.61	74.15	4.85
		非技术创新	26	2.59	1.95	2.17	0.14
	第三批试点	碳生产力	38	1.02	0.10	0.52	0.24
		低碳发展	38	78.81	68.16	73.54	2.69
		非技术创新	38	2.61	2.05	2.14	0.11
2015	第一批试点	碳生产力	6	1.48	0.57	1.02	0.36
		低碳发展	6	88.96	76.14	81.15	4.24
		非技术创新	6	4.18	3.00	3.83	0.43
	第二批试点	碳生产力	26	1.25	0.23	0.72	0.31
		低碳发展	26	85.20	68.44	78.81	3.96
		非技术创新	26	4.04	2.73	3.57	0.33
	第三批试点	碳生产力	38	1.44	0.15	0.70	0.32
		低碳发展	38	82.96	71.41	78.77	2.74
		非技术创新	38	3.54	2.42	3.03	0.26

注：碳生产力的单位为万元/吨CO_2。

资料来源：根据中国社会科学院城市发展与环境研究所提供的基础数据计算而得。

从单个城市看，如图3—13所示，对于第一批低碳试点，深圳和杭州的碳生产力、低碳发展与非技术创新在2010年得分最高，其余城市均分布于这三项指标的平均线附近。厦门通过“5＋3＋10”现代产业体系，实施“餐厨垃圾资源化利用”“生活垃圾分类回收”等重点低碳示范项目，以及绿色建筑、可再生能源建筑，新能源汽车、城市慢行系统等基础设施建设，在2015年位居高碳生产力、低碳发展与非技术创新的突出行列，其余城市的非技术创新也均有显著的提高。

第二批低碳试点城市在2015年的碳生产力、低碳发展与非技术创新相对于2010年均实现了显著提高。其中广州的碳生产力、低碳发展和非技术创新均相对较高，但是与第一批低碳试点中的深圳比较，差距较显著。

第三批低碳试点城市，无论是2010年，还是2015年，其中大部分试点的碳生产力、低碳发展与非技术创新水平均处于平均线以下，各项指标均低于第二批试点城市，更低于第一批试点城市。然而西部城市成都，其碳生产力、低碳发展和非技术创新均显著高于同批次的其他试点，与深圳、杭州和厦门旗鼓相当，对此，本书将在后文对成都做城市个案分析。

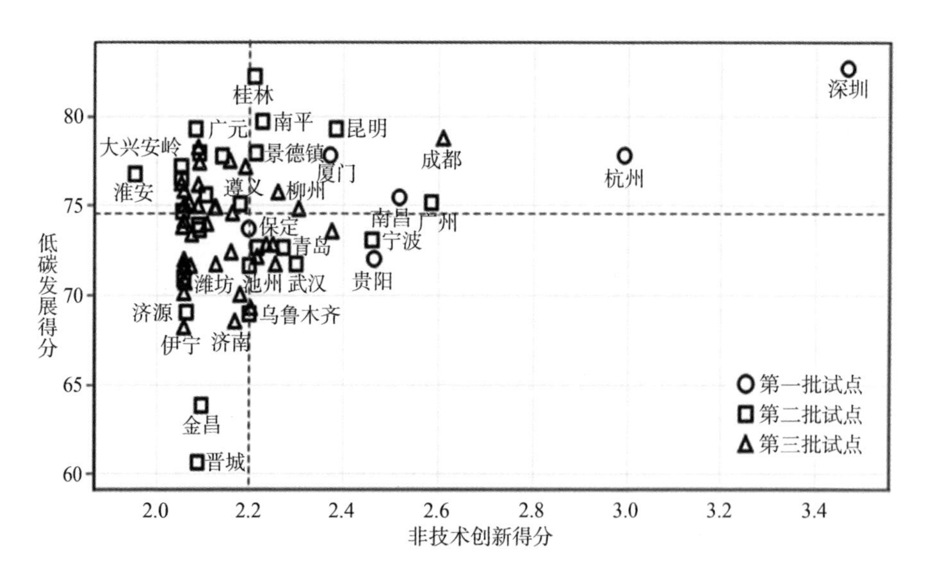

图3—13　2010年不同批次低碳试点城市的非技术创新与低碳发展得分

资料来源：根据中国社会科学院城市发展与环境研究所提供的基础数据计算而得。

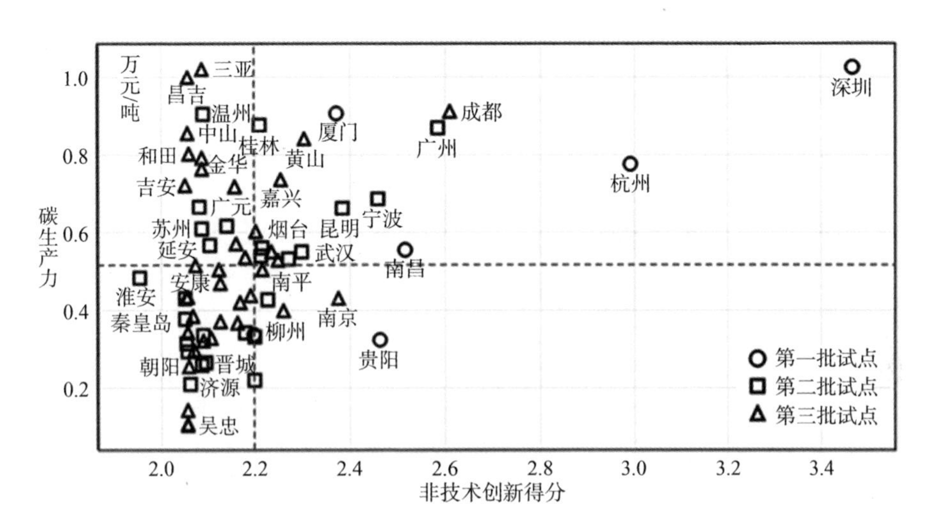

图3—14　2010年不同批次低碳试点城市的非技术创新得分与碳生产力

资料来源：根据中国社会科学院城市发展与环境研究所提供的基础数据计算而得。

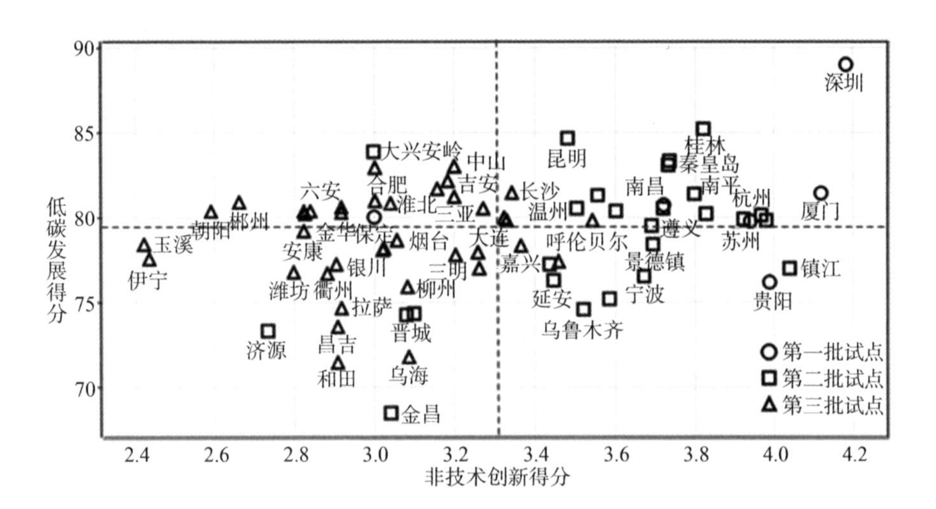

图3—15　2015年不同批次低碳试点城市的非技术创新与低碳发展得分

资料来源：根据中国社会科学院城市发展与环境研究所提供的基础数据计算而得。

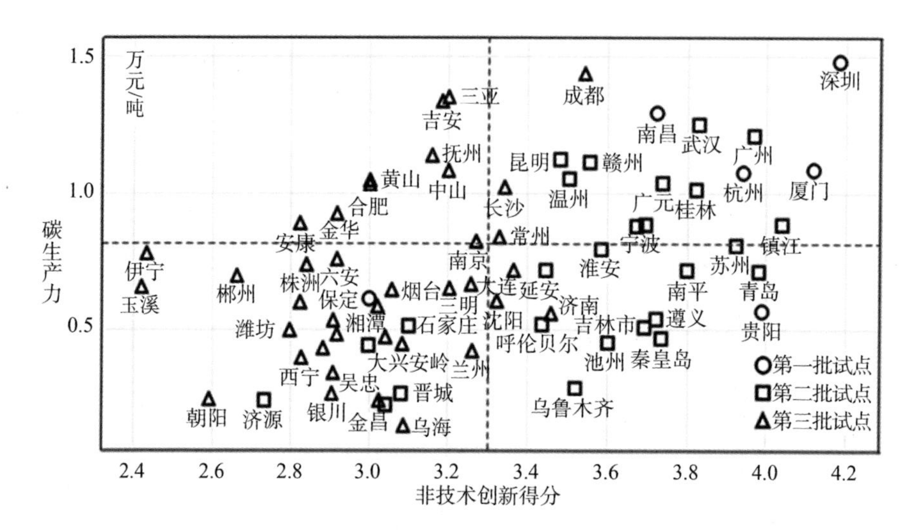

图3—16　2015年不同批次低碳试点城市的非技术创新得分与碳生产力

资料来源：根据中国社会科学院城市发展与环境研究所提供的基础数据计算而得。

四　不同类型低碳试点城市对非技术创新敏感度的差异

根据中国社会科学院城市发展与环境研究所陈楠、庄贵阳的分类方法，大致根据城市的三次产业结构，并结合城市特点，将70个地级市试点分为服务型、综合型、生态型、工业型总四大类，如表3—9所示。

表3—9　　70个地级市低碳试点的分类

主要类型	试点城市（地级市）
服务型	三亚、广州、拉萨、伊宁
综合型	厦门、深圳、昆明、成都、杭州、秦皇岛、遵义、兰州、黄山、呼伦贝尔、南京、池州、武汉、淮安、石家庄、乌鲁木齐、济南、青岛、贵阳
工业型	长沙、柳州、南昌、中山、延安、郴州、金华、株洲、湘潭、衢州、苏州、保定、吉林市、宁波、大连、常州、镇江、沈阳、嘉兴、潍坊、银川、淮北、吴忠、合肥、乌海、烟台、济源、金昌、晋城、景德镇、温州、西宁、玉溪

续表

主要类型	试点城市（地级市）
生态型	桂林、南平、广元、赣州、抚州、大兴安岭、吉安、昌吉、三明、安康、六安、宣城、和田、朝阳

资料来源：根据中国社会科学院城市发展与环境研究所提供的资料绘制。

总体来看，2010—2015 年服务型、综合型、工业型和生态型四种类型低碳试点城市的碳生产力，低碳发展以及非技术创新得分均实现了显著的提高，增长率的排序为：服务型城市 > 综合型城市 > 工业型城市 > 生态型城市。相较于其他类型的城市，工业型城市的碳生产力、低碳发展与非技术创新得分均较低。在 2010 年，碳生产力排名依次为服务型 > 生态型 > 综合型 > 工业型；低碳发展得分排名为生态型 > 综合型 > 服务型 > 工业型；非技术创新得分排名为综合型 > 服务型 > 工业型 > 生态型，即意味着相较于其他类型的低碳试点城市，工业型城市的碳生产力和低碳发展得分是最低的，而生态型城市的非技术创新得分为最低。在不同类型城市分布中，综合型城市的非技术创新得分较高，而服务型、工业型、生态型城市均集中在较低的非技术创新得分区域。2015 年，碳生产力排名为服务型 > 综合型 > 生态型 > 工业型，低碳发展得分排名为生态型 > 综合型 > 服务型 > 工业型，非技术创新得分排名为服务型 > 综合型 > 生态型 > 工业型，意味着与 2010 年相比，工业型城市由于自身生产结构、能耗结构等固碳效应的存在，其整体排名出现了下降，在四类城市中进步最不显著，而服务型城市最大，其次是综合型城市，然后是生态型城市，这和不同类型城市的分布一致，即工业型城市仍然大部分具有较低的碳生产力、非技术创新和低碳发展得分，而生态型、服务型和综合型城市的碳生产力、非技术创新和低碳发展得分均有显著的提高。

表3—10　　　　　　不同类型试点城市的低碳发展概况

年份	城市类型	指标	城市个数	最大值	最小值	平均数	标准偏差	增长率
2010	服务型	碳生产力	4	1.02	0.14	0.61	0.4	—
		低碳发展	4	78.25	68.16	73.83	4.22	
		非技术创新	4	2.59	2.05	2.2	0.26	
	工业型	碳生产力	33	0.9	0.1	0.48	0.2	—
		低碳发展	33	77.97	60.61	72.98	3.7	
		非技术创新	33	2.52	2.05	2.15	0.11	
	生态型	碳生产力	14	1	0.25	0.59	0.22	—
		低碳发展	14	82.21	70.7	75.61	3.49	
		非技术创新	14	2.23	2.05	2.11	0.07	
	综合型	碳生产力	19	1.02	0.22	0.53	0.25	—
		低碳发展	19	82.66	68.5	74.71	3.69	
		非技术创新	19	3.47	1.95	2.34	0.36	
2015	服务型	碳生产力	13	1.48	0.29	0.87	0.38	42.62%
		低碳发展	13	88.96	74.56	79.51	4.06	7.69%
		非技术创新	13	4.18	2.44	3.52	0.51	60.00%
	工业型	碳生产力	25	1.3	0.15	0.65	0.32	35.42%
		低碳发展	25	82.96	68.44	78.16	3.37	7.10%
		非技术创新	25	3.72	2.42	3.07	0.29	42.79%
	生态型	碳生产力	9	1.34	0.25	0.71	0.36	20.34%
		低碳发展	9	85.2	71.41	80.19	4.67	6.06%
		非技术创新	9	3.82	2.59	3.21	0.46	52.13%
	综合型	碳生产力	23	1.44	0.4	0.75	0.29	41.51%
		低碳发展	23	83.08	74.33	79.11	2.27	5.89%
		非技术创新	23	4.04	2.8	3.45	0.38	47.44%

注：碳生产力的单位为万元/吨 CO_2。

资料来源：根据中国社会科学院城市发展与环境研究所提供的基础数据计算而得。

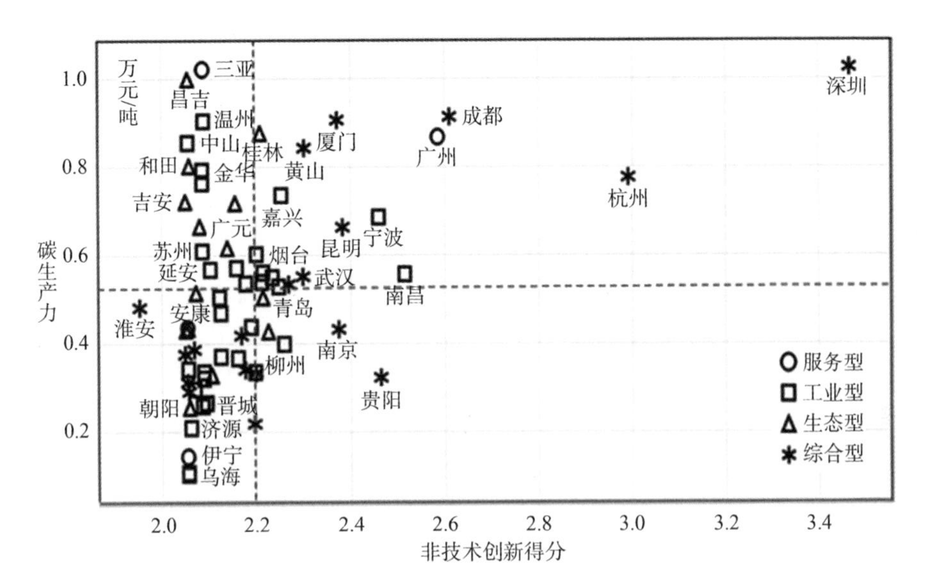

图 3—17　2010 年不同类型低碳试点城市的非技术创新与碳生产力得分

资料来源：根据中国社会科学院城市发展与环境研究所提供的基础数据计算而得。

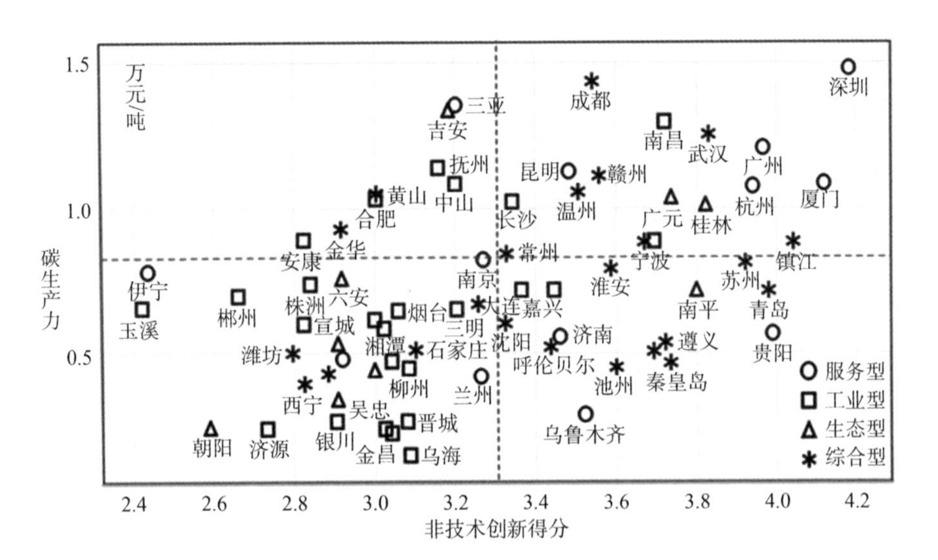

图 3—18　2015 年不同类型低碳试点城市的非技术创新与碳生产力得分

资料来源：根据中国社会科学院城市发展与环境研究所数据库提供的数据计算。

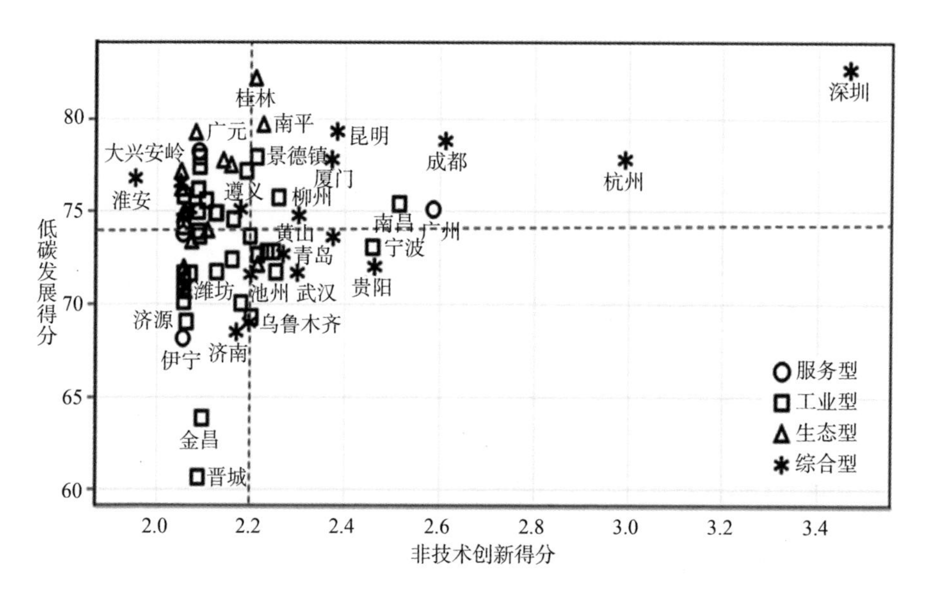

图 3—19　2010 年不同类型低碳试点城市的非技术创新与低碳发展得分

资料来源：根据中国社会科学院城市发展与环境研究所以及陈楠、庄贵阳提供的基础数据计算而得。

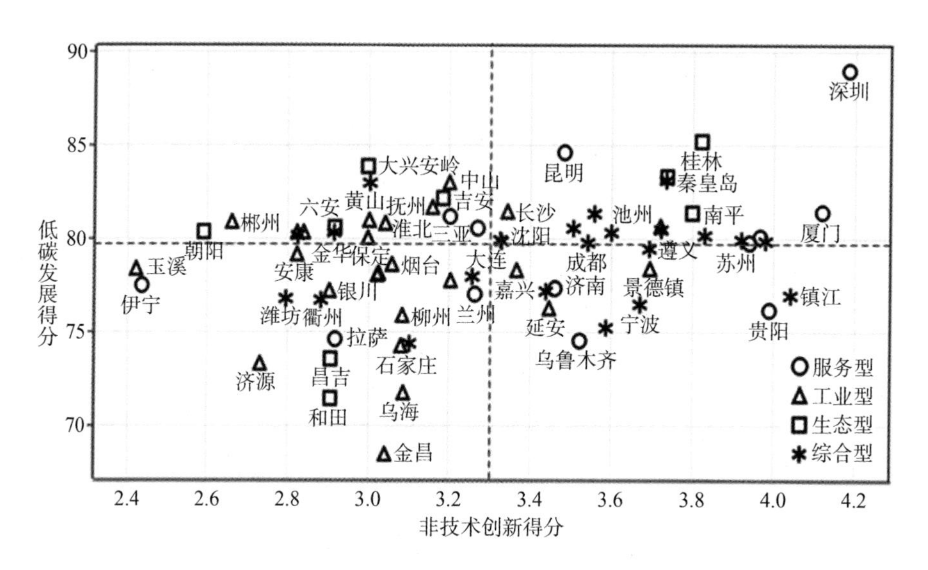

图 3—20　2015 年不同类型低碳试点城市的非技术创新与低碳发展得分

资料来源：根据中国社会科学院城市发展与环境研究所以及陈楠、庄贵阳提供的基础数据计算而得。

五　少数民族地区和非少数民族地区低碳试点城市对非技术创新的敏感度差异

总体来看，2010—2015 年无论是少数民族地区，还是非少数民族地区，其非技术创新能力、低碳发展以及碳生产力得分均实现了显著的提高，尤其是非少数民族地区的低碳试点城市由 2010 年大量集中在平均水平线附近变为趋向于平均线之上。

表 3—11　　少数民族地区与非少数民族地区的低碳试点发展

年份	民族	指标	城市数（个）	最大值	最小值	平均数	标准偏差
2010	少数民族地区	碳生产力	18	1	0.1	0.43	0.25
		低碳发展	18	82.21	63.85	73.62	4.31
		非技术创新	18	2.46	2.05	2.15	0.12
	非少数民族地区	碳生产力	52	1.02	0.11	0.55	0.22
		低碳发展	52	82.66	60.61	74.16	3.58
		非技术创新	52	3.47	1.95	2.22	0.25
2015	少数民族地区	碳生产力	18	1.12	0.15	0.54	0.27
		低碳发展	18	85.2	68.44	76.85	4.28
		非技术创新	18	3.99	2.42	3.14	0.44
	非少数民族地区	碳生产力	52	1.48	0.24	0.8	0.32
		低碳发展	52	88.96	73.3	79.72	2.69
		非技术创新	52	4.18	2.59	3.35	0.41

注：碳生产力的单位为万元/吨 CO_2。

资料来源：根据中国社会科学院城市发展与环境研究所数据库提供的数据计算。

具体来看，2010 年，少数民族地区和非少数民族地区的碳生产力、低碳发展、非技术创新的平均得分分别为 0.43 万元/吨 CO_2、73.62 万元/吨 CO_2、2.15 万元/吨 CO_2 和 0.55 万元/吨 CO_2、74.16 万元/吨 CO_2、2.22 万元/吨 CO_2，而且少数民族地区和非少数民族地区的低碳试点城市均集中在碳生产力、低碳发展和非技术创新得分的平均水平线附近，只有少数民族地区的昆明、桂林与非少数民族地区的深圳、成都、杭州等城市位于平均水平线之上。

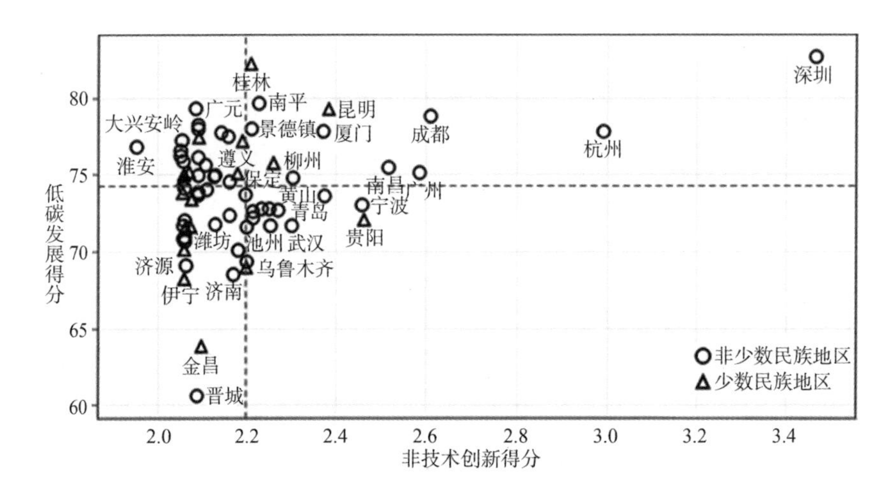

图 3—21　2010 年少数民族地区与非少数民族地区低碳试点城市非技术创新与低碳发展得分

资料来源：根据中国社会科学院城市发展与环境研究所数据库提供的数据计算。

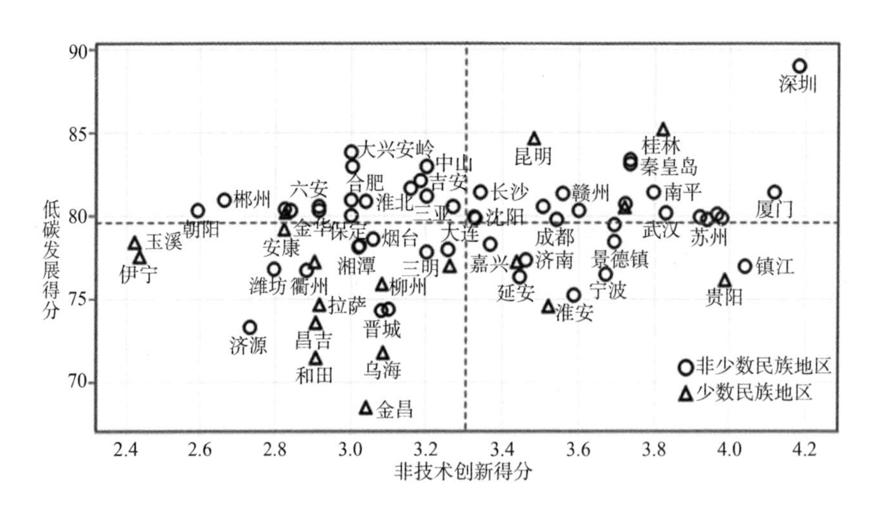

图 3—22　2015 年少数民族地区与非少数民族地区低碳试点城市非技术创新与低碳发展得分

资料来源：根据中国社会科学院城市发展与环境研究所数据库提供的数据计算。

随着非技术创新的政策效应作用的发挥，少数民族地区和非少数民族地区的低碳试点城市均有很大的提升，其 2015 年的碳生产力、低碳发展、非技术创新的平均得分分别为 0.54 万元/吨 CO_2、76.85 万元/吨 CO_2、3.14 万元/吨 CO_2 和 0.8 万元/吨 CO_2、79.72 万元/吨 CO_2、3.35 万元/吨 CO_2，增长率为 25.58%、4.39%、46.05% 和 45.45%、7.5%、50.9%，而由于少数民族地区整体上经济社会发展滞后，贫困面广程度深，区位条件欠佳，生态环境脆弱，存在资本、技术和人才障碍等特点，非技术创新对非少数民族地区的影响要强于少数民族地区，少数民族地区仅有昆明和桂林是位于非技术创新、碳生产力和低碳发展的平均水平线之上，而非少数民族地区几乎 50% 的试点城市均处于非技术创新的平均水平线之上，尤其是深圳、广州、武汉等城市不仅非技术创新得分高，而且碳生产力和低碳发展得分也较高。

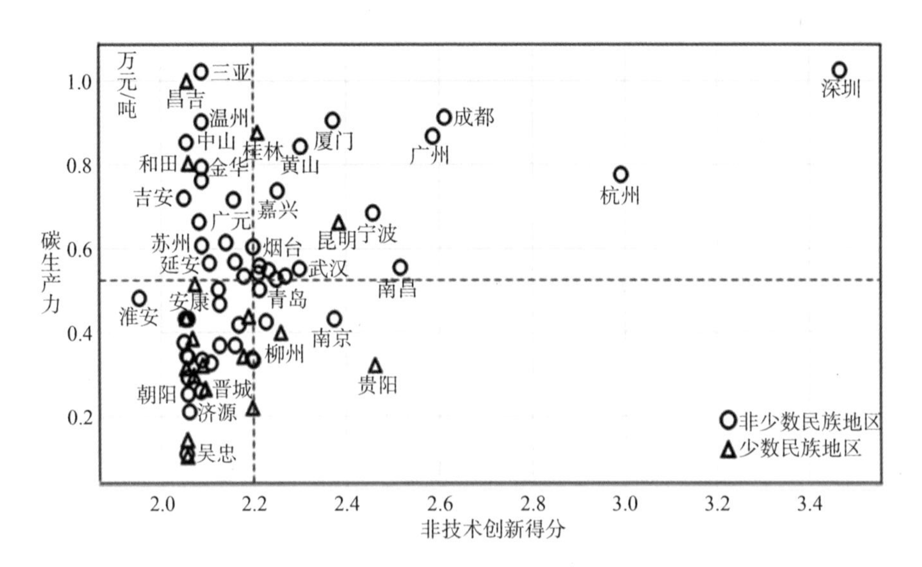

图 3—23　2010 年少数民族地区与非少数民族地区低碳试点城市非技术创新得分与碳生产力

资料来源：根据中国社会科学院城市发展与环境研究所数据库提供的数据计算。

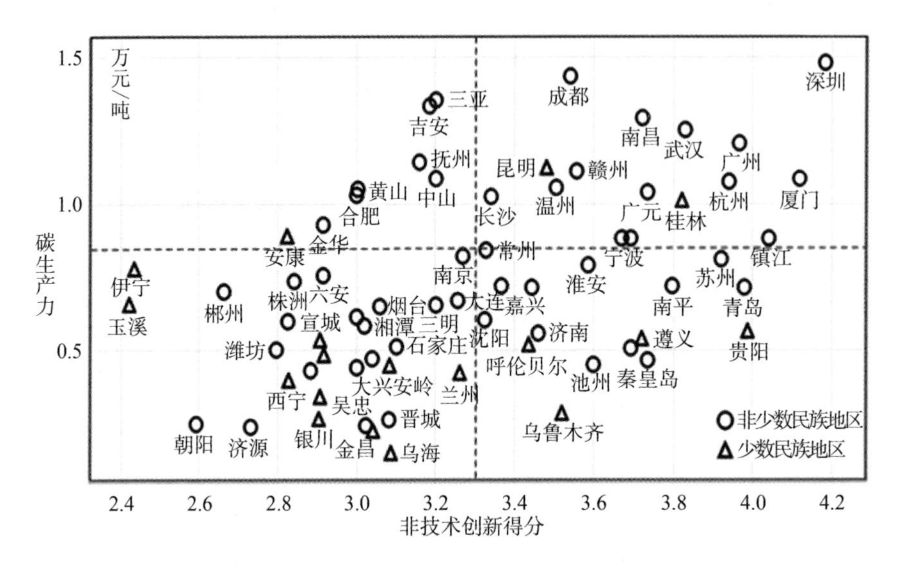

图 3—24　2015 年少数民族地区与非少数民族地区低碳试点城市非技术创新得分与碳生产力

资料来源：根据中国社会科学院城市发展与环境研究所数据库提供的数据计算。

第三节　中国低碳城市建设的非技术创新实践：案例分析

为探寻不同类型地区控制温室气体排放的可行性路径，实现绿色低碳发展，国家发展和改革委员会选取试点的时候，在充分尊重地方意愿的基础上，根据申报情况，结合不同地区的资源禀赋和经济社会发展阶段，确定尽可能具有最大代表性的城市。2010—2017 年，经统筹考虑各申报地区的工作基础、示范性和试点布局的代表性，第一、二、三批低碳试点城市已扩展至东、中、西部地区各省份，涵盖生态型城市、工业型城市、综合型城市和服务型城市，其中地级市达到 70 个。本书分别选取了四种类型的案例城市来讨论低碳转型及其非技术创新，如天么钦代表生态型城市，成都代表综合型城市，三亚代表服务型城市，西宁代表工业型城市。

需要特别指出的是，我们选择了试点之外的天么钦，尽管它并不在生态型试点城市之列，但该城市位于人居最高海拔区域之一，绝大部分面积位于生态功能核心区，在气候保护中具有极其重要的地位和代表性，鉴于能在气候变化高度敏感区域选取最有代表性的城市来分析相关的非技术创新因素，因此，我们将天么钦作为生态型城市案例来做案例分析。此外，考虑到我国是一个多元一体“美美与共”的多民族国家，成功的低碳转型需要各民族的共同努力，我们特意增加了一个民族聚居的试点案例来探讨多元民族文化心理对低碳城市建设的影响。

一　差异性、低碳化治理＋分区考核：生态型城市天么钦的案例分析

2015 年《全国生态功能区划》完成修编后，我国生态文明建设力度不断加大。而在实践中，生态功能区城市依然处于低碳发展与经济发展相矛盾的困境，地方经济驱动的惯性往往与生态功能区划的要求发生偏离，这与对经济发展和生活质量的强烈诉求、经济指标主导的考核体系及多层治理的发展滞后带来的政策信息传导偏差等因素相关。因此，生态功能区城市应在地方层面根据自身特点进一步细分，明确生态红线范围及生态功能核心区、缓冲区和试验区的界限，并增大对生态保护区的扶持力度。差异化、低碳化的分区考核机制应落实到位，根据不同功能分区来设定相应不同的评价因子及权重，扩大生态功能区与其他功能区之间、生态功能区不同类别之间经济指标的权重差距，自上而下缓解生态环境保护与经济发展间的矛盾，刺激生态功能区城市突破经济驱动桎梏，确保生态安全。

（一）案例背景

青海地处青藏高原中枢地带，是“亚洲水塔”“三宗水源”，又称“江河源头”，是维护我国生态安全的战略要地。甘、青两省已展开祁连山国家公园体制试点工作，主要涉及甘肃张掖、酒泉、

武威以及青海海南、海北、海西和海东等地，面积约为130989平方公里。天么钦则处于该重点生态保护功能区内。

天么钦是纯牧业县，但依赖于大型煤田开采和原煤销售，该县在2003—2012年进入飞速增长期，地区生产总值由2003年的1006万元增加至2012年的31.8亿元，增长了315倍。然而多年的露天煤矿开采在高原草场留下了巨型的煤坑和渣石堆，污染危及多条河流水源涵养地，原来的高山草甸变成了牧民所描述的"草是黑的，路是黑的，牛羊身上也是黑的"状态。全面整治后煤矿关停，重点进行植被恢复，生态环境开始好转。由于天么钦对煤炭经济高度依赖，煤炭业对地方财政的贡献率高达90%，随着煤炭业从开采高峰到全面关停整治，该县的地方生产总值也从高峰跌落到低谷，财政收入相应地急速探底，地方公共服务能力下滑。调研发现，生态保护、低碳转型与地方财政驱动的两难困境并非个案，而是生态功能区城市所面临的共性问题。为了探究生态功能区城市地方政府的政策行为与居民的心理诉求，本书选取天么钦为案例城市，开展田野调查，主要手段为问卷调查和访谈（包括部门组访谈、干部一对一深访及居民入户深访），为地方缓解生态环境保护与经济发展间的矛盾提供思路。除特别说明外，所有数据均来自案例城市的问卷调查与深访。

（二）我国的主体功能区划及生态功能区划研究进展

为推进人口、经济和资源环境相协调的国土空间开发格局的形成，2010年国务院印发《全国主体功能区规划》，按开发方式将国土空间划分为优化开发区域、重点开发区域、限制开发区域和禁止开发区域四类主体功能区，并规定了相应的功能定位、发展方向和开发管制原则。该规划是我国第一个全国性国土空间开发规划，其中的优化开发区域指经济比较发达、人口比较密集、开发强度较高、资源环境问题更加突出，从而应该优化进行工业化城镇化开发的城市化地区；重点开发区域指有一定基础、资源环境承载能力较强、发展潜力较大、集聚人口和经济的条件较好，从而应该重点进行工业化城镇化开发的城市化地区；限制开发区域分为农产品主产区和重点生态功能区；禁止开发区域指依法设立的各级各类自然文化资源保护区域，以及其他禁止进行工业化城镇化开发、需要特殊保护的重点生态功能区。2015 年，我国环境保护部和中国科学院完成了对《全国生态功能区划》的修编，将全国分为三大类、9 个类型和 242 个生态功能区，其中确定 63 个重要生态功能区，覆盖我国陆地国土面积的 49.4%。全国分为水源涵养生态功能区、生物多样性保护生态功能区、土壤保持生态功能区、防风固沙生态功能区、洪水调蓄生态功能区、农产品提供功能区、林产品提供功能区、大都市群及重点城镇群九大功能区。2017 年国家发展和改革委员会又增加了 240 个县（市、区、旗）及 87 个重点国有林区纳入国家重点生态功能区，进一步加大生态文明建设力度。目前，关于功能区划建设的制度完善及如何在地方层面细分的理论、技术和方法等研究成果颇丰。例如，汤小华结合现代生态学理论和区划理论运用 GIS 技术将福建划分为 2 个生态区、5 个生态亚区和 107 个生态功能区；[①] 俞奉庆以浙江为对象，研究了主体功能区建设的基本机制，认为国家和省两级建立统一的主体功能区管理机构，进而在重点连片主体功能区建立管理委员会可能是现实条件下主体功能区管理的理想选择。[②] 然而，对于地方各利益主体如何理解生态功能区划，从多主体的不同诉求（主体功能区划与地方利益的冲突）上探讨功能区建设的研究尚不多见，而这是生态功能区建设的基础条件。笔者拟从生态功能区的环保要求与地方经济诉求之间的矛盾切入，探究其背后地方政府的政策动机与居民的心理诉求，讨论缓解矛盾的途径。

---

① 汤小华：《福建省生态功能区划研究》，博士学位论文，福建师范大学，2005 年。

② 俞奉庆：《主体功能区建设研究——以浙江省为例》，博士学位论文，复旦大学，2013 年。

（三）生态功能区居民对生态环境保护与经济发展诉求的问卷分析

根据《全国生态功能区划》及其修编规定，天么钦属于限制开发区域（重点生态功能区）名录中的祁连山冰川与水源涵养生态功能区，国家对重点生态功能区的功能定位是保障国家生态安全的重要区域、人与自然和谐相处的示范区。在重要水源涵养区建立生态功能保护区，还要加强对水源涵养区的保护与管理，严格保护具有重要水源涵养功能的自然植被，限制或禁止各种损害生态系统水源涵养功能的经济社会活动和生产方式，如无序采矿、毁林开荒、湿地和草地开垦、过度放牧及道路建设等。根据这一定位，具体到天么钦来说，措施包括禁止湿地和草地开垦开采、围栏封育天然植被、降低载畜量、涵养水源及防止水土流失。中高强度的开发活动都是被限制的，然而当地又存在推进经济社会发展与提高居民生活水平的诉求，居民对于生态环境保护的要求也很强烈，这可以从调查问卷与入户访谈中印证。

1. 居民对当地环境保护的看法

根据案例城市天么钦的问卷结果，普通居民与干部对于20年前当地生态环境的评价存在较大差异，见表3—12。

表3—12　　居民对当地生态环境的评价

	对于当地环境及变化的看法是——您认为20年前当地的生态环境状况		
	好	一般	不好
普通居民	45.2%	36.3%	18.5%
干部	61.8%	31.2%	7%
	对于当地环境及变化的看法是——您对目前自己所处地区的生态环境评价		
	好	一般	不好
普通居民	51.5%	38.8%	9.7%
干部	55.1%	38.9%	6%

续表

	对于当地环境及变化的看法是——您认为20年后当地的生态环境状况		
	好	一般	不好
普通居民	55.5%	33.2%	11.3%
干部	65.4%	23.7%	10.9%

资料来源：2018年6月《天么钦县生态畜牧业问卷调查》副卷。

普通居民认为好的占45.2%，而干部占61.8%，认为一般的普通居民有36.3%，干部有31.2%；认为不好的，普通居民有18.5%，干部仅7%，干部对20年前的环境评价更高。从对当前自己所处地区生态环境的评价看，两者差异较小：认为好的比例分别是51.5%和55.1%；认为一般的相应比例分别为38.8%和38.9%；认为不好的都较少。从对20年后当地生态环境的评价上看，两者差异也不显著：普通民居认为好的比例为55.5%，干部为65.4%；认为一般的相应比例分别为33.2%和23.7%；认为不好分别是11.3%和10.9%。天么钦的干部和居民对地区生态环境的总体评价趋势呈“U”形，认为过去好，当前为低谷，未来20年将有所改观，但对于未来环境改善的预期并不十分乐观。

从对生态环境和资源保护的问卷结果上看，当地居民的环保意识比较强，见表3—13。几乎所有被调查者都认为大自然很容易被破坏，需要人类在开发使用中加强保护；97.0%的居民认为为了继承传统，必须平衡好开发利用与保护资源环境的关系；98.1%居民认为为了子孙后代必须大力保护环境；98.4%的居民认为万物与人类一样都有生命。但是，依然有13.6%的居民认为为了经济发展和就业需要大规模开发自然资源，有8.2%的居民认为为了加快致富发展，人类没必要考虑环境约束问题。有68.7%的居民认为，国家和发达地区需要加强对该地区的生态补偿。

表 3—13　居民对于生态环境保护的看法

大自然很容易被破坏，需要人类在开发使用中加强保护	为了当地经济发展和解决就业，需要大规模开发自然资源	国家和发达地区需要加强生态补偿机制建设	为了加快致富发展，人类没必要考虑环境约束问题	为了继承先人和本民族传统，必须平衡好开发利用与保护资源环境的关系	为了子孙后代的生存和发展必须大力保护环境	万物与人类一样都有生命
99.7%	13.6%	68.7%	8.2%	97.0%	98.1%	98.4%

资料来源：2018 年 6 月《天么钦县生态畜牧业问卷调查》副卷。

天么钦居民对地方政府保护生态环境效果的整体评价一般。具体来看，居民对生态保护措施和法规的评价相对其他几项稍高，评价好的占全体居民的 51.8%，对于其他四项的效果居民的好评率均低于 50%。例如，对政府环境保护投入力度评价总体好评率为 46.6%，对于公众自发制止影响环境的资源开发等工作效果好评率较低，只有 37.4%，一般评价占 28.6%，认为不好的占 25.7%。在一定程度上说明，天么钦居民对生态资源保护具有较强的诉求（见表 3—14）。

表 3—14　居民对地方政府生态环境保护工作效果的评价

评价级别	好	一般	不好	不清楚
生态保护措施/法规	51.8%	20.3%	13.3%	14.6%
环境保护投入力度	46.6%	20.9%	17.9%	14.6%
违法违规事件处罚	47.4%	19.0%	17.9%	15.7%
对公众自发制止影响环境的资源开发	37.4%	28.6%	25.7%	8.3%

资料来源：2018 年 6 月《天么钦县生态畜牧业问卷调查》副卷。

2. 居民对当地经济发展与自身生活质量的满意度

从整体看，天么钦居民对于当前经济发展与自身生活质量大多持肯定态度，但认为经济发展水平上升很多的仅38.7%，认为略有上升的占35.1%。有20.7%的居民认为没有变化，还有3%人认为略有下降。从不同户籍的角度看，农业户口总体上满意度不如非农户口高，认为上升很多和略有上升的共66%，而非农户口为80.3%。居民户口（之前是农业户口）认为上升很多的比例最高，为50%（见表3—15）。

表3—15　　居民对当前经济发展与自身生活质量的满意度

对当前经济发展的评价	上升很多	略有上升	没有变化	略有下降	不好说
农业户口	26.4%	39.6%	24.5%	2.8%	6.7%
非农户口	39.6%	40.7%	12.7%	6.3%	0.7%
居民户口	50.0%	25.0%	25.0%	0%	0%
均值	38.7%	35.1%	20.7%	3.0%	2.47%
对生活质量的评价	上升很多	略有上升	没有变化	略有下降	不好说
农业户口	24.5%	44.3%	10.4%	2.8%	15.1%
非农户口	35.4%	39.6%	7.5%	3.4%	14.2%
居民户口	25.0%	0%	25.0%	0%	50.0%
均值	28.3%	28.0%	14.3%	2.1%	26.4%

资料来源：2018年6月《天么钦县生态畜牧业问卷调查》副卷。

注：由于四舍五入，每项总和不一定为1。

此外，从对未来的预期来看，大部分人对前景比较乐观，认为未来5年，生活水平将会上升很多或将略有上升的共计72.8%，与对过去5年的评价相当。另外，对未来的走向，农业户口、非农户口和居民户口（之前是农业户口）均有一部分显得很茫然，他们选择了“不好说”选项。根据问卷推测，总体上，居民对于过去5年的评价和对未来的趋势的预期都较高。

3. 生态功能区城市环境保护与经济发展诉求相矛盾的困境

由上述可见，作为重要的生态功能区城市，天么钦居民对当地环境保护和经济发展均有着较高的诉求。在访谈中，地方干部表达了他们的焦虑：一方面，由于生态功能区的定位决定了天么钦是水源涵养区和生物多样性保护区，大部分是限制开发和禁止开发区域，居民对于保护天然高原草场也有着强烈的要求；另一方面是经济指标主导的考核体系压力，居民对于更好生活质量和公共服务的急迫需求也需要地区经济和财政收入的提高。由于煤矿关停整治，以煤炭经济为支柱的地方财政收入急剧下降。地区生产总值从最高峰2012年的317661万元降到2015年的39300万元，2017年稍有回升，也仅达74179万元（见图3—25）。现实中，天么钦正陷入生态功能区城市生态环境保护与经济发展相矛盾的困境。

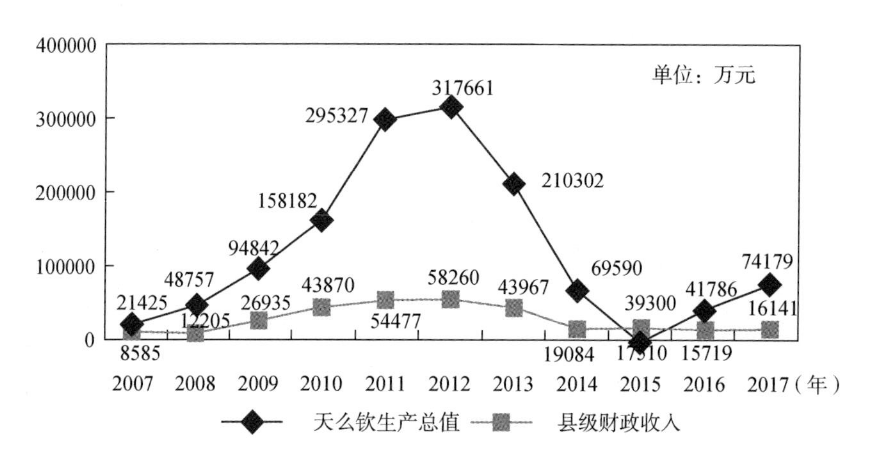

图3—25　天么钦生产总值与地方财政收入（2007—2017年）

资料来源：2018年7月天么钦县财政局相关报告数据。

（四）生态保护与经济发展失衡状态下的突出问题

1. 数据失真与资源错配

当生态功能区城市面临生态环境保护与经济发展相矛盾的困境时，地方政府选择了积极争取建立国家自然保护公园，以期更大面积纳入国家公园，获得生态补偿。同时，可能存在对不规范开发监管不力的情况，如通过夸大环境破坏或草场退化的程度来获得生态修复项目资金，或申报“生态移民”工程来获得生态移民项目资金等，动员高原草场牧民集中安置。上述数据不够准确就容易造成国家的资源错配。高原草场是当地牧民的生产资源，牧民十分珍惜草场，加之恋土情结而不愿意搬迁，并希望能保护草场。他们认为，放牧活动对生态环境的影响与其他经济活动相比是微不足道的，如果生态保护区可以开展其他经济活动，那么他们也没有理由撤离。在其他经济活动被限制的前提下，牧民才更容易接受生态移民项目的实施。

2. 地方经济驱动下的过度开发

以经济指标为主导的考核评价体系是社会经济发展的强大驱动力，但也可能导致对生态功能区的隐性过度开发。重点生态功能区一般经济发展和基础设施滞后而旅游资源禀赋具有优势。基于此，“飞越大峡谷”“草原自驾游”“激情漂流”等开发项目成为发展旅游产业的热门选项。开发商出于获取经济利益的目的，在实际开发中往往忽视环境影响评价的具体要求。当地居民作为开发项目的利益相关者，会尽力维护周围的生态环境，但也时有为获取经济补偿而放弃环境维权的情况出现。在实际调研中发现，居民对环境破坏所造成的损失预估不足，现有经济补偿大都无法与其相抵。当经济补偿与居民的预期值差距较大时，居民才会提高警觉意识，然而，他们在维权中常处于劣势，收效甚微。同时，天么钦等高寒地区天气多变、路况险峻，给环境监察工作带来很大困难，在一定程度上形成了监控盲区。对于环境过度开发的经济活动对重点生态功能区的影响也较其他地区更为显著，容易背离我国对重点生态功能区的定位。

3. 新的考核指标实施困难

2018 年 5 月，青海按照主体功能定位取消了 8 个省级农产品主产区所属县（市区）和 20 个重点生态功能区所属县的地区生产总值、工业增加值、固定资产投资及财政收入 4 项考核指标，并进行差异化考核，对上述两类县（市区）设置更加科学的考核指标，同时区分“脱贫摘帽县”和“脱贫攻坚县”，分类设定县（市区）考核指标，使指标体系体现青海特色。新的指标将根据生态功能定位和资源禀赋，差异化设置考核指标权重，引导各县立足资源禀赋和产业基础、发展优势，算好“绿色账”、走好“绿色路”、打好“绿色牌”。例如，注重对重点开发区域转方式调结构的考核，加大发展循环经济、低碳产业和产业扶贫的权重；注重对限制开发区域生态畜牧业、河湖管理及扶贫开发项目的考核，加大退化草地治理、高原旅游业等考核权重；注重对禁止开发区域生态文明建设的考核，加大民族手工业、文化产业、生态畜牧业及生态建设等指标权重。然而，目前县级单位尚未给出细化指标，访谈中地方干部也表示，在具体操作中，新考核机制实施的阻力较大。由于原来由经济指标主导的评价体系及地方对财政收入的依赖仍具有较强惯性，加之受开发商乘机逐利、民众改善生活质量的诉求强烈等因素影响，共同导致了生态功能区城市越出功能定位的局面。因此，需要通过与差异化、绿色低碳化的考核体系相匹配的动态监管提升其可操作性，从而推动新旧考核指标体系的转型过渡。

（五）小结：“差异性”“低碳化”治理＋分区考核

生态环境保护与经济发展之间矛盾的形成与地方财政建设、经济指标主导的评价体系及居民对于生活质量的强烈诉求密切相关。在此背景下，应进一步完善生态补偿机制，提高对生态功能区的扶持力度和精准性。对生态功能区的资源保护情况进行跟踪调查，优化监管环节的软硬件基础。尽快确定生态红线范围，明确生态功能核心区、缓冲区及试验区等界限，在此基础上，实施差异性、低碳化的治理和分区考核机制。通过具有差异性低碳化的地方考核体系的实施，加大不同功能区之间评价因子及其权重的差异，自上而下地逐步解决经济建设与环境保护之间的矛盾，维护生态安全。

二　低碳城市的国际化发展：综合型试点成都的案例分析

作为西部最大的城市、正在建设中的国家中心城市以及国家首批生态文明建设先行示范区，成都在经济增长方式变革、生活方式转变等方面都具有一定的示范性，同理，在推进低碳发展、实现城市可持续发展方面也能起到引领作用。较完善的非技术创新系统为成都的低碳发展提供了重要条件，生态低碳价值在其城市品牌的建设和国际化过程中也起了显著的作用。分析成都低碳发展的非技术创新因素，对探索及推广特大型中心城市的低碳转型，具有重要的示范意义。

（一）案例背景

成都地处四川省中部，四川盆地西部，是富饶的成都平原的主体，属亚热带湿润季风气候区，总面积 1.2121 万平方公里。作为四川省省会，成都市是负有经济中心、科技中心、文创中心、对外交往中心和综合交通枢纽等重要功能的国家中心城市，经济总量占四川省比重超过 35%。

成都是新时期“一带一路”倡议和长江经济带战略的核心节点和战略支点，也是国务院确定的成渝城市群“双核”之一，肩负着建设国家中心城市的重任。成都已进入城市化发展的成熟期，截至 2019 年末，全市常住人口 1658.1 万，常住人口城镇化率达 74.4%，机动车保有量仅次于北京，是典型的资源输入型城市和“生态赤字区”，环境容量几近饱和。盆地气象条件带来的复合型污染突出，伴随大都市的高速发展，成都的“城市病”愈发明显。成都市的发展轨迹及面临的问题与挑战，在全国城市化、工业化过程中具有典型性，在成都开展低碳试点城市建设可以产生示范效应。

（二）成都市低碳发展的非技术创新系统探索

成都围绕建设国家中心城市的目标定位，统筹经济社会发展与控制温室气体排放的关系，优化产业结构，推行绿色生活方式和消费模式，在完善非技术创新系统，提高低碳领导力，创新体制机制方面做了较有成效的探索，为特大型城市寻求低碳发展的有效路径提供了较好的范例。

1. 低碳发展的法规制度建设

成都市先后出台、修订了与低碳发展相关的多部地方法规和政府规章，包括《饮用水源保护条例》《重污染天气应急预案（试行）》《成都市生态文明建设2025规划》《“十二五”应对气候变化专项规划》《成都市建设低碳城市工作方案》《成都市绿色建筑行动工作方案》《成都市人民政府关于建设生态市的意见》等。根据上述相关法规，成都市全面实行了居民用气阶梯价格制度，分区分批实行居民生活用水阶梯价格制度；基本建立了饮用水水源保护、主要河道跨界断面水质超标资金扣缴、集体公益林保护、合同能源管理、企业碳排放核查等机制；成都2013年还颁布《环城生态区保护条例》，在城市近郊设立了生态隔离区。

在城市绿色建筑的实施和推广方面，成都市建立了较完善的非技术创新机制。如以市住房和城乡建设局、市国土局为责任单位，严格落实土地出让等建设条件制度：在全市范围全面推行“建设条件通知书”制度，将绿色建筑、装配式建设工程建设标准和要求写入《（招拍挂）建设条件通知书》和土地出让方案，做好源头管理，确保每一个新建工程严格落实绿色建筑和装配式建设工程要求。同时以市规划和自然资源局、市住房和城乡建设局为责任单位，新建建筑全面执行绿色建筑标准。严格执行城镇新建民用建筑节能50%的标准。自2015年1月1日起，全市新出让土地取得土地出让合同或已具有土地出让合同但新取得规划设计条件通知书的各类民用建筑工程全面执行国家、四川省现行绿色建筑标准以及《成都市民用建筑绿色设计技术导则》。

2. 低碳能力建设

建设低碳发展数据管理平台和碳排放统计监测体系是城市碳排放控制和监管的基础，成都市开展了以市发展和改革委员会为责任单位的全市低碳发展数据管理平台建设，建立温室气体排放管理信息系统，以加强碳排放相关领域的数据监测、开发、服务等信息化管理。[①] 此外，该市还建设全市统筹联动能耗监测服务平台，建立温室气体排放清单报告制度与信息披露制度，整合现有能源、水资源、园林绿化、林业碳汇等统计信息资源，逐步建立全市统一的温室气体排放数据统计核算体系和碳排放因子定期测量机制，完善碳排放监测方法和系统。

完善低碳发展体制机制，主要是以开展国家低碳城市试点工作为契机，重点在行政管理体制、社会管理体制、科技管理体制、人才管理体制和投资管理体制等方面进行改革探索，建立以政府引导和市场调节相统一的低碳城市发展体制机制。

推进标准化认证制度，积极参与全国碳市场建设。为促进低碳产品的推广和应用，成都市推动低碳产品认证和碳标识制度。同时按照国家碳排放交易市场建设的要求，确定国家碳排放权交易市场的企业名单，并组织拟纳入企业编制碳排放情况报告，开展第三方机构碳核查。加强数据信息系统建设，督促企业履约，协助企业链接 CCER 市场，建设西部碳排放权交易中心。鼓励企业积极参与国际合作，有效应对碳关税等潜在贸易风险。开展多层次低碳合作，创新低碳发展区域协作机制。

搭建低碳技术创新服务平台。成都市以市科学技术局、市发展和改革委员会、市经济与信息化委员会为责任单位，依托成都高新国际低碳环保园、金堂节能环保装备制造产业化基地、成都高新区国家自主创新示范区和成都科学城先导工程等搭建低碳技术创新服务平台，建设一批低碳技术领域重点实验室和工程中心，促进低碳技术研发、成果转化。同时建设低碳技术线上线下创新创业服务产

---

① 内容主要是“一库六系统”，即低碳发展综合数据库、低碳评估分析系统、重点排放源管理系统、低碳目标考核系统、低碳评估分析系统、公众减排系统、低碳科技公共服务系统等。通过该平台对信息和数据进行实时掌握和综合分析、运用，为低碳管理提供必要的工具。

品交易市场，完善低碳技术创新创业服务链。

3. 低碳目标设置

成都确定的中长期低碳发展目标为，到2020年，能源利用效率实现显著提升，主要行业碳排放水平接近或达到世界先进水平，碳排放强度进一步下降，温室气体排放总量得到合理控制；有利于节能减碳的市场机制基本建立，创新驱动的低碳发展能力进一步增强，全社会共同参与低碳发展的责任意识进一步提升；城市经济社会的低碳转型发展取得积极成效，将成都建设成为西部地区的低碳发展“引领区”、低碳生产生活“标杆区”、低碳市场化服务“核心区”和低碳发展体制机制建设“示范区”，以及西部碳排放权交易中心。

如表3—16所示，具体目标为：到2020年，碳排放总量控制在8300万吨左右；单位GDP二氧化碳排放、单位GDP能源消耗较2015年分别下降19%、16%；非化石能源占一次能源消费比重达到30.3%；常住人口城镇化率达到75%；森林覆盖率达到40%，城市建成区绿化覆盖率达到45%；空气质量优良天数比例达到70%，PM2.5平均浓度控制在50微克/立方米以下；新建建筑中绿色建筑比例达到60%，中心城区公共交通机动化出行分担率达到65%；国家低碳园区、低碳社区数量达到8个，城区居住小区生活垃圾分类覆盖率达到60%。

表3—16　　成都市低碳发展目标

指标名称		单位	指标值			
			2015年基本值	2015年修订后基本值（含简阳）	2020年目标值	变化率
1	碳排放总量	万吨 CO_2	6596	6953	8300（峰值年2025年之前）	18.8%

续表

指标名称		单位	指标值			
			2015 年基本值	2015 年修订后基本值（含简阳）	2020 年目标值	变化率
2	单位 GDP 二氧化碳排放	吨 CO_2/万元	0. 611	0. 621	0. 503	-19. 00%
3	单位 GDP 能源消耗	吨标煤/万元	0. 476	0. 483	0. 406	-16 个百分点
4	非化石能源/一次能源消费	%	26. 76	26. 76	30. 3	+3. 54 个百分点
5	常住人口城镇化率	%	71. 3	71. 47	75	+0. 53 个百分点
6	森林覆盖率	%	38. 4	38. 3	40	+0. 7 个百分点
7	城市建成区绿化覆盖率	%	38. 7	39. 85	45	+0. 15 个百分点
8	空气质量优良天数比例	%	58. 6	58. 6	70	+1. 4 个百分点
9	PM2. 5 平均浓度	微克/立方米	64	64	50	-1. 87 个百分点
10	新建建筑中绿色建筑比例	%	15	15	60	+5 个百分点
11	中心城区公共交通机动化出行分担率	%	42	42	65	+3 个百分点
12	国家低碳园区、低碳社区	个	3（待批）	3（待批）	8	+0. 67 倍
13	城区居住小区生活垃圾分类覆盖率	%	1	1	60	+9 个百分点

注：单位 GDP 二氧化碳排放数据以 2015 年不变价计算，单位 GDP 能耗数据以 2010 年不变价计算。

4. 纵横维度的协调沟通机制

在横向维度上，成都市以市发展和改革委员会、市经济与信息化委员会、市统计局为责任单位，明确了各相关部门的工作目标，要求各部门间协调沟通、分工合作，以温室气体排放清单为基础，开展区（市）县的温室气体统计核算，建立区（市）县温室气体排放目标考核体系，与节能降碳目标同步部署和考核。在纵向维度上，该市强调市区两级协作，开展节能低碳法规标准落实情况、低碳节能措施实施情况等监察执法，形成长效工作机制。通过政府引导、政策支持、资金投入，营造有利于低碳发展的政策环境。充分发挥市场在配置资源中的基础性作用，加大低碳宣传，形成政府推动，市场激励，全民参与的局面。

5. 低碳城市品牌的国际化

成都市一方面与国内多家研究机构合作，设立能源互联网产业研究院、创新产业园区，为低碳发展提供决策咨询与智力支持。另一方面，为进一步借鉴和引进国外低碳技术和先进管理经验，以多样化形式推动国际合作。如开展中美“可持续及宜居城市建设”项目、加入“中国达峰先锋城市联盟”，以结对子的方式将国际合作与低碳示范紧密结合，包括中德“成都—波恩低碳可持续发展合作”项目与锦江区三圣街道结对，开展社区能源利用可持续发展合作；“中国瑞士低碳城市”项目与温江区结对，开展“中国—瑞士（成都）低碳生物医学产业园”建设合作等。

6. 低碳队伍建设

在人才建设方面，成都市以市人力资源和社会保障局、市统计局、市发展和改革委员会为责任单位，强化低碳发展和应对气候变化的队伍建设。如加快培养应对气候变化的基础研究和科技研发人才、温室气体统计和核算人才，充实市、区（市）县两级的相关工作人员力量，强化碳排放统计、报告、监测等机构队伍建设，培育一批碳咨询、审计、认证、核查等服务机构。

7. 低碳宣传与教育

成都市以市委宣传部、市经济与信息化委员会、市发展和改革委员会、市城市管理委员会、市商务局、市教育局为责任单位，组织开展重点用能企业、医院、社区、机关等节能专项行动和“节能宣传周”主题活动，以及组织商贸企业开展废旧物品回收再利用等各类节能宣传活动。在中小学校开展全国节能宣传周和全国低碳日活动，加大低碳消费和低碳生活的教育培训力度。结合节约型公共机构示范单位创建活动，开展公共机构节能宣传工作，如节能倡议行动、能源资源紧缺体验等专题活动，开展公共机构既有建筑及用能设备的节能改造，强化低碳办公制度。在社区全面开展生活垃圾分类宣传工作，制作《成都市居民家庭生活垃圾分类指引手册》和《成都市公共场所垃圾减量分类指引手册》。充分利用报刊、广播、电视和网络等传媒平台，大力宣传节能政策法规，普及节能知识和方法，引导全民培养低碳生活方式和绿色消费模式，营造节能低碳全民参与的良好氛围。

（三）非技术创新与低碳战略规划：多层治理的纵向维度

在非技术创新系统的支撑下，成都市步入经济发展转型的轨道，根据国家发展和改革委员会关于开展第三批低碳城市试点的工作部署，引导企业、广大市民加快向绿色低碳的生产、消费和生活方式转变。

1. 低碳发展的城市空间布局

成都市遵循低碳发展理念，推动城市空间形态从单中心向双中心、从圈层状向网络化的战略转型，推动空间结构与城市规模、产业发展和气候容量相适应，构建“双核共兴、一城多市”[①] 的网络城市群和大都市区发展格局。进一步优化市域城镇体系，建强“中

① “双核”，指中心城区和成都天府新区核心区；“一城多市”，指按照“独立成市”理念，建设一批产城融合、功能完整、职住平衡、配套完善、相对独立的卫星城。

心城区”和“天府新区核心区”两大极核，加快推进卫星城建设，同步推进小城市、特色镇建设，连片推进“小组微生”新农村建设。通过科学调控城市人口规模，划定城市开发边界，缓解特大城市压力，推动城镇化发展由外延扩张式向内涵提升式转变。拓展城市外部空间，提升成都平原城市群“1+7”（即成都+乐山、眉山、雅安、资阳、简阳、德阳、绵阳外围城市）城市联动发展水平。

2. 构建低碳能源体系

成都市将实施能源消费总量和强度双控作为低碳转型的重要目标，坚持低碳生产、低碳消费，转变能源消费理念，实行煤炭消费总量中长期控制目标责任管理，到2020年要实现非化石能源占一次能源消费的比重达到30.3%。为此，成都市将优化能源消费结构作为能源结构调整的重点，利用四川水能和天然气优势，大力推行清洁能源的使用，鼓励工业企业使用电力和天然气作为主要能源，削减煤炭的使用量。因地制宜开发生物质能、地热能等新能源，推进垃圾焚烧发电，加快发展农村沼气，推动大型沼气发电等规模化生物质发电项目建设。加强对能源关键领域的研发，尤其是加大智能电网建设、分布式能源建设等关键技术和设备的投入力度，建设清洁低碳、安全高效的现代能源体系。

3. 培育绿色低碳产业体系

成都市以低耗、高效、绿色、清洁为产业发展准则，优化调整产业结构，培育绿色低碳产业体系。一是推进工业梯次发展，大力发展电子信息产业、节能环保装备制造等行业，提高工业内部“高产出、低排放”行业比重，提高重点行业产业集中度和先进生产能力比重，打造以低碳排放为特征的工业体系；二是大力提升服务业现代化水平，着力打造低碳集约的现代服务业体系，充分发挥现代服务业改造传统制造业和传统农业的作用；三是坚持农业高效化、生态化的发展方向，大力推广应用农业生态技术和免耕、少耕技术，扶持发展秸秆能源化和肥料化利用，加强规模化畜禽养殖排泄物生态化处置利用。同时推广能源管理，发展循环经济，促进重点行业清洁生产。

4. 建设低碳交通运输体系

在交通领域，成都市以加快转变交通出行方式，提升交通智能化信息化水平为手段，完善低碳交通基础设施，推广低碳交通技术，构建以“绿畅并举，快慢相宜”为愿景的城市低碳交通体系。如充分运用信息化、智能化手段，提高道路通行能力和客货运输周转效率，强化枢纽管理，缓解城市交通拥堵，降低公路客货运输和城市交通出行的能耗强度。加快低碳交通基础设施建设，完善公众低碳出行系统，加快建设慢行交通系统，构建以低碳出行为特征的公共出行体系。推广交通运输行业节能、环保新型材料及新技术，加强新型节能降碳技术的研究和试验工作。目标是到2020年，初步形成地上地下多网融合的公共交通体系，以地铁为主的轨道交通成为主要出行方式。到2020年底，成都地铁运营里程达518.5公里，有助于缓解城区交通拥堵问题。

5. 推进绿色建筑行动

成都市绿色建筑的目标是，到2020年新建建筑中绿色建筑占比达到60%以上，全市新建建筑工程项目和市政工程项目全面推进装配式建设方式，截至目前，该市已基本实现既定目标。为此，该市以星级绿色建筑、装配式建设工程等为重点，积极推进绿色建筑行动，完善绿色建筑技术标准规范，切实转变城乡建设模式和建筑业发展方式，促进建筑行业转型升级和可持续发展。推进绿色建筑星级标识评价，进一步提升新建建筑绿色水平；推进既有建筑节能改造，降低老旧建筑能耗并提升使用舒适度；推进装配式建设工程发展，转变建造方式并提升建筑质量；推进绿色施工，进一步推动建设工地节能降耗。

6. 推广低碳生活消费模式

成都市将践行绿色低碳理念作为提升“成都形象”的重要环

节，实施节能降碳全民参与行动。如推行“个人低碳计划”，开展“低碳家庭”行动，倡导低碳生活方式，推广低碳家居、低碳出行、低碳消费、低碳膳食。健全绿色低碳市场服务网络，覆盖产品供给、市场流通、消费行为全过程，全面调动社会力量共同参与，推广绿色低碳的消费观念和生活方式。

7. 加强低碳发展的基础工作

积极参与全国碳市场建设，搭建西部碳交易中心平台。结合智慧成都建设，充分利用信息化手段，开展能源消费统计、计量、监测和碳排放核算基础支撑工作，建立温室气体排放监测体系、数据信息系统及公报制度，常态化开展温室气体清单编制工作。推动各区（市）县温室气体清单编制和重点企业碳盘查，分解落实碳排放控制目标，逐步建立区（市）县、重点企业碳排放控制指标分解和考核体系。加强低碳发展和应对气候变化科技人才支撑，加快低碳产品与低碳技术推广。把推动生态建设作为提升碳汇能力的重要途径，努力提高森林覆盖率，扩大城市绿化空间。

（四）非技术创新系统与低碳行动：多层治理的横向维度

1. 多部门联合控制能效和能源消费总量

以成都市经济与信息化委员会、市发展和改革委员会、市统计局、市住房与城乡建设委员会、市交通运输局、市商务局、市旅游局、市机关事务局为责任单位控制能源消费总量。以实现碳排放达峰为目标，在确保能源生产稳定增长、能源市场基本稳定、能源供需总体平稳的前提下，编制“十三五”能源发展规划和控制能源消费总量工作方案，制定与经济社会发展规划相适应的能源消费总量控制目标，建立能源消费总量预测预警机制。加强工业、建筑、交通、商贸旅游、公共机构以及城乡建设等重点领域用能管理，完善固定资产投资项目节能评估审查工作，跟踪监测各区（市）县能源消费总量和高耗能行业用能情况，对能耗增长过快或未完成节能任务的区（市）县进行预警调控，及时有效控制能耗的不合理增长。

如围绕燃煤锅炉（窑炉）改造、余热余压利用、能量系统优化等方面，继续实施“十大重点节能工程”。

以成都市经济与信息化委员会、成都燃气公司为责任单位，提高清洁能源使用比例，扩大天然气覆盖面。加快燃气场站的改造升级，提升燃气供应保障水平，构建全域覆盖、稳定安全的燃气网络，实现所有乡镇及有条件的农村新型社区接通管道天然气，提高供气网络的调储能力。建设绕城高速高压输储气管道、续建绕城高速路高压输储气管道等重点工程。续建成都市 LNG 应急调峰储配库，有效缓解车用燃气加气紧张局面。到 2020 年，天然气管道达到 1.9 万公里，中心城区燃气普及率达到 100%，天府新区燃气普及率达到 94%，卫星城燃气普及率达到 94%。以此提高天然气作为清洁能源在一次能源消费总量中的比例来减少能源碳排放。

以市经济与信息化委员会、成都供电公司为责任单位，实施电网智能化建设工程。在输电环节，推进运用材料、信息通信、智能检测等先进技术，完善输变电在线监测设备，实现输电网状态自动化采集、计算机智能分析与灵活控制。在变电环节，加快智能变电站建设，推进应用“新技术、新材料、新工艺”，确保工程全寿命周期内资源节约、绿色低碳。在配电环节，推进用户信息的全采集和网络状态的可视化，实现配电网的全面监控、灵活控制、运维管理集约化，建设结构合理的现代智能配电网。在用电环节，推进高级量测体系、智能电表、分布式电源接入服务平台、用能服务平台、多渠道智能化供用电服务体系、现代信息通信与控制等先进技术的应用，构建智能绿色互动服务体系。

2. 建设低碳交通运输体系

以成都市交通运输局、成都市地铁有限责任公司为责任单位，建设轨道交通大都市区。坚持以轨道交通引领城市发展格局、主导绿色交通发展方向，强力推进轨道交通加速成网计划，推动地铁、市域快铁、有轨电车等多网多制式融合，有效缓解交通拥堵，出行畅通便捷安全。每年至少开通两个轨道交通项目，建成以“双核”为中心的半小时轨道交通圈，到2020年运营里程达500+公里，在建里程达150+公里。加强与资阳、眉山、德阳等周边城市轨道交通对接，加快形成成都平原城市群轨道交通网络体系，以便利的轨道交通减少交通部门的碳排放。

以成都市交通运输局、成都市公交集团公司为责任单位，深化公交都市建设。构建中心城区与近远郊区（市）县便捷高效、通达有序，地上地下无缝衔接、立体换乘的公共交通运输服务体系。发展大容量公交和微循环公交，提高公交调度效率，提升线路接驳能力。规划建设一批“P+R”① 停车场。深化“人+绿道+自行车”慢行交通系统建设。值得一提的是，成都市还推出了“铁路公交化运行”，力争2020年形成200公里铁路公交化运营网络，以发达的公交系统来减少私家车的使用，从而减少能源使用和温室气体排放。

以成都市交通运输局、市经济与信息化委员会、市生态环境局、市交通管理局、市机关事务局为责任单位，推广低碳运输装备。成都市在天然气目前已覆盖各种交通方式的基础上，推广混合动力等新型燃料营运车辆，鼓励天然气及电动能源等环保节能型公共汽车及出租汽车的使用，进一步推广CNG在城市公交和出租车中的应用，并逐步推广LNG城市公交，加快纯电动出租车、公交车以及插电式增程式混合动力电动车的推广，从而降低单位运输量能源消耗强度。

3. 加快绿色建筑的推广

成都市以住房与城乡建设委员会、市城乡房产管理局、市城市管理委员会、市机关事务局为责任单位推动既有建筑的节能改造。如结合成都市城北片区改造、旧城改造、棚户区改造、城乡环境综合治理、道路建筑立面综合整治和既有建筑抗震加固等多项工作，

---

① 即Park and Ride，是停车换乘的简称。

同步实施以窗改为主的既有建筑节能改造，降低老旧建筑运行能耗，提升节能降噪效果和使用舒适度，进一步扩大既有建筑节能改造的深度和广度。

4. 构建低碳产业体系

一是以成都市经济与信息化委员会、市商务局、市农业农村局为责任单位，实施低耗高效产业培育工程。如发展节能环保低碳产业。聚焦节能环保装备的研发、制造、运用，推动节能环保技术、装备和服务水平的提升；加快节能环保装备制造和服务业基地（园区）建设，推进资源综合利用基地建设；建立节能环保产品推广目录，引导绿色消费。积极发展新能源产业，加快核电、风电、页岩气等新材料、新装备的研发和生产。推进农业绿色低碳化发展，推动农业向集约式、经济型、现代化转变。依托乡村生态资源，加快发展休闲农业和乡村旅游。大力发展特色经济林、林下经济、森林旅游等林产业，发展无公害农产品、绿色食品、有机农产品和农产品地理标志，发展低碳绿色农业。

二是以成都市经济与信息化委员会、市生态环境局、市发展和改革委员会为责任单位，推动对传统产业的低碳转型。采用先进适用节能低碳环保技术改造提升传统产业，促进产业结构、产品结构、企业组织结构优化升级。严格落实节能评估审查和环境影响评价制度，强化项目准入的全周期绿色评价，加快构建科技含量高、资源消耗低、环境污染少的产业结构。

三是以成都市发展和改革委员会、市经济与信息化委员会、市城市管理委员会、市生态环境局、市商务局、市农业农村局为责任单位，实施循环经济示范带动工程。按照“减量化、再利用、资源化”的原则，全面推行清洁生产，加快建立循环型工业、农业、服务业产业体系，提高全社会资源产出率。推进工业废气、废水、废物的综合治理和回收再利用，推进能源的循环和梯级利用。促进低碳服务业的发展，如大力发展低碳旅游，推动零售批发、餐饮住宿、现代物流业循环发展，促进服务主体绿色低碳化、服务过程清洁化。开发利用“城市矿产”，加快建设有色金属、废旧家电和电子电器、报废汽车等回收拆解基地，鼓励建设废物深度加工利用工程。完善再生资源回收体系，推动废旧商品回收互联网公共服务平台建设，促进回收与利用环节的有效衔接。

四是以成都市住房与城乡建设委员会、市规划和自然资源局、市水务局、市林业和园林管理局、市发展和改革委员会、市城市管理委员会为责任单位，发动全民参与低碳行动。如推广居民生活垃圾分类收集。坚持“源头减量、资源利用、分级管理、属地负责”的原则，在中心城区及各郊区（市）县城区的重点区域全面开展生活垃圾分类工作。编制分类专项规划、制定分类标准体系、建立分类管理工作机制、构建以市场为主体的分类运营机制、加快分类配套设施建设。运用“互联网+”模式，构建垃圾分类服务与居民有效连接的运作方式，发动全民参与低碳行动。实施森林碳汇巩固提升工程，保护东南部以龙泉山脉为主体的低山区森林生态系统、西部以龙门山脉为主体的自然山区。积极开展水生态文明试点，加强湿地生态系统保护与建设，构建水网体系，建设环城生态区湖泊湿地水系，形成独具特色的大都市生态湖泊绿地系统。发展立体绿化，推行屋顶绿化、棚架绿化、破墙透绿、立交桥绿化，丰富城市空间绿色层次。

5. 多方位开展低碳示范行动

一是以成都市住房与城乡建设委员会、蒲江县政府、大邑县政府、崇州市政府为责任单位，建设绿色低碳示范城镇。以“中法成都生态园”为低碳城区示范，探索低能耗、低排放的产城融合的新型城市建设路径，形成一个湿地绿心、三大生态带和四大生态廊道，打造中国西部“绿色低碳生态城”。以蒲江县寿安新城、大邑县新场镇、安仁镇、斜源镇、崇州市白头镇五个重点小城镇为试点，在规划、设计、建设过程中引入低碳理念，建立低碳新型城镇化考核指标体系，推进绿色低碳小城镇建设。同时以市发展和改革委员会、市旅游局、市林业园林局、相关区（市）县政府为责任单位，开展近零碳排放区示范行动。

二是以成都市经济与信息化委员会、市发展和改革委员会、高新区管委会、温江区政府为责任单位，打造低碳产业示范园区。以“中国—瑞士（成都）低碳生物医学产业园”为示范项目，建设“中国—瑞士低碳城市（成都）合作中心”“中国—瑞士（成都）先进技术转移中心”，通过搭建平台、技术交流、项目合作等方式，打造低碳产业国际合作典范，建设低碳园区。

三是以成都市发展和改革委员会、市统筹委、市教育局、市经济与信息化委员会为责任单位，创建低碳示范单元。结合“小规模、组团式、微田园、生态化”新农村综合体建设、环境友好型学校创建，深入推进低碳社区、低碳校园等示范单元创建。此外，组织社区居民开展低碳生活实践，推动社区生活方式转变。

四是以成都市发展和改革委员会、市质量技术监督局、成都海关为责任单位，探索绿色贸易竞争力培育机制。充分发挥政府、行业协会、研究机构等的作用，利用全球应对气候变化的有利契机，探索建立低碳、绿色进出口预警体系和技术支撑体系，促进产品服务出口和国际技术合作。对国外低碳法律、市场准入技术措施、税收政策、融资条件、需求状况等条件变化进行跟踪分析，研究对外贸易和企业投资的安全因素检测、预警，主动适应国际市场的变化。

（五）成都市低碳发展的成效概述

在通过不断完善非技术创新系统的基础上，成都市在低碳建设方面取得了相应的成效，具体表现在下述六个方面。

1. 经济实力持续增强

在低碳城市的建设中，全市经济规模也在稳步提升，2015 年，全市实现地区生产总值 10801.2 亿元，比 2010 年增长 68.6%，年均增长 10.9%；全年地方公共财政收入 1157.6 亿元，年均增长

17.0%；人均 GDP 达到 12079 美元，城镇化率达到 71.3%。城镇和农村居民人均可支配收入比上年分别增长 8.0%、9.6%。

2. 环境保护治理的基础条件增强

成都市通过严格控制污染物总量减排，化学需氧量、氨氮、二氧化硫、氮氧化物等主要污染物排放全面完成“十二五”目标，2015 年，空气质量优良天数比例达到 58.6%，PM2.5 年均浓度为 64 微克/立方米，建成 248 座污水处理厂，实现中心城区、县城、乡镇生活污水处理全覆盖。强化废弃物低碳管理，建成国家首批餐厨废弃物资源化利用和无害化处理一期项目（日处理能力 200 吨），基本建立了中心城区餐厨废弃物统一收运系统；先后建成 3 座大型生活垃圾环保发电厂，加快推进 6 座已规划环保发电项目建设；建成成都危险废物处置中心，加快推进医疗废弃物处置中心扩建工程；全面推进生活垃圾分类工作。

3. 产业结构显著优化

成都市通过优化产业结构，淘汰落后产能，全面关闭小水泥、小火电、小石灰窑、小煤矿，彻底退出采煤和烟花爆竹行业，同时发展都市现代农业。“十二五”期间，加大电力、钢铁、铅酸蓄电池、建材等重点行业淘汰落后和化解过剩产能力度，依法关停落后产能企业 310 户，全面关闭攀成钢公司高炉冶炼系统，完成 49 户印染企业调迁，基本实现退出印染行业。“十二五”期间淘汰落后产能年节约标准煤 244.78 万吨，减排二氧化碳约 388 万吨。2015 年，全市三次产业增加值比例调整为 3.5∶43.7∶52.8；节能环保规模以上企业达到 295 家。

4. 能效提高，能源消费结构低碳化明显

2015 年，全市能源消费总量为 4557 万吨标准煤，“十二五”年均增长 7.4%，能源弹性系数[①]为 0.676。能源利用效率稳步提

① 能源弹性系数基本计算公式为：能源弹性系数 = 能源量的增长率/经济总量的增长率。

高，2015 年，全市单位 GDP 能耗为 0. 476 吨标煤（按 2010 年可比价计算），低于全国平均水平 32. 6 个百分点，全面完成下降 16% 的“十二五”节能目标。同时，能源消费结构进一步优化。2015 年，电力、天然气等优质清洁能源占能源消费的比重达 51%；通过扩大禁煤区域，加大燃煤锅炉淘汰和清洁能源改造力度，煤炭消费比重进一步降低，非化石能源占一次能源消费比重提高到 26. 76%。

5. 碳排放强度降低，碳汇容量提高

碳排放强度控制成效显著。2015 年，成都市二氧化碳排放总量控制到约为 6596. 48 万吨。其中，能源燃烧的二氧化碳直接排放约占总量的 81. 5%。从能源种类来看，主要排放来自原油、煤炭、天然气和电力间接排放等，其排放分别约占总量的 23. 3%、19. 9%、17. 6% 和 14. 0%。同时，碳汇容量提高：2015 年，城市建成区绿化覆盖率为 38. 7%，人均公园绿地面积达 14. 59 平方米，成都环城生态区内湖泊河道水系面积比例达 9. 54%；天然林保护工程、公益林建设成效显著，2015 年，森林覆盖率达 38. 4%，森林蓄积量达到 2914 万立方米。已建成形态优美、配套完善、产村相融的“小规模、组团式、微田园、生态化”新农村综合体 84 个。

6. 低碳发展彰显了城市品牌

成都市先后获批国家首批生态文明先行示范区、全国餐厨废弃物资源化利用和无害化处理试点城市、全国可再生能源建筑应用示范城市、全国新能源汽车推广示范城市、全国低碳交通运输体系建设试点城市等国家级试点。如表 3—17 所示。

表 3—17　　成都市低碳发展成绩

序号	荣誉及国家级试点名称	授予机构
1	全国统筹城乡综合配套改革试验区	国务院
2	国家全面创新改革试验区核心依托城市	国务院

续表

序号	荣誉及国家级试点名称	授予机构
3	内陆自贸试验区核心依托城市	国务院
4	国家首批生态文明先行示范区	国家发展和改革委员会、财政部、国土部、水利部、农业部、林业园林局
5	国家首批餐厨废弃物资源化利用和无害化试点	国家发展和改革委员会、财政部、住建部
6	全国水生态文明城市建设试点	水利部
7	全国新能源汽车推广示范城市	财政部、科技部、工信部、国家发展和改革委员会
8	全国低碳交通运输体系建设试点城市	交通部
9	全国可再生能源建筑应用示范城市	财政部、住建部
10	地下综合管廊试点城市	财政部、住建部
11	“十城万盏”半导体照明应用工程试点城市	科技部
12	国家森林城市	全国绿委会、国家林业局
13	国家园林城市	住建部
14	国家级环境保护模范城市	生态环境部
15	全国节水型城市	住建部、国家发展和改革委员会
16	全国文明城市	中央文明委
17	全国“智慧城市”试点示范城市	科技部、国家标委办
18	国家创新型试点城市	国家发展和改革委员会、科技部
19	国家服务业综合改革试点城市	国家发展和改革委员会
20	国家首批现代农业示范区	农业部
21	全国旅游综合改革试点城市	国家旅游局

资料来源：成都市发展和改革委员会，2019 年。

（六）成都市碳生产力、低碳发展与非技术创新的相关性分析

上述低碳发展的成效也可以从 70 个低碳试点中成都的非技术创新与低碳发展分值上得以进一步的解释。成都市在低碳发展的非技术创新系统建设方面是起步较早、相对完善的。如前文所述，成都市碳生产力、低碳发展和非技术创新均显著高于同批次的其他试点，进入第二象限，与深圳、杭州和厦门旗鼓相当。如图 3—26 所示，2010 年成都市就已经具备较全面的推动低碳发展的法规制度，

以及多层治理和评价体系，对应的分值为 2. 61，在全国 70 个试点样本中处于前列，高出平均值 2. 20 将近 19 个百分点。相应的，成都市 2010 年的低碳发展综合得分为 78. 81，在 70 个试点中也位于前列，高于 70 个试点城市的均值。

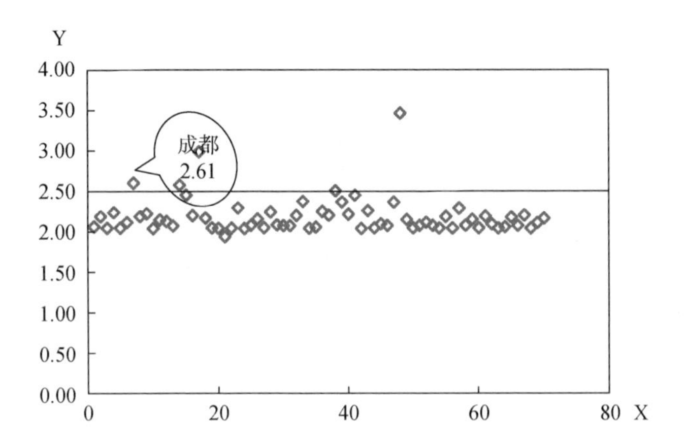

图 3—26　2010 年试点城市低碳发展的非技术创新分值

注：X 轴为城市序号，Y 轴为非技术创新得分。

资料来源：笔者自制。

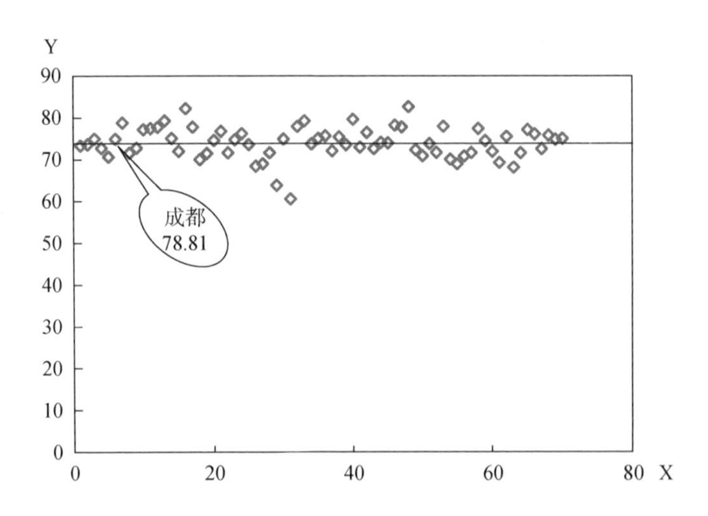

图 3—27　2010 年成都市低碳发展综合水平

注：X 轴为城市序号，Y 轴为低碳发展综合得分。

资料来源：笔者自制。

从2015年成都市低碳发展的非技术创新得分上看，为3.54，高于70个试点的均值3.3。从低碳发展综合得分上看，成都市为79.76，高于70个试点的均值78.98。与其他城市的差距缩小，其中一部分原因是，随着中央对绿色转型力度的加强，国家发展和改革委员会对低碳试点的评估监督，各地对低碳技术的研发和应用更加重视，加快了低碳发展的步伐，各地差距开始缩小。

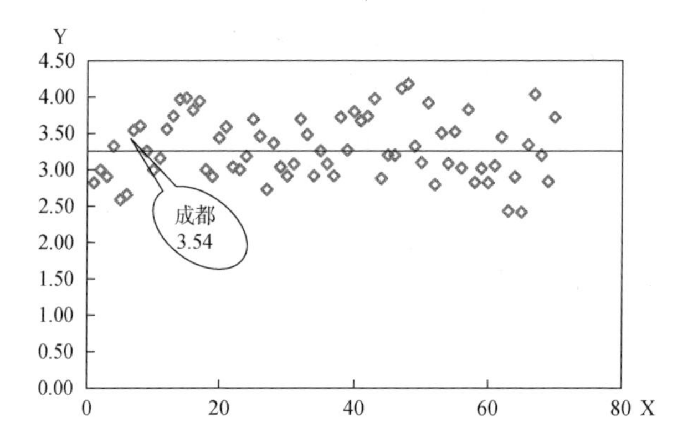

图3—28　2015年试点城市低碳发展的非技术创新分值

注：X轴为城市序号，Y轴为非技术创新得分。

资料来源：笔者自制。

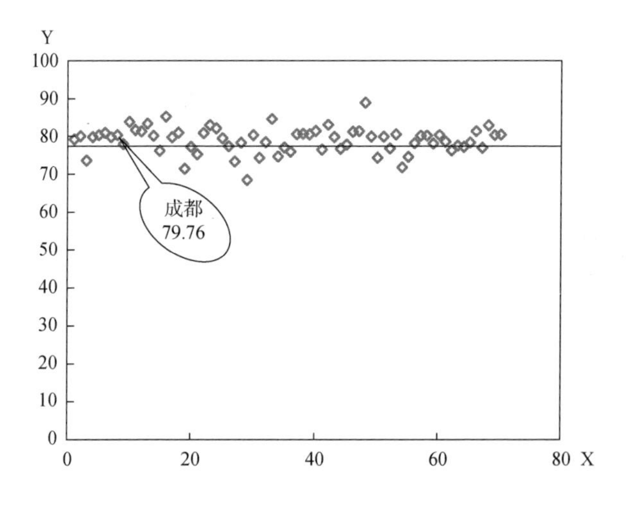

图3—29　2015年成都市低碳发展综合水平

注：X轴为城市序号，Y轴为低碳发展综合得分。

资料来源：笔者自制。

（七）小结

综上可见，成都在较完善的非技术创新系统的基础上，低碳发展取得了较为显著的成效。作为第三批试点，成都无论是碳生产力还是低碳发展综合水平在三批低碳试点中均处于中上水平，超过大部分第一、二批试点，在第三批试点中处于显著领先地位，这很大程度上得益于其相对完善的非技术创新系统。成都的经验显示，低碳发展战略的实施需要有效的非技术创新系统为后盾。如成都的每项战略均由该市低碳发展的法规、制度建设和能力建设所支撑；每项具体措施都对应有多个执行部门为责任单位，而其中又有各部门之间的横向协调机制以及从市级到县区到乡镇的纵向考核体系为保障。正是多层治理机制的有效运行确保了政策的制定与实施，推动了该市的低碳发展。

三　海岛城市的低碳发展：服务型试点三亚市的案例分析

（一）案例背景

三亚是三批低碳试点城市中四个服务型城市之一。三亚又称“鹿城”，位于海南岛南端，南临南海。1987 年由县级市调整为地级市。全市辖 4 个行政区，陆地总面积 1921 平方公里，海域面积 3500 平方公里，共有居委会 57 个，村委会 92 个，自然村 491 个。三亚地理位置独特，是国内唯一可以同时领略热带雨林和海洋风光的城市。三亚生态环境优良，2018 年全年空气质量达标（AQI≤100）355 天，空气质量达标率 97.3%。全市自然保护区 7 个，其中国家级 1 个，省级 1 个。曾荣获“国家级生态示范区”“国家园林城市”“国家卫生城市”“中国人居环境奖”“美丽山水城市”等荣誉称号。三亚 2018 年全市生产总值 595.5 亿元，地方一般公共预算收入 100.4 亿元，三次产业结构为 11.5∶19.8∶68.7，是典型的第三产业占主导的城市。

探讨三亚市的低碳发展及其非技术创新对于服务型城市的低碳

发展具有重要的实践意义。

（二）三亚市低碳发展的非技术创新系统建设

1. 低碳发展的法规制度建设

三亚市先后出台、修订了与低碳发展相关的多部地方法规和政府规章，以落实《国家发展改革委关于开展低碳省区和低碳城市试点工作的通知》（发改气候〔2010〕1587号）、国务院《"十三五"控制温室气体排放工作方案》（国发〔2016〕61号）中对"创新区域低碳发展试点示范"的要求。这些法规制度主要涵盖了构建试点示范评价标准体系，从空间布局、建筑、交通、资源综合利用和可再生能源利用等方面着手，实施市级低碳园区、低碳社区和低碳景区的试点工程，尝试开展近零碳排放区示范工程创新实践，探索低碳建设新模式和新路径。

一是关于低碳园区示范试点建设，该市出台了《三亚市低碳园区示范点创建评价标准（试行）》，将低碳发展理念融入园区综合规划、建设、发展全过程，积极创新园区低碳发展模式，积极引进先进低碳技术、积极开展低碳项目建设，以园区低碳示范带动产业低碳发展。按照"布局优化、企业集群、产业成链、绿色低碳"的要求，推进企业园区化、集聚化、生态化发展，结合低碳新兴产业的引进与建设，建设集聚程度高、辐射作用大、示范带动作用强的低碳产业园区，重点规划建设6个省级产业园区和7个市级产业组团。

二是关于低碳社区示范试点建设，该市主要出台了《三亚市低碳社区示范点创建评价标准（试行）》，选择条件较好的居住小区、商区和校区作为低碳社区示范重点，开展低碳社区示范工作。以提升社区自然生态环境、推进绿色消费、开展示范项目建设等为重要内容，普及低碳发展理念和低碳生活方式。争取建设成为省级和国家级低碳社区试点示范，在实现低碳排放的绿色友好社区模式建设中积累成功经验，为未来开展全社会低碳社区建设奠定基础。

三是关于低碳景区示范试点建设，该市出台了《三亚市低碳景区示范点创建评价标准（试行）》，选择一批旅游景区进行试点，通过景区低碳信息化建设、景区低碳工程建设、低碳旅游文化建设等措施，打造绿色低碳景区品牌。

四是在低碳基础设施方面，为开展新能源公交大巴、出租车、公务车和私家车示范推广，三亚市制定实施了《三亚市电动汽车充电基础设施建设规划（2016—2020 年）》；出台《三亚市充电基础设施管理暂行办法》，搭建三亚市充电基础设施信息管理平台，为新能源汽车大范围推广应用创造了有利条件。

五是水、大气、土壤三大污染治理方面。作为海岛城市，三亚推出了《三亚市防治船舶污染环境管理办法》《三亚市近岸海域污染防治实施方案》《三亚市污染水体治理三年行动方案（2018—2020）》等；在大气污染防治上，推出了《三亚市 2018 年大气污染防治重点工作考核方案》《三亚市秸秆、垃圾禁烧工作方案》等；在土壤污染治理与修复上，推出了《三亚市土壤污染治理与修复规划》《三亚市畜禽规模养殖污染防治规划》等；在环境信用体系建设和人居环境整治上，推出了《三亚市环境污染黑名单制度》《三亚市环境信用评价制度》《三亚市农村人居环境整治村庄清洁 2019 年行动方案》等。

此外，为普及城市道路绿化，推进林荫道路建设。该市还制定了《三亚市绿道系统规划》，以建设城市绿道系统，串联城市公园、湿地、景点、历史名胜等资源，推动三亚旅游生态、休闲、低碳、可持续发展。

2. 低碳建设目标设置

根据本地的资源禀赋特点，三亚设置了中长期战略目标及其匹配的规划方案，突出了海岛特色。到 2020 年，基本建立较完善的支持低碳发展的政策法规体系、技术创新体系和激励约束机制，控制温室气体排放的体制机制趋于完善；建成若干个以低碳发展方式和低碳消费方式为特征的低碳发展示范区，基本形成具有示范效应的低碳生产生活模式。该市对于低碳试点建设的目标是成为低碳发展的先行示范区和国际领先、亚洲一流的国际热带滨海旅游精品城市。

一是构建低碳产业体系。为全面推进产业结构转型升级，该市实施了第一产业“增效调优”、第二产业“集中做强”、第三产业“转型跨越”的战略规划，加快低碳产业体系建设进程，大力培育低碳产业发展，重点推动旅游业、热带高效农业、医疗健康产业、互联网产业、会展产业、金融与商务服务业、商贸物流业、房地产业、科技教育文体产业等九大产业的发展。具体包括下述几个方面：

低碳旅游产业体系。依托建设海南国际旅游岛战略契机，打造三亚“国际滨海旅游标杆”品牌，提升优化旅游产业链，完善旅游交通服务体系和景区基础设施建设，提升服务配套能力，形成全景化、全覆盖、全时空、全民参与的全域旅游城市。

现代热带高效农业体系。发挥热带农业资源优势，着力推动农业产业化和现代化，迈向发展规模化、产品生态化、产业链条化、地域品牌化的高效产业道路，全面促进“增效调优”。积极推动地方农业科技的研发与推广，建设“种子硅谷”，促进农业结构调整，提高生产效率和附加价值，建设低碳农业示范工程，打造现代热带特色农业基地。加强农业循环经济技术研究和应用，减少农药、化肥的用量，增加有机以及绿色农产品的比重。

低碳海洋经济产业体系。依托国家“海洋强国”和“一带一路”倡议，结合三亚的海洋资源和特色旅游度假资源，发展绿色低碳海洋经济产业。挖掘三亚“海洋旅游”优势，实现三亚“绿色崛起”，重点挖掘未来的海洋产业发展潜力，作为未来三亚经济的重要增长点，为我国海洋旅游资源的开发提供示范。

低碳新兴产业体系。重点扶持医疗健康、互联网、会展、金融与商务服务、物流、科技教育等产业，同时创新发展文化、体育等低碳新兴产业，树立三亚低碳产品的品牌效应。

二是调整优化能源结构。以优化能源结构为核心，大力发展可再生能源，加大天然气、太阳能、生物质能等清洁能源利用，不断提高清洁能源比例，降低煤炭、油品等传统能源的使用，提高能源生产和输送效率，全面构筑低碳能源供应体系。主要包括下述几个方面：

实施多气源并举战略，巩固和稳定现有天然气供应，加大管输天然气供应量，继续完善管道燃气、天然气高压管网建设，基本建成连接多气源的天然气主干管网。建立清洁能源结构体系，推动可再生能源发展。大力发展太阳能光伏发电、垃圾焚烧发电、生物质能发电等新能源，形成以清洁煤电、核电为主力电源，燃气和抽水蓄能为调峰电源，以可再生能源为重要组成部分的清洁能源结构体系。

与此同时，利用大数据，提高能源生产、输送和管理效率。鼓励能源生产部门采用高能效发电技术，探索碳捕集与封存技术（CCS），同时，提高电网供电智能化和可靠性，推进光伏发电等可再生电力上网。汇集电力公司、分散用户的用电信息系统数据，并深入挖掘、处理与分析，利用大数据为政府宏观经济运行调节和节能减排政策制定、执行评价、综合分析等提供技术支撑。

三是推进重点领域的节能减排。加快结构节能、技术节能、管理节能，加大工业、交通、建筑等领域节能降耗力度，加强对重点行业、重点企业的能耗管理，继续推广节能技术和新能源产品，减少资源能源消耗，提高能源利用效率。推进既有建筑供热计量和节能改造，发展绿色建筑，推广使用新型节能建材和再生建材，推动可再生能源与建筑一体化应用。主要包括下述方面：提高工业能效水平。实施工业能效提升计划，在重点耗能行业全面推行能效对标，推动工业企业能源管控中心建设。提高资源综合利用率。加强再生资源回收的服务与管理，整体推进园区、社区、景区的回收站点规范化建设，推进城市废弃物源头减量。加强生活垃圾收集、分类、处置和利用，积极探索餐厨垃圾处理的技术路径，完善激励机制，提高全社会参与度，整治产品过度包装，发动民间组织，做好垃圾分类宣传。推进绿色循环低碳交通体系建设，强化交通运输节能减排，加强机动车尾气污染防治，改善车用燃油品质，优先发展公共交通，实施公交优先发展战略，建立以公共交通为主导的交通发展模式。

四是提升生态系统碳汇能力。大力实施“绿化宝岛”行动，加强生态环境保护与修复，不断提升生态系统碳汇能力。具体包括：

加大植树造林力度。加强防护林、生态林和天然林保护工程建设，利用本地乔木、灌木等覆盖所有海岸带和高速公路等交通干线。加快森林资源培育，加强低效人工林改造，加强生态修复，促进山体植被、保护区植被恢复，加强森林资源保护和管理。坚决打击毁林现象，改进采伐作业措施，提高木材利用效率，采取更为有效的森林灾害控制措施。

发展绿色建筑。配合省住房和城乡建设厅制定绿色建筑评价标识的技术标准，完善绿色建筑评价标识管理体系，大力开展和鼓励绿色建筑认证，构建绿色建筑技术管理信息交流平台，推进建筑技术集成创新，推广自然通风、自然采光等被动式建筑设计技术，引导可再生能源空调采暖等绿色建筑技术的集成应用。

五是低碳示范试点建设。主要包括开展近零碳排放区示范工程建设。选择碳排放总量低、生态环境优越、具有显著的基础条件优势的蜈支洲岛，引入先进低碳发展模式和降碳技术开展近零碳排放区示范建设。建设重点为实现区内能源消耗、生产过程和资源循环利用等方面的近零碳排放，并通过增加区域碳汇实现部分“碳中和”，同时在示范区大力倡导低碳生产、生活和消费方式。

3. 多层治理结构设置

三亚形成了由市级层面主要领导为工作领导小组，由 26 个市级行政机构为责任单位的纵横向分工明确、组织有效的多层治理网络。

其中工作领导小组以市长为组长，分管低碳、节能减排的副市长为副组长，成员包括市委宣传部、市发展和改革委员会、市科技工业信息化局、市统计局、市财政局、市住房和城乡建设局、市林业局、市交通运输局、市水务局、市园林环卫局、市生态环境保护局、市人力资源和社会保障局、市旅游委、市农业局、市商务局、市金融办、市民政局、市国土资源局、市国资委、市科技工业发展委员会、市规划局、市海洋与渔业局、市教育局、市政务中心、三亚质量技术监督管理局、三亚供电局、各管委会、各区人民政府主要负责人。下设三亚低碳城市建设工作领导小组办公室，办公室设在市发展和改革委员会，市发展和改革委员会主任为办公室主任，办公室主要统筹协调和归口管理全市低碳城市建设工作，各成员单位的职责明晰。

4. 围绕低碳目标的多部门职责分工

领导小组办公室工作职责：承担领导小组的日常工作，统筹领导低碳城市试点工作，负责研究提出低碳城市建设的政策建议，加强与国家、省发展和改革委员会的沟通协调，督促落实领导小组议定事项，承办领导小组交办的其他事项。建立健全多部门参与的决策协调机制，建立政府推动、企业和公众广泛参与的体制机制。负责将低碳试点工作纳入市绩效管理目标考核体系，建立低碳城区、低碳园区、低碳社区、低碳景区、低碳企业考核指标体系，实行严格的绩效管理目标考核制度，定期进行检查考核。

市各区人民政府、各园区管委会工作职责：建立低碳工作机构，配置专门工作人员。编制本区低碳试点实施方案，确保 2020 年完成本辖区二氧化碳排放实施总量控制。

市属各部门、单位工作职责：明确责任单位（部门）、责任领导、联系人。建立“权责明确、分工协作、责任考核”的工作机制，实行目标责任管理，做到责任主体明确，责权利统一，加强部门间协调配合，形成低碳发展合力。

5. 低碳发展能力建设

一是建立健全温室气体统计核算体系。按照国家发展和改革委员会对低碳试点城市温室气体排放清单编制的要求，建立健全本市温室气体排放基础统计与调查制度，明确职责分工；搭建温室气体统计核算平台，对重点用能单位进行碳排放核查，建立可信赖的温室气体排放和能源消费的台账记录，实现碳排放的可监测、可核查和可报告。探索建立碳数据管理的长效机制，指导碳数据管理相关工作常态化开展，快速、准确地掌握碳排放现状和趋势预测，为低碳城市建设和参与全国碳市场等相关政府决策和工作执行提供科学可靠的量化支撑。

二是开展低碳领域基础研究。针对“十三五”期间低碳城市建设的新形势、新要求，组织专业支撑团队开展低碳领域基础研究，更好地支撑低碳城市建设工作。重点开展碳达峰路线图和温室气体排放总量控制的研究，根据2025年碳排放总量达峰目标，结合城市发展现状及趋势，制定碳排放总量控制方案，确定中长期碳排放控制目标，并将其作为约束性指标纳入中长期国民经济社会发展规划；分析碳排放峰值对应的假设情景，结合不同达峰路径的成本效益分析，分阶段、分步骤制定具体的达峰措施及行动方案，形成三亚达峰路线图，为顺利实现碳排放达峰、有效指导低碳城市建设各项工作提供科学依据。

三是参与全国碳市场交易工作。强化碳交易能力建设，组织开展系列培训和实践交流活动。积极推动市内符合要求的机构、企业、团体和个人参与国家温室气体自愿减排交易。持续开展碳市场跟踪评估、碳排放行业先进值、企业碳管理等重大问题的研究。

四是加强人才队伍建设。广泛吸纳国内外高层次专业技术人才和高技能人才，建设从事应对气候变化、碳排放和低碳发展领域的高素质智力支撑队伍。积极营造低碳发展创新创业氛围，提升专业人才创新能力，增强低碳发展创新能力和可持续发展潜力。

五是加强对极端气候事件与灾害影响的适应能力建设。建立健全应对气候变化管理体系、协调机制及与气候变化相关的统计和监测体系，不断提升应对气候变化基础能力。

六是加强科技支撑。加强与省内外高校、国家级科研院所等机构合作，加快低碳技术研发；密切跟踪国内外低碳领域最新进展，积极推动技术引进和消化吸收。加强关键性技术推广应用，坚持政府引导与企业主体相结合，鼓励和支持企业应用低碳新设备、新工艺、新技术，加快低碳技术产业化步伐。制定低碳领域人才政策，将低碳领域人才培养和引进纳入本市人才培养和引进计划，加强本地高校低碳领域学科建设，加快培养相关专业人才；积极吸引国内外的领军企业、高端人才、科研机构来三亚发展低碳产业。

6. 加强低碳宣传教育

积极开展低碳宣传，依托节能宣传周、低碳活动日、地球一小时等大型活动，充分发挥三亚日报社、三亚广播电视台等各大主流媒体的宣传优势，积极开展政策法规、技术产品、典型事例等多层次、多角度宣传报道，大力宣传低碳生活知识，倡导低碳消费和生活方式。健全舆论监督机制，搭建信息沟通、意见表达、决策参与、监督评价等公众参与的平台和机制，完善低碳城市和低碳发展信息发布的渠道与制度，适时曝光严重浪费能源资源的典型行为、现象和单位，逐步形成低碳城市齐抓共建的良好氛围。

（三）三亚市低碳发展的成效概述

1. 低碳发展的同时，经济平稳增长

三亚市 2018 年全市生产总值 565.4 亿元，比 2017 年同期增长 7%；地方一般公共预算收入 100.4 亿元，增长 13.3%；城镇常住居民人均可支配收入 36430 元、增长 8.3%。

2. 新兴低碳产业持续快速成长

三亚市确定了旅游、热带特色高效农业、新兴科技、医疗健康、海洋产业等重点发展产业，以旅游业为龙头的多元化产业体系初步形成，2017 年该市荣获中国首选旅游度假目的地、中国最大最佳潜水基地、国际最佳养生城市等荣誉。

3. “低碳旅游 + 热带农业”组合成效显著

三亚市突出热带气候优势，大力发展南繁育种、冬季瓜菜、热带水果、热带花卉等农业特色产业。2018 年，全市农业总产值为 102 亿元，较 2017 年同期增长 4.8%；冬季瓜菜、热带水果产业增长稳定，冬季瓜菜总产量 46.79 万吨，产值 23.56 亿元；热带水果总产量 34.80 万吨，产值 28.7 亿元。“十镇百村”建设取得明显成效，海棠水稻公园小镇获批“国家 4A 级景区”，北山村、中廖村获评“全国文明村镇”，西岛渔村获评国家级休闲渔业品牌“最美渔村”。该市现已建成全国休闲农业示范点 5 个，全国五星级休闲农业与乡村旅游示范园区 3 个，海南共享农庄试点 6 个，休闲农业园区 30 个，农业产业化龙头企业 21 家，农民专业合作社示范社 61 家，家庭农场备案 14 家。低碳旅游加热带农业，有力推动了农民就业和生活富裕。

4. “山—水—城—海”相融的城市空间结构独具风格

由于非技术创新逐步完善，环境执法力度的加强，该市生态修复整治成效显著。2018 年已修复山体 22 个，完成植树造林 1200 亩，依法退果还林 1085.6 亩，新建和改造绿地面积约 112 万平方米。全市森林覆盖率 69%，建成区人均公共绿地面积为 26.25 平方米；2018 年环境空气优良天数比例为 97.3%，PM2.5 年均浓度为 $15\mu g/m^3$，优于欧盟标准；主要河流保持Ⅱ、Ⅲ类水质，2018 年除三亚河海螺村断面外，其余地表水水质均优于管理要求；近岸海域水质质量持续改善，2018 年Ⅰ类水质比例达 100%。“山—水—城—海”相融的空间结构，展示了独具特色的低碳城市风格。

5. 树立了“净化、绿化、彩化、亮化、美化”的低碳城市形象

该市对标国内先进城市，从“净化、绿化、彩化、亮化、美

化”五方面提升城市建设水平，高水准提升城市颜值。三亚对主次干道每天保洁时间不低于16小时，一般道路每天保洁时间不低于12小时，开展中心城区24小时保洁试点工作，生活垃圾日产日清。在加强已建成绿化彩化道路养护管理的基础上，完成了鹿回头路、G224国道等4条道路的绿化彩化；继续推进海榆东线海棠湾至亚龙湾段道路绿化工程建设，新开工建设三横路凤凰段一期和荔枝沟段绿化彩化工程。

6. 生态修复取得成效

该市2018年已修复22个山体，自然恢复8个山体，共投入资金约8300万元，治理面积达到42万平方米，有效节约政府资金约2亿元。此外，还新建公园绿地1个，改造提升公园2个，续建公园7个。截至2018年底，抱坡溪湿地公园、荔枝沟社区公园、月川生态绿道基本建成并对外开放，共完成绿色投资约3.8亿元。2019年新建公园1个、续建公园4个，其中东岸湿地公园、迎宾路街头游园已完工并对外开放，生态建设成效显著。

作为第三批低碳试点，三亚市的低碳发展成效显著，2019年6月，生态环境部发布了全国首批11个“无废城市”建设试点名单，三亚市成为海南唯一入选的城市。随着该市着力提高固体废物减量化、资源化和无害化水平，低碳发展方式和低碳生活方式在三亚逐步走向常态化。

（四）小结

作为低碳试点中服务型的海岛城市，优良的生态环境是三亚低碳增长的生命线，三亚独特的地理环境和产业结构决定了其低碳建设的方向，海洋经济和热带农业经济的低碳化是生态和经济良性互动的发展模式。

“山—水—城—海”相融的城市空间结构，“低碳旅游+热带农业”的组合都为三亚具有海岛特色的低碳试点提供了良好的多维发展的基础，而因地制宜的战略规划、完善的低碳法规制度建设、有效的多层治理以及清晰的部门分工协调机制，则是上述目标得以实现的保障。从三亚的低碳实践中可见，完善非技术创新系统，充分发挥资源优势和特色，有助于树立城市的低碳品牌优势。

四　城市与自然共生：工业型试点西宁市的案例分析

西宁市为三批低碳试点中的 33 个工业型城市之一，重工业在三产中占绝对优势。尽管近几年工业结构得到初步优化，但重型化特征依然显著，传统高耗能行业在工业经济中的比重仍然较大，而能源消费品种仍以传统能源煤、电、油、气为主，碳排放压力尚未得到根本性改变。相对其他类型，工业型城市的低碳发展更为迫切，分析西宁市的低碳发展具有很重要的现实意义。

（一）案例背景

西宁市是一座高原省会城市，为青海省的政治、经济、科技、文化、交通中心，“古丝绸南路”和“唐蕃古道”的重要驿站，地处被誉为“三江之源”“中华水塔”和“世界第三极”的青藏高原的东北部。

尽管西宁市通过产业结构调整和节能减排在低碳发展方面取得了一定成绩，但资源环境对全市经济社会发展的瓶颈制约依然存在，主要有下述几个方面：一是西宁市工业产业结构重型化特征明显，传统高耗能行业在工业经济中的比重仍然较大。2010 年该市的三次产业结构为 3. 89 ∶ 51. 05 ∶ 45. 05，主要有有色金属、化工、钢铁、装备制造、食品与农牧产品加工等，其中轻、重工业比重为 13. 28 ∶ 86. 72。2015 年全市三次产业比例调整为 3. 3 ∶ 48 ∶ 48. 7，轻、重工业结构调整为 26. 56 ∶ 73. 44。这种以重工业为主的工业结构和以能源、原材料为主的产品结构，在短期内难以进行大的调整。二是随着工业化进程的加快，经济增长对能源消费的依赖增强，资源环境承载的压力不断加大，加之低碳自主创新技术的缺乏，西宁市工业低碳发展缺乏有效技术支撑。三是能源结构调整潜力有限。受资源禀赋和以工业为主导的发展模式制约，未来一段时间内，非化石能源和清洁能源利用量大幅提升的难度很大。如何通过非技术创新与技术创新的协同效应，推动产业的低碳转型成为西宁市试点建设的核心命题。

（二）西宁市低碳发展的非技术创新系统建设

西宁市围绕建设“国家首批生态文明建设先行示范区”“国家森林城市”“海绵城市”的定位，统筹经济社会发展与控制温室气体排放的关系，在完善非技术创新系统，推动产业低碳转型，加强城市规划建设管理，提高低碳领导力，创新体制机制方面做了努力的尝试。如建立“碳积分制推广平台”和“绿色支票”等举措，显示了该市在低碳发展的非技术创新方面提供了很好的思路。该市旨在实现“城市与水和谐共生”“城市与自然和谐共生”的目标，为工业型城市寻求城市与生态和谐共存的发展模式提供了较好的样本。

1. 低碳发展的法规制度建设

为充分调动市场主体节能减排的积极性，建立健全节能减排的体制机制，西宁市先后出台了相关的法律法规。如出台实施了《西宁市建设绿色发展样板城市促进条例》《西宁市大气污染防治条例》《西宁市环境保护条例》《西宁市实行最严格水资源管理制度考核办法（试行）》等条例；先后出台了《西宁市2014—2015年节能减排低碳发展行动方案》《西宁市节能减排工作方案》《西宁市开展公共建筑能效提升示范项目工作方案》《西宁市机动车排气污染防治管理办法》等工作方案，推进生态环保工作向制度化、常态化发展。

为推动全社会节能减排联动发力，增强全社会节能减排意识，该市创立了“政府主导、市场参与、法制化管理”的餐厨垃圾处理模式，出台了《西宁市餐厨垃圾管理条例》，餐厨垃圾处理“西宁模式”在全国领先。此外，还印发了《西宁市政府集中采购目录及限额标准的通知》，推动政府采购优先选择节能环保产品。该市出台了《西宁市主要污染物排污权有偿使用和交易管理办法（试行）》，强化污染物排放总量控制。

为保证生态建设的可持续性，实现区域生态环境共建共享，西宁市于2019年初印发了首个生态补偿方案——《西宁市南川河流域水环境生态补偿方案》，该方案对于推动低碳城市建设具有重要意义。它首次提出了建立水环境横向补偿机制，按照“保护者收益、使用者补偿、污染者受罚”的原则界定生态环境保护者的权利和责任，建立合理的生态保护补偿标准、考核评价制度和沟通协调的运行机制，有助于充分发挥政府对生态环境保护的主导作用，加强市县（区）统筹，保障南川河流域生态保护主体的相关权益。该方案开创性地提出水库水量补偿制度，并通过与流域监测断面水质补偿有机融合，构建起以县区级横向补偿为主的水量、水质一体式生态补偿机制，对其他地区具有重要的借鉴意义。

2. 低碳能力建设

（1）建立温室气体排放核算体系。西宁市着手编制能源活动、工业生产过程、农业活动、废弃物处理、土地利用变化和林业温室气体排放清单，建立温室气体排放数据统计、核算、管理体系及碳排放控制指标分解和考核体系。通过政府引导和市场化运作，强化企业和社会各界控制温室气体排放的意识，运用市场机制以较低成本完成控制温室气体排放目标。

（2）建立碳积分制推广平台。该市以碳积分制度为切入点，尝试创建碳积分推广平台，目的是汇集低碳知识、资讯、低碳产品和低碳技术等信息，搭建低碳宣传推广平台，在此基础上，开发专业服务网站、App程序、微信公众号等。通过该平台，结合西宁市的实际情况，选取气候适应型城镇和低碳示范社区等基础较好的区域和社区为试点，落实碳积分推广制度；同时在节约用电、节约用水、节约用气、减少私家车出行、垃圾分类回收方面，选择适合的低碳行为作为示范，在居民中推广。

（3）开发旅游低碳管理模式。为实现低碳、绿色、健康和文明旅游，该市在酒店和旅游目的地等重要环节，实现与“碳积分推广平台”联动，实行旅游碳积分活动和旅游节能节水减排工程，倡导低碳旅游方式，在旅游业率先开展“碳中和”试点，合理确定景区游客容量，严格执行旅游项目环境影响评价制度，加强水资源保护和水土保持。支持宾馆饭店、景区景点、乡村旅游经营户和其他旅游经营单位积极利用新能源新材料，广泛运用节能节水减排技术，实行合同能源管理，实施高效照明改造，减少温室气体排放，积极发展循环经济，创建绿色环保企业。

（4）建立商业激励机制。鼓励金融机构、商业联盟开发碳信用卡、碳积分、碳币等创新性碳金融产品，便于公众享受低碳权益、兑换优惠。支持金融机构建立绿色信贷、绿色证券、绿色保险、绿色信托，拓宽低碳企业的融资渠道，设立“绿色家庭”“绿色酒店”“绿色村镇”等荣誉称号，鼓励各行为主体持续践行低碳活动。

（5）深化市场化改革。为推动低碳发展导向与市场力量的有机融合，西宁市着手完善市场机制，深化资源环境价格、生态补偿、第三方治理等机制改革，探索差异化的产业及土地政策，利用价格信号全面反映资源稀缺程度、生态环境损害成本和修复效益。加快生态领域产权制度改革，明晰所有权，放开建设权，搞活经营权，鼓励各类所有制经济积极参与生态环境保护与建设，逐步建立起政府投入、设施有偿使用、广泛吸引社会资本参与的多渠道、多元化的投融资体制。进一步完善自然资源有偿使用机制和生态环境恢复补偿机制。通过建立资源有偿使用制度，推进碳排放权、排污权等交易和废弃物处理收费权、环卫作业收费权等特许经营，推动生态环境工程建设运营市场化。继续扩大环境污染责任强制保险范围，将全市化学原料、化学制品和产生有毒有害气体的高风险企业全部纳入强制保险，引入政府监管、企业主体、公众监督之外的第四种力量。

3. 设置低碳目标

西宁市按照国家低碳试点的要求编制了低碳发展规划，分类确定县区碳排放控制目标，纳入市委、市政府对各县区年度绩效考核、生态文明建设目标考核中。加强对全市“十三五”降碳目标落实情况的评估和责任考核，完善奖惩措施，加强重点工作落实情况监督检查，确保完成“十三五”目标任务。如表3—18所示，到2020年，碳排放强度下降13%，力争在2025年达到峰值。

表3—18　　西宁市低碳发展目标

指标名称	单位	指标值	
		2015年	2020年
单位GDP二氧化碳排放下降率	%	—	13
单位GDP能源消耗下降率	%	—	11
第三产业增加值比重	%	48.7	50
城镇化率	%	68.92	75
森林覆盖率	%	32	35
城市建成区绿化覆盖率	%	40.5	40.5
城镇新建绿色建筑占新建建筑的比重	%	30	50
公共交通出行分担率	%	61.5	65.5
国家低碳园区，低碳社区数量	个	1	4
城区居住小区生活垃圾分类达标率	%	8	50

资料来源：西宁市绿色发展委员会，2019年。

4. 低碳领导组织制度建设

为加强市级范围内低碳建设的统筹协调能力，该市成立了节能减排及应对气候变化领导小组，以及市委绿色发展委员会，启动实施“高原绿”“西宁蓝”“河湖清”等建设行动。指定专人负责控制温室气体排放工作，严格落实目标责任，将低碳规划确定的有关指标和任务纳入各地区政绩考核体系，保证规划实施的系统性、连续性和针对性。建立评估跟踪机制，各部门按任务职责分工并跟踪评估，确保规划各项任务落实到位，各项目标顺利实现。对未完成年度任务的区县和部门，实行主要领导行政问责制，领导小组办公室要对规划落实情况进行跟踪分析和督促检查，及时解决实施中遇到的问题，综合评价考核的结果要向社会公开，接受舆论监督。

5. 创建“绿色支票”制度

西宁创建了“绿色支票”制度，并制定了相应的“绿色支票”实施细则。该市选择了条件相对成熟的社区和新建的社区，在规划建设时，将绿化美化的思路和区域碳中和的理念相结合，单位或个人通过“绿色支票”获得碳汇量大的树种栽植，注重乔木与灌木的合理搭配，在绿地覆盖率的标准中提高乔木的比例，增加乔木林面积，提高社区碳汇能力。政府出资，建设碳汇林，居民凭借“绿色支票”认领树木，为自己日常生活中产生的“碳排放”埋单。同时还广泛开展多种形式的家庭自助绿化活动，引导居民在房前屋后植绿养绿，将乔木的养护与居民绿地认养相结合。

6. 开展多领域多方投资的合作共建模式

该市根据“海绵城市”“公交都市”、国家新型城镇化综合试点、兰州西宁城市群、公共建筑重点改造城市和国家创新型城市试点等一批试点和示范区创建要求，完善市级 PPP 项目协议体系、公共项目 PPP 投融资机制以及建设项目投融资运作模式，鼓励社会资本通过政府与社会资本合作的方式，加大低碳理念在各项创建工程中的应用，通过多领域协作，建设国家级低碳试点城市，构建与生态文明新时代相适应的体制机制、空间格局、产业结构和生产生活方式。

7. 倡导低碳生活，构建低碳社会

西宁市通过倡导绿色低碳出行、推广低碳产品，以及倡导低碳生活等具体措施来培育基层民众的低碳意识，构建低碳社会。

一是开展公共交通周、西宁低碳出行日等宣传活动，引导市民采用步行、乘坐公共交通工具等低碳方式出行，进一步树立低碳出行理念。推广公共自行车租赁系统，在首批700辆公共自行车试营运的基础上，逐步增加服务站点、公共自行车数量，并实现公共自行车诚信借车卡与公交卡互通，加大区县公共自行车推广力度。

二是积极推广低碳产品，出台税收减免等相关优惠政策，大力推进绿色商场创建活动，鼓励大型商超销售低碳产品，推广节能灯、节能家电等。推行“限塑令”，引导市民使用环保购物袋，限制一次性产品的使用。完善绿色采购制度，严格执行政府对节能环保产品的优先采购和强制采购制度，扩大政府绿色采购范围，提高政府绿色采购规模。

三是大力倡导低碳生活，积极推行“无纸化办公”和双面打印，以及废纸利用。倡导居民家庭使用循环水，在社区设置废旧衣物回收点，加强废旧衣物回收再利用。宣传“适度消费”，拒绝“面子消费”“奢侈消费”，在全市范围内推广“光盘行动”。鼓励垃圾分类回收利用。将“餐厨垃圾”西宁模式进一步推广到各区县，且将可回收的生活垃圾拿到分类收集点称重，换取积分、生活用品或者现金，以提高居民分类处理垃圾的积极性。

（三）西宁市低碳发展的成效概述

1. 低碳发展与经济增长均取得进展

作为工业型低碳试点之一，西宁市在低碳城市建设中，注重推进产业和城市转型升级，关停并转了一批高污染企业，并在城区实施绿化改造、人居环境得到明显改善的同时，经济发展也取得显著进展，经济增速连续三年位居全国省会城市前列。《西宁市建设绿色发展样板城市促进条例》于2019年施行后，涉水工业企业得到进一步的深度治理，小散乱污企业被取缔或责令整改，推动河湖长制管理全覆盖。2019年全市森林覆盖率提高到34.1%，空气质量综合指数位居西北五省省会城市第一，成功创建全国文明城市、国家森林城市、全国水生态文明城市。

2. 低碳工业园区建设成效突出

作为工业型试点，西宁市在工业的低碳发展方面尤为重视，如加强工业园区的节能减排。其中柴达木循环经济试验区格尔木工业园区、西宁经济技术开发区甘河工业园区被国家工业和信息化部、国家发展和改革委员会确定为第一批国家低碳工业试点园区，格尔木工业园区通过梯级开发和综合利用，实现了盐湖化工产业从钾盐到钾碱的跨越，以及废弃物的资源化和多级组合使用，26 个重点低碳项目已建成 19 个。在低碳交通运输体系建设方面，西宁市通过调整优化道路客运班线运营模式、扩大甩挂运输试点范围，提升车辆运输效率，严格控制运输车辆市场准入关，以及营运车辆尾气排放指标，强力推进以柴油货车重点的老旧车淘汰工作，积极推广应用清洁能源、新能源公交车和出租汽车。

3. 新兴低碳产业发展较快

西宁市朝着低碳化、绿色化、信息化方向构建现代产业体系，聚焦锂电、光伏光热、有色合金高新材料、特色化工、生物医药和高原动植物资源精深加工等五大产业集群。近年来，该市实施工业新兴产业倍增计划，启动建设光热产业园，全国首个光伏智能工厂开工，亚洲硅业等 5 家企业获批全国“绿色工厂”。千亿元锂电产业基地和全国重要的光伏制造中心已具雏形，光伏电站建设与制造垂直一体化发展新模式走在全国前列。截至 2018 年，信息化对企业效益增长贡献率超过 20%，规模以上高技术和新能源、新材料产业增加值分别增长 32.8%、62.9% 和 25.7%。此外，西宁市将绿色生态定为农业发展的导向，持续推进农业供给侧结构性改革，积极开展化肥农药零增长行动，加大测土配方肥推广力度，在农业低碳发展方面也取得了成绩。

4. 退耕还林、退牧还草进一步强化

西宁市在建设“国家森林城市”方面成绩显著。2015 年，西宁市林地面积为 42.14 万公顷，湿地面积为 0.6214 万公顷，森林总蓄积量287万立方米，市域森林覆盖率达32%，建成区绿化覆盖率达40%，人均公园绿地面积12平方米，城市重要水源地森林覆盖率达85.06%，水岸绿化率达93.02%，道路绿化率达91.4%。在此基础上，西宁市坚持推进新型城镇化和城乡一体化、加快城乡融合发展的同时，进一步加强了“三北”防护林、天然林保护、退耕还林、退牧还草等重点工程的实施力度。近年来完成了年度造林任务160.22万亩、森林抚育等森林经营任务113.53万亩，退耕还林、退牧还草成效显著，实现了森林面积和碳汇“双增长”。

5. 城乡生态环境得以改善

近年来，西宁在“国家园林城市”“全国绿化模范城市”“海绵城市”建设等方面实施了一系列的行动措施。如实施了火烧沟、苦水沟等“城市双修”示范项目，建成地下综合管廊37公里，实施多巴“四河一湖十一条沟”治理，完成21.6平方公里海绵城市试点区建设。城市治理走向精细化：城市主干道机械化清扫、清洗作业实现全覆盖；全面推行街长制，建立城市管理市民监督平台；生活垃圾分类示范区居民覆盖率达17%，走在西北省会城市前列。同时，该市在低碳发展的城乡一体化建设上也取得了有效进展：在县区、乡镇、村等层面，制定“1+10+1”行动框架，编制完成乡村振兴战略实施规划；建设“四好农村路”462公里，改造农村电网830公里；开工2个建制镇污水处理厂和5个乡镇生活垃圾填埋场；新（改）建农村卫生厕所5087座，完成91个村风貌提升工程。城乡生态环境得以有效改善。

（四）小结

西宁市在三批低碳试点中属于经济欠发达的工业型城市，煤炭为该市能源消费的主力军，其高耗能企业在支柱产业和优势产业中长期占有较大比重，加之青海省的火电生产企业基本都在西宁，消费结构的高碳化趋势仍在持续，这必将为西宁市碳排放控制，推进低碳发展带来严峻挑战。

该市根据试点建设的要求，建立了促进低碳发展的较为完善的组织保障体系，充分调动市场主体节能减排的积极性，建立健全节能减排的体制机制，根据自身特点，不断优化产业结构引领生产方式向绿色、柔性、智能、精细转变。近年来相继获得“国家园林城市”“全国绿化模范城市”“国家森林城市”“海绵城市”等荣誉称号。尤其是西宁市开创了“绿色支票”制度，并于2019年初印发了《西宁市南川河流域水环境生态补偿方案》，方案首次提出建立水环境横向补偿机制，构建起以县区级横向补偿为主的水量、水质一体式生态补偿机制。西宁市在非技术创新方面的上述探索对其他试点城市都具有重要的借鉴意义。

五　民族文化心理及族际交流对低碳城市建设的影响：汉畲聚居社区的案例分析

自然崇拜是畲民族文化的重要组成部分，其中保护自然的文化心理，表达了畲民族朴素的生态伦理思想。然而这种自然崇拜是否具有族际传导效应？以及在实践中是否有助于应对气候变化和低碳意愿的成长？本书结合实验经济学和宗教社会学的方法，基于对浙江沐尘水库畲族移民与迁入地居民互嵌聚居的抽样调查开展实验研究，来回答上述问题。通过对不同民族在单民族聚居与民族互嵌聚居状态下的低碳意识及其差异的分析，发现畲族居民的自然崇拜心理具有跨族传导性，它通过族际交流，与汉族居民的知识结构相互影响，其结果促进了双方的环保理念和低碳意识的成长；并且畲族移民的自然崇拜心理及其传统地方性知识对于迁入地的低碳城市建设有溢出效应。

（一）案例背景

少数民族地区由于绿色低碳发展相对较其他地区落后，更应强调公众低碳意愿的成长。[1] 现有文献更多从低碳减贫和低碳脱贫的视角来讨论少数民族地区的低碳发展或提升少数民族居民的低碳意识，而对于少数民族居民的宗教文化心理、族际交流对低碳意愿成长的作用方面，则仅有少量研究而鲜有文献做深入的探讨。然而，平时渗透在生活中质朴的自然崇拜心理，及其蕴含的生态伦理则是少数民族文化的重要组成部分之一，其内涵与应对气候变化、与低碳理念是契合的，[2] 如袁泽锐提到畲族自然崇拜中的土（山）地崇拜、林木崇拜和动植物崇拜等都蕴含着深刻的生态经济伦理思想，反映着畲族人们对自然万物的敬畏之心，[3] 无疑这种自然崇拜倡导了一种尊重自然、保护自然、人与自然和谐共处的理念，这种理念客观上推动了应对气候变化的实践行动，是属于非技术创新系统的一部分，很值得做进一步的研究。

本书选择了我国第三批低碳城市试点衢州市的水库移民所引致的少数民族迁移及其与迁入地居民的聚居社区作为案例点。近几年，浙江省各地加快了低碳城市建设的进程，位于浙江西南山区的衢州市也于 2017 年获批国家第三批低碳城市试点，畲族则是该市人口最多的少数民族。其中龙游县沐尘畲族乡便是浙江省的少数民族聚居区之一，该乡深居高山，交通不便，是浙江省扶贫的重点对象，大部分畲族居民已经搬迁。2008 年，因当地要在沐尘乡修建水库，出于安全考虑，同时也结合扶贫工作，地方政府组织水库周围的居民（该地区的居民全部为畲族）往外搬迁，主要迁至占家镇的上夫岗村、蒲山村和芝溪家园街道社区，其中有的成为畲族聚居社

---

① Wei Jiang, "Systemic Research on the Green Development in Western China: A Non－technological Innovation Perspective", *Chinese Journal of Urban and Environmental Studies*, Vol. 4, No. 2, 2016, pp. 1－25.

② 张春敏、梁菡：《民族生态文化与民族地区低碳发展的互动关系研究》，《云南社会科学》2016 年第 1 期。

③ 袁泽锐：《畲族宗教信仰视阈中的生态经济伦理探析》，《丽水学院学报》2017 年第 4 期。

区，有的穿插融入当地汉族社区，形成不同民族互嵌聚居的状态。

（二）研究方法及数据来源

本书基于问卷调查和入户访谈获得第一手资料，试图结合实验经济学与宗教社会学的研究方法，通过比较分析参照组和实验组的低碳意识，即在水库移民后，单民族聚居与民族互嵌聚居社区的畲族、汉族居民之间低碳意愿的差异，来探索上述问题。本书中，实验组的条件变化，即样本群体生活地点和聚居环境的变化，并非由本研究活动所预先设定，或是根据研究需要人为调整所致，而是属于事先已经发生的变化，恰好为本书提供了两组可供比较的居民群体，纳入实验研究的样本。

本书数据除标注外，全部来源于2015—2016年浙江省龙游县低碳城市建设的问卷调查以及入户访谈。本书的问卷调查对象采用等距抽样的方法，从居民花名册抽取当地单民族聚居的汉族33户、与畲族聚居的汉族33户、移民后单民族聚居的畲族33户，以及与汉族聚居的畲族33户，共132份，回收有效问卷132份。实验将研究对象分成四组：A1组为迁入地单民族聚居的汉族；A2组为迁入地与畲族互嵌聚居的汉族；B1组为迁徙后单民族聚居的畲族，B2组为迁移后与汉族互嵌聚居的畲族。其中A1组、B1组为参照组，A2组、B2组为实验组。

问卷回收整理录入后，主要使用统计软件SPSS，针对居民对气候变化问题的认知程度、对我国积极推进绿色发展以及低碳城市建设的了解情况、居民对绿色低碳或者环境保护活动的参与状况，为减缓气候变化放弃奢侈消费的意愿度，以及居民平时的低碳生活习惯等问题进行比较，来分析畲族居民的自然崇拜心理是否具有跨族际传导效应？它与汉族居民的知识结构是否可以通过族际交流相互影响和吸纳，其结果是否有助于双方低碳意识的成长等问题。

（三）自然崇拜、族际交流与低碳意愿的成长

问卷和访谈共有七个问题，分属五个部分，主要围绕下述变量

来研究水库移民后，迁入地不同群体间的低碳意愿差异，从而判断畲族自然崇拜是否具有跨族际传导性，以及族际交流是否促进双方低碳意愿的成长：一是考察参照组与实验组对气候变化以及当地低碳建设的认知度；二是考察他们的环境意识和低碳意愿，设定在无须付费的公共场合，即在一定程度上消除经济因素的干扰后，测试研究对象的低碳习惯和道德自律问题；三是测试研究对象在低碳消费和攀比消费间的心理权衡；四是测试研究对象的低碳行动意愿；五是测试在互嵌聚居过程中，民族地方性知识是否更容易传播，从而对低碳发展有促进作用。

1. 参照组与实验组对气候变化以及当地低碳城市建设的认知度

为考察参照组与实验组对气候变化以及当地低碳建设的认知度，我们设置了两个问题。问题一："您知道气候变化问题吗，知道人类过度的碳及污染排放引起气候变化及环境问题吗?"该题我们预设了四个定序选项，按程度从低到高依次为"不知道，不关心""听说过，但不太清楚""知道，但不关心""知道，关心"。问题二："您对本地低碳建设相关政策的看法?"该题我们预设了四个定类选项，分别是"低碳措施较多，给百姓带来了好处，满意""低碳措施虽多，但没有给百姓带来好处，不满意""对这些措施看法一般""对政策措施不清楚，不了解"。

如表3—19所示，A1参照组为阳光小区单民族聚居的汉族居民，他们对气候变化问题表示"不知道，不关心"的人数仅占3.0%，有28.2%的人表示不太清楚，"知道，但不关心"的占15.2%，"知道，关心"的占53.6%。从比例上看，该社区单民族聚居的汉族，对气候变化问题比较了解的达到68.8%。A2实验组为上夫岗村互嵌聚居的汉族，相关的比例与阳光小区单民族聚居的汉族大体相当，比较了解气候变化问题的总共占69.7%，其中"知道，但不关心"的比例较参照组低3.1个百分点，而"知道，关心”的比例较参照组高 4 个百分点。

表 3—19　　参照组和实验组对气候变化问题的认知度

		您知道气候变化问题吗，知道人类过度的碳及污染排放引起气候变化及环境问题吗？				
		不知道，不关心	不太清楚	知道，但不关心	知道，关心	渐进 Sig.（双侧）
A1 组（参照组）阳光小区单民族聚居的汉族	计数	1	6	5	21	0.002
	该组中的%	3.0%	28.2%	15.2%	53.6%	
B1 组（参照组）迁至浦山村单民族聚居的畲族	计数	4	19	7	3	
	该组中的%	12.1%	57.6%	21.2%	9.1%	
A2 组（实验组）上夫岗村互嵌聚居的汉族	计数	1	9	4	19	
	该组中的%	3.0%	27.3%	12.1%	57.6%	
B2 组（实验组）上夫岗村互嵌聚居的畲族	计数	2	9	6	16	
	该组中的%	6.1%	27.3%	18.2%	48.5%	

资料来源：笔者根据调查问卷数据绘制。

B1 参照组为在建设沐尘水库时迁移至浦山村单民族聚居的畲族，B2 实验组为迁移至上夫岗村与该村汉族互嵌聚居的畲族。从问卷上看，参照组与实验组差异显著：对气候变化问题表示“不知道，不关心”的比例分别为 12.1% 和 6.1%，表示“不太清楚”的分别为 57.6% 和 27.3%，实验组较参照组分别低 6 个百分点和 30.3 个百分点；相应地，对气候变化问题知道的比例分别为 30.3% 和 66.7%，其中“知道，但不关心”的分别为 21.2% 和 18.2%，“知道，关心”的分别为 9.1% 和 48.5%。从“知道，关心”的比例上看，互嵌聚居较单民族聚居要高 39.4 个百分点，同时“知道，但不关心”的要低 3 个百分点。

因 4 个选项可以看作定序变量（在选项的 1—4 值中，数值越高，低碳意识越乐观），从而进行均值比较发现，A1 参照组均值为

3.39，A2 实验组为 3.24；B1 参照组为 2.27，B2 实验组为 3.09。由卡方检验结果，P 值为 0.002，可见，参照组与实验组在对气候变化问题的认知方面具有显著差异，畲族单民族聚居与互嵌聚居居民间的差异大于汉族单民族聚居与互嵌聚居居民间的差异。这与我们入户访谈的结果一致：由于蒲山村全部是从沐尘迁移过来的畲族居民，大家日常生活中都是与本社区本民族的居民进行交流，与外部交流不频繁，信息量以及获取信息的渠道有限，信息范围相对狭窄，因而参照组的畲族居民对气候变化问题认知度普遍不高；相反，上夫岗村是畲族汉族互嵌聚居，当地汉族社会活动较频繁，信息量和获取渠道都较广，畲族迁移入上夫岗村后，通过与当地汉族的交流，增加了信息量的渠道来源，拓宽了知识面，因而对气候变化的认知度也相应更高。

对于第二个问题，实验组与参照组的反应也具有显著差异。衢州市近年来在低碳发展方面做了不少努力。除了产业政策、能源政策之外，该市在与居民日常生活联系较紧密的低碳社区建设层面也有较具体的政策措施，比如公共自行车、节能路灯的使用和管理，农村垃圾的收集和管理等。

如表 3—20 所示，A1 参照组的汉族居民中认为“低碳政策措施给百姓带来了好处”，表示满意的占 30.3%；认为“低碳措施虽多，但是没有给百姓带来物质好处”，表示不满意的占 36.4%；而认为一般的占 27.3%；另外有少数表示不清楚不了解，占 6.1%。A2 实验组的汉族居民对低碳政策措施都有不同程度的了解，相应的比例分别是 36.4%、27.3%、36.4%、0，两者差异不显著。而 B1 参照组和 B2 实验组差异很明显：B1 参照组表示对低碳政策满意、不满意、一般、不了解的分别为 12.1%、3.0%、18.2% 和 66.7%，半数以上的居民对当地的低碳政策措施不清楚；而 B2 实验组相应的比例是 39.4%、15.2%、36.4%，不了解的仅占 9.1%，与 B1 参照组对比，差异显著。

表 3—20　　参照组和实验组对当地低碳建设的认知度

		您对您们市建设低碳城市是否了解？对相关政策是否满意？				
		低碳措施给百姓带来了好处，满意	低碳措施虽多，但没给百姓带来物质好处，不满意	对这些措施看法一般	对政策措施不清楚，不了解	渐进 Sig.（双侧）
A1 组（参照组）阳光小区单民族聚居的汉族	计数	10	12	9	2	0
	该组中的%	30.3%	36.4%	27.3%	6.1%	
B1 组（参照组）迁至浦山村单民族聚居的畲族	计数	4	1	6	22	
	该组中的%	12.1%	3.0%	18.2%	66.7%	
A2 组（实验组）上夫岗村互嵌聚居的汉族	计数	12	9	12	0	
	该组中的%	36.4%	27.3%	36.4%	0	
B2 组（实验组）上夫岗村互嵌聚居的畲族	计数	13	5	12	3	
	该组中的%	39.4%	15.2%	36.4%	9.1%	

资料来源：笔者自制。

在进一步的入户访谈中了解到，参照组的交往主要集中在本民族和小社区内，尽管地方政府的低碳政策和措施通过若干渠道，如公共建筑物墙体标语等方式进入社区，但并非每个居民对其中的概念都有足够的了解，有的会有一些误解，担心低碳建设会对经济发展造成影响，进而影响自己的物质福利。但是实验组的居民，在与当地居民的交流中更多地接触到具体的概念，在问到公共自行车的使用方面，他们更能体会到低碳措施带来的现实优势。此外，畲族居民和汉族居民对于政策满意度的起点有所不同：对同一个政策或措施，汉族居民的要求更高一些，在经济便利性和文化生活方面都对政策措施有着较高的预期；畲族居民限于原先相对较低的经济文化条件，当低碳政策措施对其生活条件稍有改善时，就会感到比较满意。

2. 参照组与试验组的环境意识和低碳意愿

低碳生活方式是低碳建设的一个基础组成部分，为了考察研究对象的环境意识和低碳意愿，本书主要选取了几项比较简单易行的行为习惯，如关水龙头、人走关灯、少用空调节电等。又由于居民节水节电的出发点不是单一的，可能是出于低碳关切，也有可能是出于经济原因。对此，为了尽可能剔除或减少经济变量对选项的干扰，我们在问卷设计中特别加上“公共场所”，即在没有经济约束的条件下，居民是否能够做到随手关灯关水节电。因此问题为：“您平时是否在公共场所做到人走关灯，拧好水龙头，节约用电?”可见，该问题实际上测试的是居民的低碳自律。相应的，我们设置了四个定序选项，程度从高到低分别为“很注意”“比较注意，基本上能做到”“不太注意”“不关心”。

表3—21　　参照组和实验组的低碳自律

		在公共场所您平时是否做到拧好水龙头，人走关灯，少用空调?				
		1. 很注意	2. 比较注意，基本能做到	3. 不太注意	4. 不关心	渐进 Sig.（双侧）
A1 组（参照组）阳光小区单民族聚居的汉族	计数	10	10	12	1	0
	该组中的%	30.3%	30.3%	36.4%	3.0%	
B1 组（参照组）迁至浦山村单民族聚居的畲族	计数	3	3	10	17	
	该组中的%	9.1%	9.1%	30.3%	51.5%	
A2 组（实验组）上夫岗村互嵌聚居的汉族	计数	13	11	9	0	
	该组中的%	39.4%	33.3%	27.3%	0	
B2 组（实验组）上夫岗村互嵌聚居的畲族	计数	13	13	7	0	
	该组中的%	39.4%	39.4%	21.2%	0	

资料来源：笔者自制。

如表 3—21 所示，与前两个问题的测试结果一致，A1 参照组和 A2 实验组的低碳自律差异不太明显，参照组中选择很注意、比较注意（能基本做到）、不太注意和不关心的分别为 30.3%、30.3%、36.4% 和 3.0%；实验组的相应比例分别为 39.4%、39.4%、21.2% 和 0。但是 B1 参照组和 B2 实验组的差异则比较悬殊：参照组中选择很注意、比较注意（能基本做到）、不太注意以及不关心的比例分别是 9.1%、9.1%、30.3% 和 51.5%；而实验组的相应比例是 39.4%、39.4%、21.2% 和 0。相对于参照组，实验组选择很注意和比较注意的比例，相对于参照组分别高三倍多和两倍多，而选择不关心的比例低至零。

同问题一，该四个选项可以看作定序变量（在选项的 1—4 值中，数值越低，低碳自律性越强），进行均值比较，发现，B1 参照组为 3.24，B2 实验组为 1.82，实验组较参照组自律性更强。由卡方检验结果，P 值为 0.001，实验组与参照组在低碳自律问题上差异显著。

在后续的入户访谈中，得到了这一现象的部分解释：畲族居民，原先住在沐尘山区，水资源丰富，没有感受到水、电等资源约束，很少有水资源，能源资源的概念，没有养成随手关水龙头等习惯。整体搬迁至蒲山村后，日常接触的依然是原居住地的群体及其观念，因此，他们迁徙后变化很少，加上在公共场合，没有经济动力，因而很少注意。而实验组的情况不同，他们搬迁后是与迁入地的汉族居民互嵌聚居，日常交往中会接触到更多关于水资源和能源资源稀缺的言论，当他们意识到这一问题后，节水节能的行为倾向就很明显。

3. 参照组和实验组在低碳消费和攀比消费间的心理权衡

这部分主要通过考察不同居民群体的买车动机来测试他们在低碳消费和攀比消费间的心理权衡。所设的问题是：“您买车的原因是什么？”设置该问题是鉴于交通部门是碳排放的三大主要来源之一，一辆轿车一年排出的有害废气比自身重量大三倍，减少非刚性的轿车需求有助于低碳发展。针对该问题，我们设置了三个选项："周围很多人都买了""上班路途远，有车能节省时间""有车方便，可以驾车出去玩"，分别代表攀比消费、刚需消费和休闲消费。

如表3—22所示，A1组攀比消费、刚需消费和休闲消费的比例分别是63.6%、9.1%和27.3%，攀比消费接近2/3；A2组攀比消费较A1组低39.4个百分点，差异显著，而刚需消费的比例也较A1组更高，休闲消费大抵相当。而B1组和B2组的差异则主要体现在刚需消费和休闲消费上，B2组选择"有车方便，可以驾车出去玩"的比例高出B1组6.1个百分点，而选择"上班路途远，有车能节省时间"的比例要低6个百分点。

表3—22　　参照组与试验组的消费心理

		您买车的原因是			
		周围很多人都买了	上班路途远，有车能节省时间	有车方便，可以驾车出去玩	渐进 Sig.（双侧）
A1组（参照组）	计数	21	3	9	0.001
阳光小区单民族聚居的汉族	该组中的%	63.6%	9.1%	27.3%	
B1组（参照组）	计数	4	21	8	
迁至浦山村单民族聚居的畲族	该组中的%	12.1%	63.6%	24.2%	
A2组（实验组）	计数	8	11	14	
上夫岗村互嵌聚居的汉族	该组中的%	24.2%	33.3%	42.4%	
B2组（实验组）	计数	4	19	10	
上夫岗村互嵌聚居的畲族	该组中的%	12.1%	57.6%	30.3%	

资料来源：笔者自制。

入户访谈中，我们重点对有车户、无车户都做了进一步的了解。与畲族互嵌聚居的汉族居民表示，他们原先一直觉得没有豪华的房子，没有名牌轿车，在社会交往中显得没有面子，但是在和畲族邻居接触的过程中，觉得他们尽管有不少积蓄（从沐尘水库搬迁过来的畲族，由于政府搬迁补贴，他们都有较高的积蓄），但基本上用于必需品的购置，很少用于面子消费。因而，长时间的互嵌聚居中，他们不由自主地也受到了影响。这种朴素生活的影响也符合了一部分居民的心理：他们经济条件一般，然而经常会由于社交环境所迫而进行奢侈消费，但他们内心却是不情愿的，因此他们就需要一种外来的理论依据或者是推动力，能够使他们既不必违心奢侈又能保持"面子"，从而可以将积蓄用于未来可能的刚需。于是，畲族邻居的"简朴观"恰逢时机，顺应了这一心理需求。可见，畲族相对更加从容简朴的生活方式和消费习惯，能够影响周围的人群，有助于社区实现从奢侈消费到低碳消费的转型，促进低碳城市的建设。

4. 参照组与实验组的低碳行动意愿

针对低碳行动意愿，我们设置了两个问题。第一个问题是："平时的生活消费习惯能给您带来便利，但有一部分会与环境保护冲突，您愿意放弃吗，比如少开车，少用空调？"相应的选项根据意愿度，从低到高分别为"不愿意，这样做会牺牲现代生活质量与效率""愿意，但是具体落实的时候，还是不容易""愿意放弃"三项。第二个问题是："您经常参加种树、清洁河流、捡扫垃圾等劳动吗？"相应的选项按照意愿度分别为"很愿意，经常参加""偶尔参加""不愿意，没参加过"三项。

第一个问题通过考察是否愿意改变消费习惯来测试居民的低碳意愿。上文关于在公共场所的节能节水习惯问题主要是考察居民的公共意识和低碳自律，有别于此，该问题则未剔除经济因素，而侧重于考察居民是否能够为了减少碳排放而放弃更多的生活便利性。如表 3—23 所示，A1 参照组和 A2 试验组相应的比例分别为 42.4%、48.5%、9.1% 和 24.2%、48.5%、27.3%。对于实验组在"不愿意，这样做会牺牲现代生活质量与效率""愿意放弃"两个选项上与参照组的显著差异，我们从问卷数据上难以解释，对此，我们在入户访谈中做了进一步的调研。选择“愿意放弃”的被访者95%以上认为，放弃这些非刚性的消费习惯能省钱，但是他们更担心会在社会交往中显“寒酸”，而在与畲族水库移民的交往中，他们发现，畲族邻居很少开空调（由于沐尘水库周围夏季很凉爽，不需要空调，因而他们没有养成进屋就开空调的习惯），其他方面也很节俭，与上文中的消费心理同理，他们从中找到了放弃某些现代生活习惯的“外来力量”。此外，有5%的被访者表示“他们对气候变化半信半疑，对低碳也不甚了解，但既然政府说了低碳生活，那就对照着做吧”。B1组和B2组在“愿意，但是具体落实的时候，还是不容易”“愿意放弃”两个选项上有较显著的差异。

表3—23　　参照组与实验组改变消费习惯以减少碳排放的意愿

		有的生活消费习惯会与环境保护冲突，您愿意放弃吗（为减少碳排放、为后代生存做贡献）？如少开车，少用空调			
		不愿意这样做，因为会牺牲现代生活质量与效率	愿意，但是具体落实的时候，还是不容易	愿意放弃	渐进 Sig.（双侧）
A1组（参照组）	计数	14	0.001	3	0.001
阳光小区单民族聚居的汉族	该组中的%	42.4%	48.5%	9.1%	
B1组（参照组）	计数	3	17	13	
迁至浦山村单民族聚居的畲族	该组中的%	9.1%	51.5%	39.4%	
A2组（实验组）	计数	8	16	9	
上夫岗村互嵌聚居的汉族	该组中的%	24.2%	48.5%	27.3%	
B2组（实验组）	计数	2	9	22	
上夫岗村互嵌聚居的畲族	该组中的%	6.1%	27.3%	66.7%	

资料来源：笔者自制。

该问题的四个选项可看作定序变量，进行均值比较可发现，参照组 A1 为 1.67，实验组 A2 为 2.03；B1 为 2.30，B2 为 2.61。实验组均值较参照组更高，卡方检验结果显示，P 为 0.001，实验组和参照组差异显著。入户访谈的结果可以进一步解释：畲族在水库移民后，基本上还保留了原来的简朴习惯，而在与汉族互嵌聚居中，对低碳发展有了更多的了解，因而他们绝大部分选择了愿意。值得深思的是，在问卷分析和入户访谈中，笔者发现，在对低碳有一定程度的了解之后，畲族较汉族居民对相关政策措施的认同度更高，并且通过日常生活的交流也影响了互嵌聚居的汉族居民。

需要指出的是，居民选择“不愿意这样做，会牺牲现代生活质量与效率”，并非意味着他们对环境和气候变化危机的淡漠，而是由于他们的认识还没有达到一定的程度。访谈中发现，他们从心里是愿意改变的，只是并没有直观地看到危机，觉得危机离自己很遥远，因而认为没有必要放弃自己的便利性消费。

设置第二个问题是为了考察居民是否愿意贡献一部分时间和精力用于社区的低碳建设，我们选择了与社区建设相关的护树、种树、清洁河流和捡扫垃圾等集体义务劳动。如表 3—24 所示，A1 参照组和 A2 实验组在“很愿意，经常参加”选项上差异不显著，在“偶尔参加”“不知道，没参加过”的选项上差异显著，表明实验组不愿意为低碳社区提供无偿劳动的居民相对更少。B1 参照组和 B2 实验组则在四个选项上的差异都非常显著：相应的比例分别是 3.0%、27.3%、60.6%、9.1% 和 42.4%、45.5%、9.1%、3.0%。

表3—24　　参照组与实验组参加低碳社区建设义务劳动的意愿

		您经常参加义务的护树、种树、清洁河流等劳动吗?				
		1. 很愿意，经常参加	2. 偶尔参加	3. 不知道，没参加过	4. 不愿意	渐进 Sig.（双侧）
A1 组（参照组）阳光小区单民族聚居的汉族	计数	10	12	0	8	0
	该组中的%	30.3%	36.4%	9.1%	24.2%	
B1 组（参照组）迁至浦山村单民族聚居的畲族	计数	1	9	20	3	
	该组中的%	3.0%	27.3%	60.6%	9.1%	
A2 组（实验组）上夫岗村互嵌聚居的汉族	计数	11	16	3	3	
	该组中的%	33.3%	48.5%	9.1%	9.1%	
B2 组（实验组）上夫岗村互嵌聚居的畲族	计数	14	15	3	1	
	该组中的%	42.4%	45.5%	9.1%	3.0%	

资料来源：笔者自制。

同理，鉴于该问题选项可以视为定序变量，笔者将 A1 组、A2 组以及 B1 组、B2 组进行均值比较发现，A1 组为 2.27，A2 组为 1.93；B1 组为 2.76，B2 组为 1.73。由卡方检验结果，P 均为 0，实验组与参照组的差异显著。对此，入户访谈的结果也给出了进一步的解释：参照组由于是单民族聚居，周围交往的对象都是从沐尘水库周围社区集体搬迁而来的邻居，对低碳概念了解不多，因此，有接近 2/3 的居民都不知道有这些活动，直接影响了其他选项（都不高）；而实验组由于是和当地对低碳建设已经有所了解的汉族居民互嵌聚居，因而在与对方交往的过程中，更多地获得相关的低碳建设信息，访谈中也得知，畲族居民更容易接受政府的低碳政策，因而，选择第一、第二选项的比例显著高于参照组。

5. 民族地方性知识在族际交流过程中的传播

这部分主要是考察互嵌聚居是否更易于民族地方性知识的传播，从而对低碳发展有促进作用。因当地居民大部分保留了农业生产方式，我们设置了生产中普遍遇到的问题："平时在生产种植等农活中，需要除草和菜园杀虫等，对此，您是用化肥农药多，还是使用土办法多?"土办法施肥和防治病虫害在沐尘水库区的畲族居民中非常普及，设置该问题是考察搬迁后，畲族居民是否依然保留了地方性传统知识，并且在多大程度上影响与之互嵌聚居的汉族居民。相应的备选答案为"完全化肥农药""依靠土办法更多""化肥农药更多""完全土办法"四个选项。

如表3—25所示，参照组A1和实验组A2选择"完全化肥农药""依靠土办法更多""化肥农药更多"以及"完全土办法"的比例分别为39.4%、15.2%、45.5%、0和6.1%、45.5%、45.5%、3.0%。可见，在与畲族移民互嵌聚居的社区，汉族居民完全使用化肥农药的比例大大低于单民族聚居的社区；相应的，依靠土办法更多的居民比例远远高于参照组，并且出现了少数完全依靠土办法的情况。参照组B1和实验组B2选择"完全化肥农药""依靠土办法更多""化肥农药更多"以及"完全土办法"的比例分别为0、69.7%、21.2%、9.1%和3.0%、57.6%、24.2%、15.2%。搬迁后单民族聚居的畲族和与汉族互嵌聚居的畲族都不同程度保留了原先的土办法施肥和防治病虫害等地方性传统知识，实验组中出现了个别完全依靠化肥农药的，选择"化肥农药更多"的比例略高于参照组，而"依靠土办法更多"的比例略少于参照组，"完全依靠土办法"的比例也略高于参照组。说明互嵌聚居过程中，两个民族在生产生活中互相学习，畲族在保留他们地方性传统知识的同时，生产手段"现代化"程度提高，汉族居民则吸收了畲族居民传统知识，对自己原来的"现代"生产手段进行了传统化和绿色化的转型。

表 3—25　参照组和实验组对地方性传统知识的保留和应用情况

		平时在自留地种菜种果，涉及除草和菜园杀虫等，用化肥农药多，还是使用土办法多？				
		完全化肥农药	依靠土办法更多	化肥农药更多	完全土办法	渐进 Sig.（双侧）
A1 组（参照组）阳光小区单民族聚居的汉族	计数	13	5	15	0	0
	该组中的%	39.4%	15.2%	45.5%	0	
B1 组（参照组）迁至浦山村单民族聚居的畲族	计数	0	23	7	3	
	该组中的%	0	69.7%	21.2%	9.1%	
A2 组（实验组）上夫岗村互嵌聚居的汉族	计数	2	15	15	1	
	该组中的%	6.1%	45.5%	45.5%	3.0%	
B2 组（实验组）上夫岗村互嵌聚居的畲族	计数	1	19	8	5	
	该组中的%	3.0%	57.6%	24.2%	15.2%	

注：由于四舍五入的原因，各项百分比之和不一定为 1。

资料来源：笔者自制。

在入户访谈中了解到，居民们对绿色无公害都有所了解，迁入地的汉族居民一直希望用土办法来进行农业生产，但相应知识并不是很多，并且只有周围形成绿色生产的规模，土办法才能奏效（在一个农药防治病虫害占绝大部分的连片土地上，小规模的生物防治病虫害往往是无效的）。而在畲族居民迁入聚居后，使用土办法的规模明显扩大，他们的土办法很快就被周围的汉族效仿；此外，畲族居民也会图方便，使用一部分化肥农药。

在访谈中，畲族被访对象提到了地方性传统知识，如以烟草末或者烟丝防治地老虎，用大葱水喷治蚜虫等软体害虫及应对白粉病，用生姜滤液防治叶斑病和防治蚜虫、红蜘蛛和潜叶虫，等等。在他们的常识中，辣椒叶、西红柿叶、苦瓜叶都是防治虫害的生物原料。汉族居民也有不少相关知识，但畲族则更为丰富。最重要的是，汉族居民尽管掌握了某些传统知识，然而却很少应用，而是习惯性地运用现代杀虫剂和化肥施肥。在互嵌聚居的过程中，畲族频繁使用地方性传统知识来耕作的习惯，产生了溢出效应，带动了与之互嵌聚居的汉族居民，这些土办法的使用规模增大，生物防治病虫害效果增强，有助于生态农业的良性循环。

（四）主要发现与政策建议

通过分析参照组和实验组，即水库移民后，单民族聚居与民族互嵌聚居社区的畲族、汉族居民间的低碳意识及其差异，并结合入户访谈的结果，可发现：在迁入地，与畲族互嵌聚居的汉族，较其参照组（单民族聚居的汉族居民）的奢侈消费更低；而爱树护树、节水节能的保护大自然、节约资源的心理以及传统地方知识应用都要显著高出参照组；与此同时，与汉族互嵌聚居的畲族，较单民族聚居的畲族掌握低碳知识相对更多，低碳意愿也更加显著。因此，本书对于畲族自然崇拜心理以及族际交流对双方低碳意愿有提升作用的假设成立。畲族居民的自然崇拜心理具有跨族传导性，它通过族际交流，与汉族居民的知识结构相互影响，其结果促进了双方的环保理念和低碳意识的成长；并且畲族移民的自然崇拜心理及其传统地方性知识对于迁入地的低碳发展有溢出效应，如图3—30所示。

鉴于上述结论，结合当地的低碳建设情况，以及入户访谈居民的反馈，提出下述建议：

1. 由上述各组研究对象对低碳知识的掌握状况，以及对当地低碳城市建设的理解程度可知，当地对居民的低碳知识尚未普及，居民对低碳建设也未能有较深的理解。对此，可以开展定期和不定期的低碳知识和低碳生活小贴士等讲座。一方面，可以进一步提高社区居民的低碳理念；另一方面，通过贴近生活生产的低碳知识指

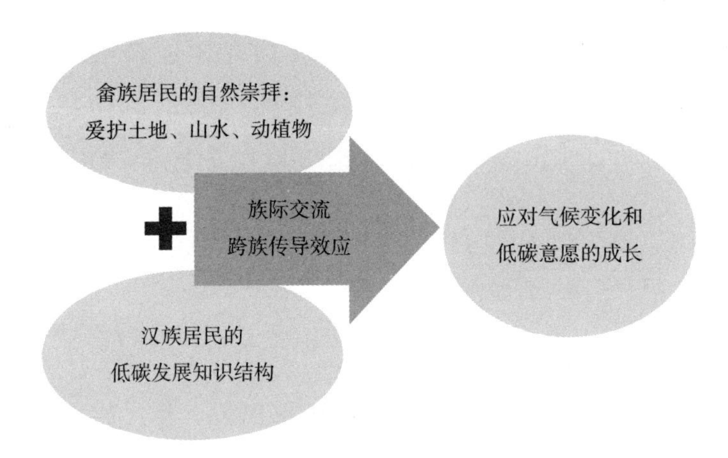

图3—30　民族文化心理对低碳发展的作用

导他们的日常实践，从中受益，更多地投身于低碳城市建设的个人和集体行动中。

2. 本书证实畲族居民的自然崇拜以及与汉族居民的族际交流很大程度上促进了双方低碳意识的成长，以及爱护自然、保护山水树木的向善特性得到了彰显和外溢。畲族居民勤俭、不攀比等朴素的生活理念，也带动了相对较爱攀比、消费较奢侈的汉族居民趋向简朴生活，而同时与外界交往更多的汉族居民也给畲族居民带来了更多的有益信息。在低碳建设中，对少数民族文化心理的尊重，并且促进族际交流，不仅能够居民们对低碳的了解，而且有助于推动从奢侈消费到低碳消费的转型。可见，加强不同民族、不同群体间的文化交流有助于推动低碳城市建设。在生活方式没有太大冲突的民族之间，例如，畲族和汉族，互嵌聚居是一种有益的聚居方式，因而成为政府移民搬迁可以考虑的一种安置形式。

3. 互嵌聚居中，畲族保持并应用的民族地方性传统知识产生了重要的溢出效应，对当地的低碳城市建设有着积极的贡献。对此，政府机构可以发挥不同民族特色传统文化的积极作用，有组织地保护、收集和整理当地各民族的地方性传统知识，建立数据库，进行推广和应用，有助于促进当地的可持续发展和低碳城市建设的本地化。

4. 问卷和入户访谈一致发现，居民的攀比和“面子消费”已是影响低碳生活的一大心理障碍，而畲族居民的自然崇拜及其引致的“简朴”的文化心理，使其相对更多地保留了我国传统文化中质朴的生活和消费习惯，而这种积极的力量更需要回归至居民的生产和日常的生活起居以及社会交往中，以便使低碳意愿和传统文化有机融合，从而更从容地推动低碳城市建设以及应对气候变化的实践行动。

第四章

非技术创新应用的国际案例:比较与借鉴

由上文可知，技术创新不仅是产品和工艺创新，而且包括营销和管理体系或组织结构的变化，涉及政策工具、法律体系和发展战略的制定、完善和实施。欧盟在环境和气候变化领域领先地位的形成过程显示了其非技术创新因素的贡献。作为欧盟非技术创新的一项重要内容，环境政策在欧盟的气候、环境外交和经贸领域都起着不可忽视的作用；德国可再生能源的有效稳定增长，其中清晰的多层治理体系和法律法规制度等非技术创新因素扮演着重要的角色；荷兰城市住房能效的提高也是如此，政府政策与行业标准的制定执行等是激活市场效应的有效手段。研究欧盟及其成员国在气候变化领域的非技术创新因素，对我国低碳城市建设有着现实的借鉴意义。

第一节　欧盟的环境规制：非技术创新的实践典范

尽管欧盟近年来经济下滑，加之英国脱欧、难民潮危机，以及疫情带来的不确定性等，竞争力和凝聚力备受影响，但其内在的非技术创新实力，如较完备的法律制度、统一货币优势、科技支撑力量，以及包括环境规制在内的全球规则制定权等并未动摇。其中作为欧盟非技术创新的一项重要内容，环境规制及其引致的相关产业行业标准已越过经济范畴而渗透到政治外交领域，进而形成了欧盟层面的环境外交、环境贸易，并成为欧盟软实力的核心要素。追溯欧盟环境规制的形成及演进，从多层治理角度来讨论其发展趋势研究其中的核心要素，可发现，欧盟环境规制逐渐形成了“由内及外”的良性循环，环境规制螺旋式上升的速度在加快。非技术创新的力量推动了欧盟在全球层面的环境和气候话语权的不断增强，也强劲地冲击着绿色低碳产业领域的新高地。

一　欧盟环境规制的演进

作为欧盟非技术创新体系中重要工具的环境规制形成于欧盟环境治理的发展过程中。所谓环境规制，是指以环境保护为目的而制定和实施的各项政策与措施的总和，是推动环境保护的各种政策工具、组织、法规、程序和规范等的总称。[①] 欧盟环境治理的发展集中体现在环保理念的更新、政策目标的演进、实施机制的改革完善和政策的趋同（一体化）和外延（对外部的影响不断加深）等方面。欧盟的环境治理从最初《欧洲煤钢共同体条约》中的环境理性（企业增长的同时应合理开发资源以避免耗竭）开始，从工业污染控制（如化学品的危害防治）到全面的生态环境保护，从末端治理到源头预防、从成员国各自的环保政策到欧盟层面的协整再到引领全球行动，欧盟的环境政策也从共同市场的衍生品发展到较完备的统一政策体系，一体化程度不断提高，逐步形成了欧盟层面的环境贸易和环境外交，影响、推动着全球的环境治理，不断推出其环境标准，占据全球制高点。如表 4—1 所示。

① Adil Najam, Mihaela Papa and Nadaa Taiyab, *Global Environmental Governance: A Reform Agenda*, a report of the International Institute for Sustainable Development (IISD), Denmark, 2006.

表 4—1　欧盟环境治理的发展阶段及特征

发展阶段	大致时间	特征	标的事件
第一阶段：环境理性的萌芽	1951—1972 年	环境治理以节约资源、末端治理为主	《巴黎条约》和《罗马条约》
第二阶段：现代环境主义	1972—1987 年	从末端治理转向源头控制、线性增长转向循环经济，环境规制主要作用于内部	联合国人类环境会议
第三阶段：可持续发展	1987—2000 年	环境政策从衍生品到完整体系、可持续发展战略的提出和实施，环境规制开始向外渗透	世界环境与发展会议
第四阶段：低碳时代，气候政策逐渐形成	2000 年至今	环境政策由区内转向全球、环境治理与欧盟地位相结合，通过环境规制占领全球市场的制高点，环境规制深入外交、贸易等领域	欧洲气候变化方案、能源白皮书
趋势：新能源时代	2007 年至今	环境规制杀伤力升级，更重视与能源相关的技术标准，可再生能源不仅仅是保证能源安全的途径和经济增长点，同时是欧盟提高全球竞争力的重要支点，也是欧盟推出环境规制的重点领域	新可再生能源法

资料来源：笔者自制。

（一）环境理性的萌芽阶段（1951—1972）：末端治理

早在 1951 年，欧盟（当时正在形成欧共体）就在第一个条约，即《欧洲煤钢共同体条约》（《巴黎条约》）中提出了环境和资源的保护。这是欧盟（那时还是煤钢共同体）层面上首次关于环保的条款。在第一编第三条款的第四点（d），明确提出政策目标是“确保维护相关的条件，以鼓励企业扩大和提高生产能力并且建立合理开发自然资源的政策，从而避免资源因缺乏这种考虑而耗竭”[①]。在第三编的第四章中，提出了煤钢资源在共同体所管辖的行业生产、出口和其他消费之间的合理分配，以及确定消费的优先原则。该条约可以说是欧盟环保政策的起点。

相对于《巴黎条约》，1957 年的《罗马条约》更多地引入了环保因素，如其中的《建立欧洲原子能共同体条约》中，涉及原子能的利用对于人健康和环境所产生的危害，以及相应的安全保护措施，在《建立欧洲共同体条约》第三部分第六编中，自第 130R 条到第 130T 条，都提及合理谨慎的使用自然资源，改善环境质量，保护人类健康。[②]

在此阶段，有三个特点：一是对环保的认识是事后的、被动的，是由于意识到人类活动对环境带来的恶化，政策目标基本上停留于一种末端治理的概念；二是对环境的关注和理解集中在保护资源，保护人类的健康，环保主要从节约资源的角度出发，更多地考虑资源的合理开发利用，防止资源耗竭；三是环境政策是被动的，是对某项活动的环境外部性的一种反应，环境政策是适应性的，而不是主动地影响其他领域，在从事其他活动时考虑到对资源和环境以及人类健康的负面影响。此时环境政策处于一种初始萌芽的状态，更多的是一种意识和理念层面上的思考，形成一个方向性的趋势，成为欧盟法律框架和体制的一个基本价值取向。

（二）现代环境主义阶段（1972—1987）：从末端治理到源头预防

欧盟环保领域的发展是与国际环境趋势和环保动态紧密联系的。

---

① http：//en. wikisource. org/wiki/The_ Treaty_ establishing_ the_ European_ Coal_ and_ Steel_ Community_ （ECSC），this page was last modified on 11 November 2007，at 15：25，登录时间 2017 年 10 月 31。

② http：//europa. eu/legislation_ summaries/institutional_ affairs/treaties/treaties_ euratom_ en. htm，登录时间 2010 年 10 月 31 日。

1972 年的人类环境会议催生了联合国环境规划署（UNEP）作为协调重大环境行动的专门机构，之后各国纷纷制定环境法并设立负责环境政策的行政机构，同时，国际上形成一系列多边环境公约。[①]

在此背景下，1972 年巴黎政府首脑峰会上欧共体六国首次提出在欧共体内部建立一个共同的环境保护政策框架，要求欧共体制定附有精确时间表的行动规划，[②] 于是第一个环境行动规划在 1973 年 11 月出台，将环境议题真正纳入了欧盟政策性领域。该行动规划初步确立了欧盟环保政策的四大基本目标和原则：预防优先原则；污染者付费原则；辅从原则；[③] 高水平保护原则。[④] 该文件中还提出了若干协调措施。

欧盟的第二个环境行动规划（1977—1981）又延续和扩展了第一个规划中所确定的环保领域，强调欧共体环境政策中的预防政策。第二个行动规划指出经济增长的障碍是有限的自然资源，强调了环境保护在经济增长中的重要性，说明欧盟的环境政策进一步融入其经济发展的政策考量中。此外，还提出与发展中国家进行环保方面的合作。

第三个环境行动规划（1982—1986）为欧共体提供了一个自然资源和环境保护的全面战略。该计划在沿袭前两个计划的同时，提出五点创新：其一，"综合污染控制"这一概念首次出现在规划中，

---

① 如《保护世界文化和自然遗产公约》《濒危野生动植物物种国际贸易公约》等。陈迎：《国际环境制度的发展和改革》，《世界经济与政治》2004 年第 4 期。

② "... emphasized the importance of a Community Environmental Policy and to this end invited the Community Institutions to establish, before 31 July 1973, a programme of action accompanied by a precise timetable"，登录时间 2010 年 11 月 13 日（http://www.clapv.org/new/show.php?id=951）。

③ 即欧共体进行环境决策的领域为国家行动无效的领域、具有共同利益的领域、国家单独行动将会造成重大经济和社会问题的领域；共同体需要进行环境影响评价的领域；防止跨界污染行动的领域。

④ 即成员国有权采取比共同体规定更为严格的措施，在未来两年内各成员国的执行原则应以共同体的标准来进行。内容涉及减少和防止污染及有害物，改善环境和生活质量，以及在涉及环境保护的国际组织中采取共同行动。

鼓励对废弃物的循环再利用，维护生态系统的平衡和再生能力；其二，强调环境政策的经济、社会影响，指出环境政策纳入共同体的各部门政策的必要性；[①] 其三，提出开发使用不可再生资源的替代品，其四，强化环境政策中的预防功能，包括有意识地培养公民的环保意识；其五，强化环境的影响评估。[②]

于是欧盟的环境政策逐渐从第一阶段的价值确立或者是概念型的思考，发展到初步框架的形成，明确了环境治理的基本原则和目标。环境治理的内容不再局限于第一阶段的资源保护和合理利用，而是向广度扩展和向深度细化。

首先是环境治理的内容和领域扩展了。从早期的焦点集中于测定和标志危险化学制品、饮用水和地表水的保护以及控制空气污染，到 70 年代增加了废弃物和噪声管理与控制以及核能利用；到 80 年代着手野生动植物栖息地和动植物区系的保护，要求对资源和自然界进行良好的管理，更多地考虑到整个生态系统的平衡。[③]

其次是治理措施从末端治理转向源头预防，发生了质的改变：从第一个环境规划提出的预防优先原则（原则），到第二个行动规划中的加强预防性政策，强化预防政策在保护自然资源中的作用（政策层面），进一步强调环境政策目标的预防功能，再到第三个行动规划中有意识地训练和培养公民的环保意识（观念层面），尤其是要强化环境影响评估等（保障措施层面）。从原则的确立，到具体的政策目标，到观念培养，再落实到以环境影响评估为手段之一

① 如提到环保和创造新的就业之间的关系。

② 该计划将《罗马条约》提出的环境行动成本收益分析更往前推进一步，发展到充分重视环境政策的成本效应，更多地权衡环境政策的有效性，如它提出强化环境的影响评估，包括成本效益分析和行政结构分析，避免个别国家的一些措施影响到内部市场的功能或者共同体其他政策的实施。

③ 陈光伟、李来来：《欧盟的环境与资源保护——法律、政策和行动》，《自然资源学报》1999 年第 7 期。

的保障措施上，环境治理的政策及目标日益细化和完善。

这些渐进式的改革都有力地证明了此阶段政策目标正从末端治理转向源头预防，其中最重要的一个举措就是，关于特定公共和私人工程建设的环境影响评估制度的第 85/337 号指令的发布，该指令确立了一个基本原则：对任何一个有可能导致对环境损害的行为，都必须事先经过环境影响评估。① 在这一阶段，“综合污染控制”首次出现在欧盟环境行动规划中，体现了循环经济的预防原则——在源头削减污染物排放，政策目标开始专注于推动经济由线型增长方式向循环经济方式转变。

第二阶段政策目标开始向外交领域延伸。欧共体 1970 年曾提出环境口号“环境无国界”体现了跨国界的环保理念，与此相呼应，此阶段的环境治理已经开始涉足外交领域。紧接着，第二个规划中提出与发展中国家的合作。

此外，该阶段的环境政策正从第一阶段的被动、从属和适应性的政策向主动性方向转变。如强化政策的预防功能，而不是事后被动的适应性治理；更多考虑环境政策的经济和社会影响，对内部市场以及其他政策的影响，还提出环保对创造就业的影响，都表明了环境政策已经逐渐脱离了原有的相对于其他领域和其他政策的从属性质，环境政策的主动性以及与其他政策的互动都明显增强。

（三）可持续发展阶段（1987—2000）：环境政策从衍生品到完整体系

进入 20 世纪 90 年代，可持续发展战略和制度成为国际环境制度建设的中心任务，环境问题被纳入社会经济的决策框架之中。②

---

① Council Directive of 27 June 1985 on the Assessment of the Effects of Certain Public and Private Projects on the Environment（85/337/EEC），PDF，登录时间 2017 年 1 月 10 日（http：//www. consilium. europa. eu/uedocs/cms_ data/docs/pressdata/en/envir/011a0009. htm）。

② 在此期间，1992 年在里约热内卢召开的联合国环境与发展会议（UNCED）达成了包含 27 项原则的《里约宣言》，通过了全球可持续发展战略文件《21 世纪议程》，签署了《联合国气候变化框架公约》。

这一时期，欧盟签署了一系列的条约、环境行动规划、环境指令，并对之前的政策性文件进行了修订和完善。1986 年签署的《单一欧洲法令》对《罗马条约》的修订对于欧盟环境政策有着突破性的意义。《单一欧洲法令》的第 25 条明确提出“应在《欧洲经济共同体条约》的第三部分中，增添第七编，名为‘环境保护’”[①]，条例 130R 规定共同体的环境政策应该致力于如下目标：保持、保护和改善环境质量；保护人类健康；节约和合理利用自然资源；在国际层面上促进采用处理区域性的或世界性的环境问题的措施。[②]

上述规定明确了环境治理目标。其中第 130R 条第二点中提出共同体有关环境保护的行动要基于以下原则：应以采取预防性行动为主；由污染者承担费用；环境治理要求应成为共同体其他政策的组成部分。第 130R 条第三点提出，共同体应考虑到整个共同体经济与社会发展及各地区的平衡发展。[③] 于是，第二次环境行动规划中曾提出自然资源的预防政策以及第三次环境行动规划中提到不可再生资源的替代，在《单一欧洲法令》中就有了系统完善的表述和法律依据。

《单一欧洲法令》巩固和发展了第二、三次行动规划。修改后的《建立欧洲共同体条约》第三部分（共同体政策）的第 16 编就

---

① “A Title VII should be added to Part Three of the EEC Treaty reading as follows: Title VII: Environment”, *Single European Act* (1986), Official Journal L 169 of 29 June 1987, TIFF, p. 11. http: //eur – lex. europa. eu/en/treaties/index. htm，登录时间 2017 年 1 月 13 日。

② “Preserving, protecting and improving the quality of the environment, prudent and rational utilization, promoting measures at international level to deal with regional or worldwide environmental problems”, *Treaty on European Union* (1992), Official Journal C 191 of 29 July 1992, HTML. http: //eur – lex. europa. eu/en/treaties/index. htm，登录时间 2011 年 1 月 13 日。

③ “The economic and social development of the Community as a whole and the balanced development of its regions” “A Title VII should be added to Part Three of the EEC Treaty reading as follows: Title VII: Environment”, *Single European Act* (1986), Official Journal L 169 of 29 June 1987, TIFF, p. 12. http: //eur – lex. europa. eu/en/treaties/index. htm，登录时间 2017 年 1 月 13 日。

是环境保护，从第130R条到第130T条，都强调了“改善环境质量，保护人类健康，谨慎合理利用自然资源，改进国际层面上的环保措施以处理区域性和全球性的环境问题。提到共同体的环境政策应该致力于高层次的保护，应因地制宜考虑到共同体内不同区域的不同情况。环境保护要立足于防范，破坏环境的行动应优先予以纠正，污染者付费”①。第130R条的第二点还提出了“环保的要求应纳入共同体的其他政策中”②。第三点提到“在环境行动时要分析采取行动和不行动的成本和收益，并且要考虑到共同体作为一个整体的经济社会发展，以及兼顾共同体不同地区的平衡发展”③。第130S条中提出“要在1993年12月31日之前建立凝聚基金，以财政支持环境保护措施”④。另外，第130S条则授权理事会可以在环境保护方面采取行动，成为环境保护措施的新的重要的执法依据。⑤于是，环境保护在基础法中得到了明确授权，并依据相应的目标和原则，从1986—1992年，共颁布了100多项环境法令，欧盟环境政策不断得到充实和完善。

由此可见，该阶段欧盟的环境政策有了突破性的发展，提出了“可持续发展”的定义和目标，将环境保护的要求纳入共同体其他政策的制定和实施，并且细化到一系列的行动中。欧盟环境政策经历了一个横向融合渗透，纵向扩展深化，以及对外延伸的过程。其间颁布了大量的法律法规，共实施了五个环境行动规划，发展了包

---

① http：//www. hri. org/MFA/foreign/treaties/Rome57/3title16. txt，登录时间2010年10月31日。

② http：//www. hri. org/MFA/foreign/treaties/Rome57/3title16. txt，登录时间2010年10月31日。

③ http：//www. hri. org/MFA/foreign/treaties/Rome57/3title16. txt，登录时间2010年10月31日。

④ http：//www. hri. org/MFA/foreign/treaties/Rome57/3title16. txt，登录时间2010年10月31日。

⑤ *Single European Act*（1986），Official Journal L 169 of 29 June 1987，TIFF，p. 12. http：//eur－lex. europa. eu/en/treaties/index. htm，登录时间2017年1月13日。

括法律、市场、财政金融手段等一系列的政策工具。建立了资源可持续利用、[①] 废物控制与循环、气候变化、化学品、噪声、自然与生物多样性等领域众多的完备的政策体系。尤其是第五个环境规划关于建立环境标准问题的提出，对之后的产品环境规制、对于贸易、外交、全球竞争力和欧盟的全球地位都有着深远的意义，可以说是欧盟环境治理的一个里程碑，标志着欧盟环境政策的影响力和渗透力也到达了一个新的高度。

（四）低碳时代（2000 年至今）：从区内政策到全球视角

气候变化将带来难以估量的负面影响已成为全球共识，并成为广泛关注和研究的全球性环境问题。2000 年欧盟出台了欧洲气候变化方案（ECCP），在此框架下，欧盟各成员国都认识到共同应对气候变化的重要性并采取了一系列减排措施。2003 年英国《能源白皮书》的发表，预示着低碳时代的到来。

2002 年 7 月欧洲议会和理事会通过了《欧共体第六个环境行动规划》，即《环境 2010：我们的未来，我们的选择》，设定了欧盟在第六个规划期间（2002—2012）的环境政策框架，[②] 该规划将环境与增长、竞争、就业等欧盟发展目标联系起来，明确了优先领域、战略目标以及行动措施。规划第一条第四点确定的四个优先领域中，首先就是气候变化，之后分别为自然和生物多样性，环境、健康与生活质量，自然资源与废物管理。[③] 在第二条则提出了 2002—2012 年期间的战略目标：致力于高水平的保护，将辅助性原则和共同体不同区域间的差异性考虑在内；实现环境退化与经济增长之间的脱钩；环境规划以污染者付费原则、风险防范原则、预防

---

① 涵盖了空气、水、土壤、海洋环境、土地使用、土壤保护等方面。

② http：//ec. europa. eu/environment/newprg/intro. htm.

③ DECISION No 1600/2002/EC OF THE EUROPEAN PARLIAMENT AND OF THE COUNCIL of 22 July 2002，laying down the Sixth Community Environment Action Programme，PDF，L 242/3.

原则和预防行动以及源头控制原则为基础。[①] 规划的目标还包括要构成欧盟可持续发展战略的环境角度的基础，将环境考虑纳入共同体的所有政策中。[②] 在第三条提出了十大战略途径，规划中还单独列出了第五条，专门针对气候变化，提出减缓气候变化的三大目标和优先行动措施，包括：制定新的共同体法律并修订已有立法；促进共同体环境法律更有效执行；将环保要求纳入共同体不同领域的活动以及政策的制定与执行中；推广可持续的生产与消费方式；与企业以及他们的代表机构、消费者及其组织，包括社会合作者建立一种合作伙伴关系，推动企业的环保行为致力于可持续生产；帮助促成个体消费者、企业、公共团体形成可持续消费方式；支持环境在金融部门的融合；创建社区责任制度要求包括环境责任的立法；改进与消费者团体以及非政府组织的合作伙伴关系，增进相互理解，推动欧洲公民参与环境问题；充分尊重辅从原则，鼓励和促进在充分考虑环境影响基础上的土地与海洋利用与管理的有效性和可持续性。[③]

2005 年 10 月，欧盟又启动了第二个欧洲气候变化方案，以识别具有成本效益型的减排措施，开发适应气候变化的战略。2007 年

---

① "Ensuring a high level of protection, taking into account the principle of subsidiarity and the diversity of situations in the various regions of the Community, and of achieving a decoupling between environmental pressures and economic growth. It shall be based particularly on the polluterpays principle, the precautionary principle and preventive action, and the principle of rectification of pollution at source", Article 2, *Principles and Overall Aims*, DECISION No 1600/2002/EC OF THE EUROPEAN PARLIAMENT AND OF THE COUNCIL, of 22 July 2002, laying down the Sixth Community Environment Action Programme, PDF, L 242/3.

② "The Programme shall form a basis for the environmental dimension of the European Sustainable Development Strategy and contribute to the integration of environmental concerns into all Community policies, inter alia by setting out environmental priorities for the Strategy", L 242/3.

③ "Ensuring climate change as a major theme of Community policy for research and technological development and for national research programmes", Article 5, "Objectives and priority areas for action on tackling climate change", Official Journal of the European Communities 10. 9. 2002, PDF, L 242/6 – 8.

以来，欧盟提出更积极的气候政策。2007 年 3 月，欧盟提出三个“20%”目标，即到 2020 年，欧盟单方面将温室气体排放量在 1990 年的基础上至少削减 20%；能效改善 20%；可再生能源在总能源消费中的比例将提高到 20%。出于能源安全、可持续发展、竞争力三方面的考虑，加之福岛核危机的影响，欧盟将进一步加快可再生能源的发展，推动绿色经济。

一方面，欧盟的环境治理和一体化相互促进，欧盟要求解决气候变化问题时必须考虑欧盟的扩大，确保成员国之间在气候问题上的紧密合作。[①] 另一方面，欧盟环境政策尤其是日渐成熟的气候变化政策也逐渐成为对外政策的重要组成部分。欧盟在积极应对环境问题的同时，环境外交、环境贸易、气候外交、气候贸易随之登上欧盟外交政策和贸易政策的舞台，并扮演着越来越重要的角色。如果说在上一个阶段，欧盟环境政策是从共同市场的衍生品走向独立完备体系的话，那么，在这一阶段，环境政策则正式展开了它的全球视角，目标延伸到全球的环境规制，环境治理、气候治理也就成了欧盟全球战略的一个核心组成部分，是谋求全球竞争力和战略地位的关键因素，欧盟环境政策已经发展成面向全球的一个积极的政策体系了。

二　欧盟环境规制形成的核心要素

从 20 世纪 50 年代环境理性阶段的资源保护理念，到 1972 年巴黎峰会首次提出在欧共体内部形成共同环保政策框架，到共同体第一、二个环境行动规划对于环保基本原则的确立，经第三、四个环境行动规划提出环境影响评价、综合污染治理方法和成本效益分析方法，第五个环境行动规划提出可持续发展目标和建立环境标

---

① 参见“Laying down the Sixth Community Environment Action Programme”，Official Journal of the European Communities 10. 9. 2002，PDF，L 242/6。

准，再到第六个环境规划全面的战略途径、量化的减排目标和全球化视角，半个多世纪以来，欧盟环境政策及其实施机制逐步完善，环境规制和影响的范围和领域不断扩展，与此同时欧盟环境治理对他国的影响也在加深。

从范围上看，欧盟环境治理涉足的领域不断扩展，内容不断细化。从最初的合理使用和保护资源的提出，从《有关危险制品的分类、包装和标签的67/548指令》（1967）[①] 以及《有关机动车允许噪声声级和排气系统的70/157指令》（1970）[②] 的制定开始，截至21世纪初，欧盟共实施了六个环境行动计划，建立了涵盖诸多领域较为全面的政策体系，同时政策的一体化程度和外延程度也不断加深。

从内容和目标上看，环境治理从废弃物处理到推动循环经济，从应对气候变化到推动低碳经济、低碳产业，环境治理与经济增长之间的融合度不断增加，环境治理目标的跟进导致经济增长方式的变革和经济增长点的更替。

从技术和功能上看，欧盟通过环境治理，建立环境标准，提升自己的软实力及其规范性力量，它的影响力和渗透力逐渐增强，欧盟的环境治理从区内政策转向全球视角，成为其全球战略的一个核心部分，进而通过环境外交、气候外交、国际贸易等方式输出其环境标准，占领其全球制高点。

由此，欧盟环境规制不仅确保了欧盟环境治理的有效性，而且有力地提升了欧盟的全球竞争力和国际地位，这主要得益于下述非技术创新因素的支撑。

---

① Directive 67 /548 Relating to the Classification, Packaging and Labeling of Dangerous Preparation, OJ 1967 L 196 /1. 此后又经过多次修订。

② Directive 70/157 Relating to the Permissible Sound Level and Exhaust System of Motor Vehicle, OJ 1971 L 42 /16. 此后又经过多次修订。转引自中国合格评定国家认可委员会实验室认可证书附件。

（一）逐步健全的环境法律体系

环境治理的有效性要求实施机制不断优化，而后者则是基于逐步完善的法律体系，欧盟环境法律体系的完善主要表现在范围不断扩展，内容不断丰富，环保机构日益健全和机构权能逐步扩大，形成了一套多层次的较为全面的法律体系。欧盟环保机构从 1973 年的一家机构逐步增设发展成一个较为完善的平行机构体系，欧盟环境管理形成了以委员会下属的环境总署、欧洲议会下属的环境委员会及理事会下属的环境工作组为主导，欧洲环境保护总局（European Environment Agency，1990）、欧洲环境与可持续发展咨询论坛（European Consultative Forum on the Environment and Sustainable Development，1993）、欧洲环境法施行网络（European Network for the Implementation and Enforcement of Environmental Law，1992）、环境政策评审组（Environmental Policy Review Group）等为辅助的平行机构体系，环境总署的职能范围也扩大至大多数领域。①

（二）严格的“环境罚”制度

除了完备的环境法之外，欧盟还规定了严格的“环境罚”，但各成员国的惩罚程度不一。例如在 2005 年，保加利亚国民议会通过了《环境法》修正案，进一步细化了对环保违法行为的处罚和监督措施，其目的即在为保加利亚 2007 年如期加入欧盟扫除环保水平上的障碍。依据修正后该国的《环境法》规定，普通公民随地乱扔垃圾或未将垃圾袋放置在指定地点的，将被视为轻微违法，并处以 100 列弗的罚款。政府公务员涉及破坏环境、但未构成犯罪的，将被罚款 1000—10000 列弗。企业未经环保部门批准就擅自开工，将被处以重罚，罚金在 3 万—10 万列弗不等（当然各国惩罚程度的不一也带来了负面作用，比如污染的转移和市场的扭曲等）。为

① 陈欢欢：《欧盟环境法的最新发展、不足与启示》，http：//www. chinalawedu. com/new/21602_ 21676_ /2010_ 1_ 22_ ji3732153055122101021771 0. shtml，登录时间 2017 年 9 月 10 日。

有助于环境政策的实施，欧盟还展开多层面的多种合作，有助于责任的到位。一方面是加强环境与其他领域的部门合作，另一方面是加强欧盟内部不同层面之间的合作。包括与成员国的合作、与地方和地方政府合作、与 NGO 合作、与企业合作等形式。严格的“环境罚”制度给环境政策的落实创造了良好的条件。然而，尽管如此，欧盟环境政策在具体实施过程中还是有不少盲点：首先是强制力度不够，与其他经济调控手段相比，环境法律规范不具有强制性，多采用“正式通知”的方式执行。其次，不同层次主体之间的责权不明晰，如在环境诉讼中，委员会提起的诉讼占所有案件的80%，尽管成员国之间也可相互诉讼，但目前尚无此类案例，这说明应当由欧盟机构、成员国和公众三方来执行的诉讼却几乎全部集中在委员会方面。最后，环境政策的实施缺乏足够有效的监督，欧盟委员会仅有精力关注欧盟环境政策在成员国的转化，而不过问实施问题，这实际上与基本条约的规定是相悖的。因与其他利益不同，环境利益本身是没有利益集团支撑的，尽管公众是理论上的环境利益的支撑者，但是在欧盟现有的制度框架下，公众缺乏充分的途径表达和主张自己的环境利益需求，使得环境政策的实施得不到应有的监督与支持。上述情况导致了欧盟环境政策框架有时候流于形式。①

（三）不断完善并及时调整的政策工具和实施手段

为确保环境治理的有效性，欧盟逐步发展了包括法律、市场机制和财政手段、金融支持以及其他措施在内的系统化实施工具。欧盟委员会还采取了财政支持、生态标签、生态管理与生态审计等手

① 例如，1976 年欧共体制定了《有关排入欧共体海洋环境若干危险物质造成污染的 76/646 指令》，并随后以理事会决议的形式，决定针对数百种危险物质制定子指令，事实上，在制定了 17 个子指令后，该项工作宣告终结。可以说，欧盟机构本身执行力度还不够，欧盟委员会中没有任何科学、学术、技术、生态或社会经济的咨询机构，而农业、能源、工业、运输部门都有。欧盟也逐渐认识到了问题的严重性，采取了一些缓解措施，如增强欧洲议会在环境法治中的作用、拓宽公众参与的途径等。

段。自2000年以来，欧盟先后发布了《关于环境财政基金（LIFE）的1655、2000号条例》《关于修订共同体生态标签奖励方案的1980、2000号条例》《允许以组织形式自愿参加共同体的生态管理和审计方案（EMAS）761、2001号条例》《关于同意共同体财政援助为改善货物运输系统的环境行为（第1382、2003条例）》《环境协议条例》《在欧洲构建空间信息基础指令》《环境协议通讯》《综合工业产品政策战略白皮书》《将环境纳入标准化通讯》《欧洲环境与健康行动计划2004—2010通讯》《公民与环境保护战略》[①]等。在此背景下，欧盟主要成员国根据各自的情况发展了有效的环保手段和措施。

同等重要的一点是，欧盟对其环境治理的政策措施进行评估审查，并根据评估审查结果对其进行调整修改。如德国从2000年推出《可再生能源法（EEG）》之后，每四年修订一次以适应不断变化的情况。以对沼气的补贴为例，最初为推动可再生能源的发展，对沼气发电制定了较高的补贴，为避免因过度种植玉米等沼气作物，对粮食作物种植和生物多样性保护带来负面影响，将于2012年1月正式发布实施新修订法将对与沼气发电相关的不合适的补贴政策进行修改，德国联邦环境部与联邦农业部均表示，新修订的《可再生能源法（EEG）》将对生物质能源发展进行合理引导和规范，使生物质能源为德国实现可持续与环境友好能源生产发挥积极作用。

（四）环境政策的双重实施机制

欧盟环境治理机制经历了一个从命令控制型转向经济刺激型的过程，其拐点就是1993年实施的第五号环境行动规划，该规划显示欧盟环境治理发生了巨变，为了促使社会各阶层去共同分担责

---

① 胡必彬：《欧盟不同环境领域环境政策发展趋势分析》，《环境科学与管理》2006年第6期。

任，欧盟越来越多地使用经济手段。[①] 欧盟现已采用的经济手段主要有环境税、排污权交易、押金返还、环境补贴、环境标签、环境认证、信息披露和自愿协议。[②] 但需要指出的是，这种机制转变并非完全替代型的，而是一种互补。经济手段主要是为了补充而不是替代传统的命令控制型环境规制，是基于传统的命令控制型规制措施之上，因而实际上是转向一种双重的环境治理机制。

（五）决策民主化和信息公开化

公众参与和司法诉讼是环境治理的重要方式和环节，因此公众的环境知情权和信息权是一个不可忽视的方面，欧共体的第三个环境行动规划中就强调了要有意识地训练和培养公民的环保意识。欧盟通过不断提高决策过程的透明度和保证诉讼公开原则来提高环境政策实际决策过程中的公众参与。为进一步增强透明度，欧盟理事会于 1990 年通过《自由获得环境信息的指令》，于 1993 年生效。该指令规定任何自然人或法人都有权以合理的代价要求获得有关环境的信息，并且不需要这个人证明他与这些信息有利害关系，有关公共当局必须在两个月内对要求获取该信息的请求做出反应，在拒绝提供信息时必须说明理由。欧盟还陆续出台了《公众获得环境信息第 2003/4/EC 号指令》《公众参与起草有关环境规划第 2003/35/EC 号指令》和《实施奥胡斯公约关于信息知情权、决策中的公众参与、公共体机构环境问题中的诉讼权利第 1367/2006 号规章》。

（六）环境治理与环境正义并重

“环境正义”（environmental justice），是指人类社会在处理环境保护问题时，各群体、区域、族群、民族国家之间所应承诺的权利

① 实际上最早的经济手段就是传统的“污染者付费”制度。出现在《关于废物的 75/442 指令》第 15 条，《关于处置废油的 75/439 指令》第 14 条等。

② Stephen M. Johnson、王慧：《经济手段 VS 环境正义：欧盟的视角》，《环境经济》2009 年 10 月，总第 70 期。

与义务的公平对等。[①] 环境正义正成为欧盟环境法规和政策中的一项重要议题，欧盟的环境正义主要关注贫穷和污染的关系，欧盟已公布了一些针对污染和低收入群体关系的研究。其中最为重要的当属英国地球之友发布的研究报告（这是英国、也是欧盟第一份有关污染是否对低收入群体带来不公影响的报告）。该研究调查了重污染企业在英国的地区分布，认为“收入低于5000英镑的家庭比收入高于6万英镑的家庭受重污染企业干扰的比率高出两倍”。该报告指出“伦敦90%以上的重污染企业坐落于低收入社区”。[②]

针对环境治理中出现的非正义状况，欧盟逐步完善环境法规中所包含的“经济措施安全网”[③]。其中包括公众参与、信息获得法规、环境影响评估以及司法救济等方式。例如，《奥胡斯公约》的第三条提出9条措施确保公众环境信息权的获取，其中第3点提出了“环境正义”，“每个成员国应提高和普及公众的环境教育和环境意识，特别是公民如何获得信息参与决策，获取环境正义的手段”。[④] 通过上述措施，欧盟对于环境治理的主要工具，如环境税、排污权交易、自愿协议、成本收益分析（成本收益分析由于低收入社区缺乏资金参与此类研究，所以政策决策程序中很难照顾低收入人群的利益）等经济手段所产生的非正义进行了弥补和改革。如针对环境税的负面影响，[⑤] 采取了能源税改革等补救措施，政府针对

---

① 王韬洋：《有差异的主体与不一样的环境“想象”——“环境正义”视角中的环境伦理命题分析》，《哲学研究》2003年第3期。

② Stephen M. Johnson、王慧：《经济手段VS环境正义：欧盟的视角》，《环境经济》2009年10月，总第70期。

③ Stephen M. Johnson、王慧：《经济手段VS环境正义：欧盟的视角》，《环境经济》2009年10月，总第70期。

④ “Each Party shall promote environmental education and environmental awareness among the public, especially on how to obtain access to information, to participate in decision - making and to obtain access to justice in environmental matters”; Article3, *Convention on Access to Information*, Public Participation in Decision - Making and Access to Justice in Environmental Matters, P5 (http://www.unece.org/env/pp/documents/cep43e.pdf).

⑤ 主要表现为给低收入群体带来的累退效应。

能源的终端用户征收累进的能源税，向低收入家庭提供能源消费补贴。此外，政府也采用其他补充措施，比如改善低收入家庭的能源使用效率等措施。欧盟还对因自愿协议引起的非正义性进行一些弥补。①

（七）多元主体互动合作的多层治理

欧盟环境政策的形成和实施是一个多层治理（MLG）② 的过程，它强调参与主体和权威来源的多元化，通过多元行为体（超国家、国家和次国家）间的互动实现协调与合作。

如图4—1所示，多元主体互动合作的治理体系改变了以往由上至下的单一向度，欧盟层次、国家层次和包括地方政府或当局及利益集团等在内的次国家层次之间的互动丰富了欧盟政策形成过程的参与主体，各领域的利益主体、超国家、国家和次国家各层次有了直接对话的平台，提高了政策形成和实施过程的民主化和有效性。③ 德国环保部官员提到，每一项环境政策措施的制定都不是环保部单个部门的决策，而是各个相关部门（如农业部、经济技术部、社会事务和消费者保护部等）以及各利益主体不断地讨论协调的结果。④ MLG使得各地方组织和企业之间的对话也增加了，显著提高了环境治理的效果。

---

① 自愿协议因其签订的有限公众参与和有限信息披露使得穷人的利益通常无法体现在自愿协议之中，使得自愿协议的制定被利益集团所掌控，于是公共利益会被减损。更何况自愿协议一般都较难监督和执行。对此，欧盟委员会针对自愿协议所制定的指引，要求确定可量化的目的、监督执行结果、进行定期报告、对结果进行认证和进行信息披露。同时强调，应该让利益相关者和公众参与自愿协议的谈判。欧盟环保署也认为必须加强自愿协议的透明度，同时应该建立可信的监督和报告制度，以确保协议企业能够切实履行自愿协议。

② Gary Marks first used the phrase MLG to capture the deveopments of EU's policy structure following its main reform in 1988. Ian Bache and Matthew Flinders, *Multi – level Governance*, New York: Oxford University Press, 2004.

③ Charlie Jeffery, "Sub – National Mobilization and European Integration: Does it Make Any Difference?", *Journal of Common Market Studies*, Vol. 38, No. 1, 2000.

④ 根据对德国联邦环境署职员 Andreas Vetter 的访谈，*Federal Environmental Agency*, Dessau, 7th April, 2011。

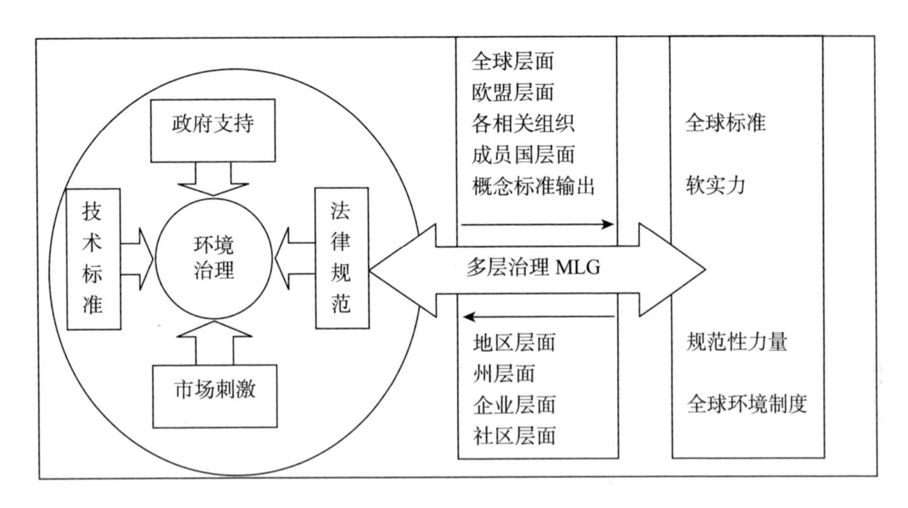

图 4—1　欧盟环境治理的良性互动

上述非技术创新工具的共同作用从制度上推动了欧盟环境规制的快速发展。欧盟的环境规制，以多层治理为枢纽，对内通过政府支持、技术规范、法规约束、市场刺激以保证其有效性；对外通过推动环境的全球治理，不断输出自己的环境标准，增强自己的软实力和规范性力量，提升全球地位。同时，谋求全球引领地位反过来也是一个自我加压的过程，又进一步刺激了欧盟内部的环境技术和标准的进一步提高，两者之间已形成了良性的互动。

三　环境规制提升欧盟环境气候国际话语权

（一）欧盟的环境规制已形成“由内及外”的螺旋式循环

由上述可见，欧盟由内及外的环境规制逐渐形成于欧盟环境政策的发展进程中：在欧盟（当时是欧共体）最初于 1951 年在《煤钢共同体条约》中提出内部的环境治理目标，到 1970 年提出“环境无国界”的口号，再到明确提出与发展中国家的环境合作，以及要在国际层面上促进采用处理区域性的或世界性的环境问题的措施，再到第五个环境规划中的建立环境标准，欧盟的环境目标从内部规制逐渐转向全球视角。同时，环境规制本身也逐渐走向成熟，影响力和渗透力不断上升，已形成独立完备的政策体系。

21世纪以来，借气候变化和环境问题，欧盟的环境规制更全面地融入全球治理事务中。对内，环境规制通过刺激企业技术创新、升级，从而推动新的产品标准，完成内部市场的准备工作；对外，推出环境标准，抢占制高点和规则制定权，获得外部收益，收益反过来又进一步催生下一轮的游戏规则……一次次螺旋式完善和推陈出新（如欧盟曾单边实行的航空碳税），欧盟环境规制已形成了“由内及外”的良性循环，而且，规制形成过程中的利益协调时间在明显缩短、部门协商的效率在提高，环境规制螺旋式上升的速度在加快。[①]

（二）欧盟环境规制的趋势

环境规制也是欧盟软实力的核心要素，尽管十多年来欧盟负面因素不断：欧债危机、难民问题、英国脱欧等，使得唱衰欧盟的呼声不绝于耳，然而在非技术创新机制的推动下，其环境规制的力量却更加彰显。从催迫发展中国家加入有约束力的减排框架，推动哥本哈根、坎昆、德班的气候谈判，到忽视“历史责任”的“碳排放趋同”规则的提出，如率先提出单边实行航空碳税……环境规制使欧盟的声音无处不在。

回顾欧盟环境政策发展史，一种明显的趋势就是，环境治理在其全球战略中的地位越来越重要。欧盟已经取得全球“碳政治”的领导权，围绕着气候变化、低碳发展、绿色发展的环境规制还会层出不穷。欧盟不仅仅是气候谈判的领头羊，更是相关规则的控制者，这种控制就是赢得话语权、获取收益的重要来源。进入2019年，多重危机推动着欧盟改革，下一步，欧盟会加快步伐，凭借环境规制刺激新的经济增长点，同时环境政策—环境技术—形成内部

---

① 来源于作者在2011年3—4月对德国相关政府部门、企业和市民的访谈。

行业标准—输出标准—掌握游戏规则，将成为欧盟走出困境、谋求全球地位的关键砝码。

（三）欧盟环境规制杀伤力的升级

欧盟委员会已制定了低碳技术“路线图”，风能、太阳能、生物能源、碳捕获与储存、电网等已被列为最具发展潜力的关键领域，可预见的是，碳关税、能耗标准、动物保护、生物多样性等规制将会频频出台。相应地，与气候变化、新能源相关的风电机组及零配件、太阳能光伏组件，以及生物医药等高新技术产品都是环境规制的重点目标，而与此相关的产品贸易争端将更为激烈。在气候谈判领域，欧盟态度会更加强硬，我们面临的碳政治（气候政治）挑战更加严峻。如依照《联合国气候变化框架公约》，发达国家应该向发展中国家提供资金和技术援助，帮助发展中国家应对气候变化。面临危机的欧盟一方面将环境问题逐渐转化为气候问题进而在技术上转化为碳排放，从而产生各国围绕“碳排放权”展开的全球政治博弈，以及围绕“碳内涵”展开的贸易博弈，由此形成全新的“碳政治”，而欧盟目前已经取得全球“碳政治”的领导权[①]，欧盟通过积极推动全球气候治理，发挥非技术创新带来的软实力及规范性力量。

四　欧盟环境规制发展的启示

法律制度的完善和实施手段的匹配，严格的“环境罚”制度，以及预防优先原则、污染者付费原则、辅从原则、高水平保护原则四大原则，行业标准的制定等环境非技术创新体系的构建是欧盟得以在环境气候领域领先世界的核心要素。

欧盟是全球气候谈判的重要角色，也是我国的重要贸易伙伴，

---

① 《“碳政治”：新型国际政治与中国的战略抉择》，http：//www. in. – en. com/article/html/energy 0937093720547580. html，登录时间 2017 年 3 月 4 日。

我国需要审时度势，做好应对：一是加强对欧盟环境规制的跟踪研究，做好预测，知彼知己；二是做好适应，深化国际技术合作，加快绿色低碳转型，提高行业能源效率，同时积极转变经济增长方式，在保证人文需求的基础上节能减排，推动可持续发展；三是从被动适应转变为主动应对，不仅需要增强绿色低碳技术的研发创新，更要关注非技术创新机制，争取国际标准的制定权，努力从标准和规则的接受者转变为制定者；最后是积极参与国际合作与交流，建立对话机制，增进理解，还需要进一步联合其他发展中国家以争取自己的发展空间，在承担自身责任的同时，坚守“共同但有区别的责任”，强调减排必须是与我国排放历史和现实相符合的“有限责任”，在气候问题上坚持“共同但有区别的责任”原则，坚持基于人文发展需求的碳排放，维护国家利益。

第二节　荷兰住房能效标识：非技术创新的低碳市场效应

作为全球碳排放的主要来源之一，建筑部门如何实现节能减排是低碳城市建设的重要内容。建筑的运行能耗大约是我国全社会商品用能的三分之一，是节能潜力最大的用能领域，其中城镇住房能耗（不含北方供暖）约占建筑领域的四分之一强，是我国节能减排的一大重点，也是低碳城市建设的重要途径。政府部门如何撬动市场机制刺激各行为主体对城市建筑节能减排的投入积极性就成了关键因素。欧盟的经验显示，行业的标准化是一项有效途径。以荷兰为例，其住房能效标识体系，有效地将政策目标转化为市场力量，促进了住房节能改造的良性循环，在城市节能减排和低碳发展中扮演着重要角色。这种以能效标识链接政策目标和市场机制的减排手段，值得我国借鉴。基于对荷兰住房节能改造城市案例的实地调研和对荷兰相关部门的深入访谈获得第一手资料的基础上，本节论述了作为低碳发展的非技术创新手段之一，荷兰住房能效标识的发展、市场效应，以及背后的激励机制。

一　住房节能改造对低碳城市建设的重要性及我国尚存的问题

十多年来，我国的既有住房节能改造取得了显著的进展，然而在拓宽融资渠道、探索市场机制方面尚处于市场部分失灵的状态。梁传志等认为，由于改造工作处于开始阶段，改造效果尚未充分显现，投资收益不明朗，因此市场主体不活跃，资金筹措成为既有建筑节能改造的主要障碍之一。[①] 我国住房节能改造目前尚存在明显的大政府弱市场的状态，过于依赖政府财政资金，如资金充裕，则改造项目得以顺利完成；一旦资金稍有断链或不足，项目即停滞不前。这说明节能标准未能有效地融入市场机制，各利益相关者的积极性未能有效发挥，这种改造是不可持续的。因此，将节能改造的政策目标与市场机制链接起来，拓宽融资渠道，通过市场理性去推动节能改造则是长久之计。

荷兰在既有住房节能改造的过程中，各利益主体节能改造的积极性被有效激活，从而带动住房节能改造的良性循环。成功的关键在于，作为非技术创新重要工具的行业标准化的应用，即荷兰通过住房能效标识体系，将政策目标转化为潜在的市场价值，激活了利益相关者节能改造的主动性。本书通过讨论荷兰的住房能效标识及其运行机制，以期对我国低碳城市的建筑节能以启示。书中的数据和资料除了标注外，均来源于笔者与荷兰相关部门和研究机构的讨论，以及研究团队对案例城市阿姆斯特丹住房节能改造的实地调研，通过小组访谈和一对一深访获得。

---

① 梁传志、侯隆澍：《既有建筑节能改造：进展·成效·建议》，《建设科技》2014 年第 7 期。

二 荷兰住房能效标识体系的发展与运行机制

（一）荷兰住房能效标识的发展

在欧盟，来源于建筑物的能源消费和二氧化碳排放分别约占总量的40%和30%。为了提高能效和减少碳排放，欧盟于2005年发布了能效指令，强制性规定所有住房（包括新建的、旧有的，以及改造的）都必须有能效证书（能效标识），以标示每个住房的能效程度。麦杰森（D. Majcen）（2013）提到，到2009年底，欧盟成员国也都已不同程度地执行了该项指令。

荷兰的住房能效标识体系经历了一个不断完善的过程。2006—2007年，荷兰开始住房能效标识的尝试，但是最初的政策设计过于细节琐碎，包含了大量参数和众多繁杂的小指标，计算极其复杂。在标识申请程序中，“控制”“检测”“平衡”等环节过多、辗转缴费，整个过程烦琐、效率低且费用高。对此，荷兰于2008年做了修改，但是收效甚微，主要原因是，能效标识级别的参数设置非常繁杂，包括房屋状况的150项具体内容，过多的参数也使计算公式复杂，不易于标识级别鉴定的透明化和简易化，普通民众难以普及。此外，当时的标识申请和核查费用合计高达250欧元。因此，政府部门、业主都不愿执行也难以执行。然而，作为欧盟成员国，迫于欧盟的强制性指令，荷兰又必须执行住房能效标识制度。对此，荷兰议会在各相关部门协商的基础上，提出再次完善和简化能效标识体系，主要是围绕能效标识级别计算模型和申请程序的简化两项核心内容，并决定将费用降至普通民众可接受的水平。该项工作主要由荷兰企业局承担。荷兰企业局，是介于政府部委和市场社会之间的桥梁，作为政府机构，它从属于荷兰经济部，具体执行房屋能源政策，由于荷兰内部事务部也负责能源政策，因而企业局也同时服务于该部门。在荷兰能效标识的政策制定和管理体系中，企业局扮演着关键的角色。

经修改，荷兰能效标识体系达到了透明、廉价、易操作的预期目标。依据新的住房能源标识政策体系，业主可为自己的房屋申请能效标识，根据能效的高低，从 A + +、A +、A、B……一直到 G 共九个级别。级别的鉴定是通过一项主要包含住房单位面积的电量消耗、燃气消耗，以及二氧化碳排放等三个变量的模型，主要参数从原来的 150 项简化为 10 项，如起居室的玻璃情况是单层、双层还是高能效玻璃，墙体是否有额外保温层，屋顶是否安置了保温层等。根据该模型计算得出相应的能源指数，指数越小，能效越高。在获得相同居住舒适程度的条件下，能效级别越高，住房单位面积的电费付出、燃气消耗越少，碳排放也越少，因此，具有较高级别能效标识，如 A + +、A + 或 A 能效级别的房屋，在市场上就能够获得更高的租金或售价，并且也更受买主和租户的青睐，待售和待租的周期也相应更短。

目前，荷兰的能效标准进一步提升，住房的能源指数要求达到 0.4，即较 A + + 更高的一个级别。这就直接导致整个新建住房部门的能源消耗比预期减少了 40%。到 2021 年，荷兰的目标是实现住房能源指数为零，所有住房必须使用可再生能源，达到能源自给。

（二）荷兰住房能效标识的申报与鉴定

在荷兰，房屋业主都建有关于自己房屋的一个账户，并可以通过自己的电子识别号登录荷兰政府官网的家庭能效标识界面，在线申请住房的能效标识。[①] 具体步骤有 21 项，每一步都配有操作提示，实际上可归纳为三个步骤[②]：

一是填写并提交房屋能效信息。根据界面提示，对原先登记的房屋数据进行检查，并根据现在的变化情况做更新和补充，包括房屋的玻璃类型，门面、墙体、屋顶和地板的保温情况，房屋的供暖

---

① 登录时间 2017 年 5 月 4 日（http：//energiedeskundig.nl/wp - content/uploads/2015/03/01 - Home - energy - label - start - page - energy - label - for - homes - NL.jpg）。

② 参见 http：//www.binnendijkdesign.nl/scheme.php#01，登录时间 2017 年 5 月 4 日。

系统，热水供给，房屋通风系统等方面的数据，以及房屋所用的可再生能源的种类。假如房屋还存在上述没有包括的节能措施，业主也可以增补。信息填写更新之后，检查无误即可在线提交。

二是上传证据。填写信息后，业主需要上传所填信息相应的所有证明，检查无误后提交。自此，便完成了能效标识申请所需数据的在线报送。

三是选择评审专家。业主可以在申报系统中查看能效标识的评审专家的情况，从中选取一名专家审核自己的申报。

至此，整个申报过程完成，等待审核。第一次申请能效标识，包括请专家审核是免费的。此后，对能效级别的每次更新升级，则需要支付专家费，由于专家市场竞争激烈，每次付费仅平均20欧元。

（三）荷兰住房能效标识的市场效应

在荷兰，由众多政策联手来推动节能改造，比如，国家协定、能源标准、能源税、房产评估体系、能源补贴，以及创新项目和激励项目等，而能效标识便是其一。尽管荷兰在2008年就公布了强制性的住房能效标识指令，但是当时政策很模糊，仅规定房主可以自愿申请能效标识，也没有现场检查的规定，并且也未提及对不执行指令的惩罚性措施，因此留下了回旋余地。然而，随着欧盟减缓气候变化行动的不断加强，荷兰对建筑能效的要求也随之提高。自2015年1月始，根据荷兰住房能源标识制度，所有的房产都必须有能效标识，房主出售公寓，就必须先完成能效标识认证。[①] 假如房主出售或者出租一个没有明确能效标识的房子，将被处以最高450欧元的罚款，同时有相应的检测机构来现场检测，检测费则需要额外支付。[②] 与此同时，住房能效标识的实施也给个人住房节能改造

---

① 参见 Housing The energy label is mandatory! http：//expatshaarlem. nl/energy – label – mandatory – properties – netherlands – time – really – mean/，登录时间2017年5月4日。

② 参见 http：//expatshaarlem. nl/energy – label – mandatory – properties – netherlands – time – really – mean/，登录时间2017年5月4日。

带来了显著的市场效应。

无论是房屋买卖市场还是租赁市场，投资进行节能改造提高能效标识的级别都具有潜在的市场收益：拥有高级别能效标识，如A++、A+、A标识的住房，备受买主和租户的青睐，从而能够获得更高的出售价格或租赁价格。例如，一套能效标识为A级的公寓，相对于E、F级别的公寓，在其他条件相同的情况下，其市场售价能够高出后者2.4%以上；同时高级别能效的房子在市场上出售得更快，相对于低级别的公寓，平均快100天。荷兰的社会住房也是如此。

高能效标识给房主带来市场收益的同时也提高了房主和租户的社会地位。在荷兰，住房能效标识的级别已成为居民社会声望的一个重要因素，因为即使不以出售或出租为目的，房主也有节省能源和保护环境的动力对房屋进行节能改造，并申请到更高的能效标识，拥有高级别的住房能效标识能为房主的社会交往带来积极的影响。

（四）荷兰住房能效标识实施的激励机制

荷兰住房建筑的强制性能效标识产生了显著的市场效应，一方面刺激了个人住房能效改造的市场积极性，另一方面推动了社会住房的节能改造。前者的改造投资主要由房主本人承担；而后者的运行则有着比较完善的补贴机制，以激励这部分建筑的能效升级改造。

其中，住房协会在社会住房的节能改造中起了重要的作用。该协会属于荷兰的住房合作组织，其工作内容是建造、出租和管理社会住房。住房协会最初的关注点是住房的维修，而非节能改造，目标是为家庭年收入在34911欧元以下的群体提供支付得起的住房。然而由于近年来荷兰的能源价格，尤其是燃气价格的疯涨，加之荷兰90%的家庭都是使用燃气为主要能源，这使得普通家庭难以承担能源支出，从而住房节能改造便成为当务之急。在这种情势下，住房协会必须筹集资金投入住房改造。

从资金筹集上看，住房协会相对比较容易从政府和银行部门获得贷款用于补贴社会住房的节能改造。协会获得的一项很重要贷款计划就是“阶梯补贴项目”（Stimuleringsregeling Energieprestatie Huursector），该项目有4亿欧元用于社会住房的能效升级补贴。[①]

需要特别指出的是，住房协会是根据能效提升的程度来决定补贴数额。这种政策措施不是针对改造项目的直接补贴，而是根据改造后所能达到的效果进行阶梯性的差异补贴，以便提高补贴的政策有效性，即补贴的精准度。如表4—2所示，假如初始能源指数介于1.41和1.80之间，通过改造达到小于0.40，则将获得4800欧元补助，假如仅仅提高至小于1.40的水平，那就没有补贴。同理，一个初始能源指数在大于2.70的住房，假如经过改造达到小于0.40的水平，则能获得9500欧元，这是该项目最高额的补贴。总之，改造前后的差距越大，补贴越高。然而补贴相对于改造工程的全部投入来说，仅占10%左右。

表4—2　　荷兰社会住房节能改造的阶梯补贴

	改造后的能源指数及所对应的补贴额度（欧元）				
改造前能效标识级别	EI≤0.40	EI≤0.60	EI≤0.80	EI≤1.20	EI≤1.40
1.41≤EI≤1.80	4800	3600	2800	1500	0
1.81≤EI≤2.10	6200	4800	3600	2800	1500
2.11≤EI≤2.40	7200	6200	4800	3600	2800
2.41≤EI≤2.70	8300	7200	6200	4800	3600
EI≤EI>2.70	9500	8300	7200	6200	4800

注：EI为能源指数。

资料来源：荷兰企业局提供的文件资料。参见http：//www.rvo.nl/subsidies－regelingen/stimuleringsregeling－energieprestatie－huursector－step，登录时间2017年5月3日。

① 参见Stimuleringsregeling Energieprestatie Huursector，https：//www.isolatie－subsidies.nl/step/，登录时间2017年5月4日。

社会住房还有一项激励措施是 WWS 分值[①]，（房产评估机制，Woning Waardering Stelsel），该政策的制定源于社会住房的特殊性，即社会住房一般不能出售，在节能改造前，包括租金和能源费用在内的租赁条件就已经固定在租赁合同中。因而，能效升级改造既无法给业主带来租金上涨的好处，也不能给租户带来减少能源费用的好处，所以业主没有动力进行节能改造。为了解决这种节能改造与经济利益脱钩的状态，2011 年荷兰推出“房产评估机制”，对房屋的各项物理特征进行打分，做出综合评价结果，据此来调整社会住房的最高附加租金，实际上相当于房屋节能改造的另一种补贴方式。其中房产综合评估的各项指标中，对最终凭借结果起决定性影响的便是房屋的能效得分。换言之，高级别的能效标识可以使业主获得高的附加租金，因此“房产评估机制”将其中的住房能效得分与能效标识升级实现了对接。如表 4—3 所示，公寓能源得分为 40，则对应的住房能效标识是 A + + 级别，对应的最高附加租金就是 180 欧元；而如果能源得分为 5 的话，对应的就是 F 级，最高附加租金仅 5 欧元。

表 4—3　　能效标识、能源指数与房产评估中的能源得分以及相应的房租阶梯附加费

能效标识	能源指数	“房产评估机制”中的能效分值		相应的房租额外附加费（欧元）	
		单家庭住房	公寓	单家庭住房	公寓
A + +	小于 0.5	44	40	198	180
A +	小于 0.7	40	36	180	162
A	小于 1.05	36	32	162	144
B	小于 1.3	32	28	144	126

① 参见 https：//www. huurwoningen. nl/info/woningwaarderingsstelsel/，登录时间 2017 年 5 月 4 日。

续表

能效标识	能源指数	“房产评估机制”中的能效分值		相应的房租额外附加费（欧元）	
C	小于1.6	22	15	99	68
D	小于2.0	14	11	63	50
E	小于2.4	8	5	36	23
F	大于2.9	4	1	18	5

资料来源：Vringer，K.，M. van Middelkoop，N. Hoogervorst，“Saving energy is not easy. Impact assessment of the energy saving policy for the built environment”，*Energy Policy*，Vol. 93 （c），June 2016.

可见，房产评估机制的激励措施通过房租附加费的显著差异，对不同能效级别的社会住房进行租金差别对待，极大地刺激了业主进行节能改造的积极性，推动了住房能效标识在社会住房领域的实施，实现了节能改造与经济利益的链接。

除此之外，上文提到的国家能源协议、能源标准、能源税、房产评估体系、节能技术创新行动、能源补贴，以及各项专项政策都起了重要的刺激作用。例如，节能技术创新行动中推出的“能源升级”和“速度加快”（*Energiesprong und Stroomversnelling*）两个项目，① 就是同时对个人住房和社会住房进行以“住房零能源支出”为目标的高能效创新，该行动获得4500万欧元的资助，使130个住房实现零能源费用。

实际上，荷兰从1970年就开始了对房屋单项能效升级的补贴，如墙体保温、高效锅炉，在该补贴的推动下，目前90%的荷兰家庭都已拥有高效锅炉。根据住房能效标识的要求，荷兰还在2013年推出“国家能源协议”，当时就有40多个市场主体和其他利益相关者签署，旨在推动住房提高能效和利用可再生能源。到2020年，荷兰现存的社会住房能效基本上都均已达到B级及以上。当住房协

① 参见Transitionzero，http：//www. energiesprong. nl/transitionzero/，登录时间2017年5月4日。

会出租的住房为“零能源费用”时，即全部利用可再生能源实现能源自给，就有权要求租户交一部分能源补偿费用（*Energie prestatievergoeding*），相当于能源绩效费，作为对其节能改造投资成本的补偿。[①]

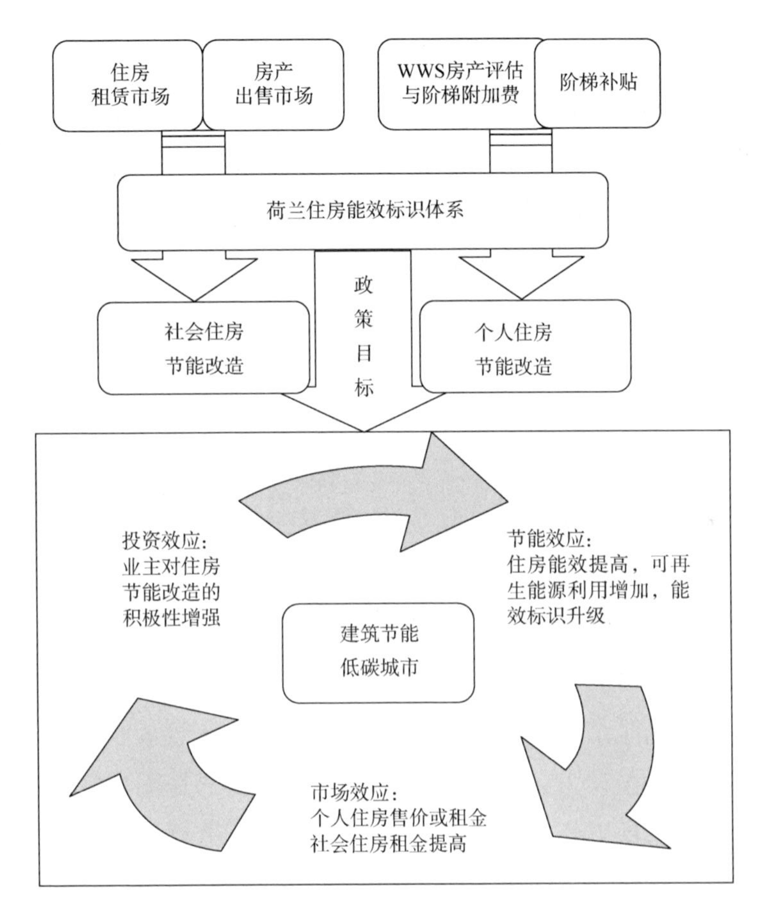

图4—2　住房能效标识体系引致节能改造的良性循环

资料来源：笔者自制。

综上，荷兰住房能效标识体系的实施有效实现了政策目标与市

① 参见 Energie prestatievergoeding，https：//www. huurcommissie. nl/onderwerpen/energieprestatievergoeding/&　https：//www. huurcommissie. nl/fileadmin/afbeeldingen/Downloads/Verzoekschriften/Energieprestatievergoeding_ EPV_ invulbaar_ mrt17. pdf，登录时间 2017 年 5 月 4 日。

场机制之间的链接：一方面，荷兰能源政策对房屋能效要求的不断提高，迫使相关部门和房主进行住房节能改造，实现能效升级。另一方面，能效标识带来的个人经济、社会受益以及公共环境保护也激励着相关部门及房主对住房进行能效升级。

如图4—2所示，通过住房能效标识体系的有效链接，政府政策与市场机制共同推动了建筑能效的提升。强制性能效标识产生了显著的市场效应，并形成了房屋能效升级的良性循环。又由于人们竞相改进设施争取高能效，因此在市场上出现了越来越高能效的住房供给，从而有效地减少建筑排放，成为城市低碳发展的一个可持续的有效手段。

三　标识体系的市场效应及对我国低碳城市建设的启示

截至目前，荷兰50%以上的住房都拥有自己的能效标识，荷兰仍然在探索如何更好地通过能效标识体系激励住房的节能改造。而我国也面临和已经进行既有住房的节能改造，从荷兰相关政策的发展、修改和完善的过程，我们可以得到以下启示。

第一，住房的节能改造必须和市场机制结合才是可持续的，而住房能效标识便是链接两者之间的桥梁。荷兰住房节能改造的经历表明，没有市场动力，依靠业主自身的环境意识是无法有效推动节能改造的，也是不可持续的。如何将政府的政策目标转化为市场导向，必须有行业标识作为枢纽。就建筑节能来说，将宏观的政策目标进行量化，具体到能效指标，建立一套可行的能效标识体系，辅以相应的惩罚机制，同时明确不同绩效水平的预期收益，以刺激节能改造的积极性，引导各利益主体的市场活动。

第二，政府对住房改造的补贴机制必须是针对结果，而非针对项目或者改造过程本身，必须由改造的效果来决定获得的资助幅度，才能保证补助资金的使用效率。荷兰对节能改造的补贴制度是紧密结合住房的能效标识运行的，它将节能改造的效果通过能效标识的不同级别进行界定和分档，每一档分别赋值，根据能效提高的具体数值确定最终的补贴额度。这种精准补贴机制有效避免了仅针对改造过程或针对项目的补贴所带来的低效率。

第三，节能标识的申请和鉴定程序必须透明、简便才能获得市场各主体的认可。荷兰的住房能效标识体系，几经更新，最终得到各利益相关者的接受证明了这一点。因此，标识级别的鉴定既要尽可能全面地反映住房节能状况，又要简明扼要。如荷兰能效标识体系中，由于各项指标经多次修订后清晰透明，如对可再生能源的使用状况，玻璃、墙体和屋顶的隔热措施等不同选项，使得房产的市场价值非常明晰。加上与之配套的房产评估制度和附加租金制度的推波助澜，无论是租房还是出售，住房能效都始终直接影响着价格和市场效率。此外，申请程序的简单易行和费用低廉，是提高大众接受度的重要条件。最初荷兰由于复杂而较高的费用，使得各利益主体望而却步；一经简化和费用的大幅削减，接受度迅速提高。

第四，数据库建设是完善能效标识体系的重要条件。逐步建立和完善全国范围住房能效的数据库，运用网络平台，能使申请程序更加透明顺畅，管理便捷高效。在荷兰能效标识体系中，房主随时可以登录自己的账户，查询自己房产的各项指标。能效标识系统是公开透明的，房主可以在系统网站查询各自的能效标识等级，或者能效标识申请及更新的进度。数字化管理既提高了节能改造的便利性，促进了能效标识的推广。

第五，知识、信息和技术的宣传也是实施能效标识制度的重要环节。缺乏市场知识是能效标识普及的一大障碍，业主往往认为，节能改造成本高昂，而无法得到市场回报，建筑公司和其他市场主体也认为，节能改造是无法营利的。在荷兰，企业局向利益主体提供了相应的信息，包括个人公寓和社会住房改造现有的各种技术可能性，并且展示了通过节能获益的可能性和可操作性。他们还专门建立了包括456个成功案例的节能改造公共项目的数据库，提供给市场各主体作为参考。上述方式提高了居民的节能改造意识，有效引导了各利益主体参与节能改造市场。

第三节　德国可再生能源的有效增长：非技术创新的政策效应

可再生能源的发展是应对气候变化的关键途径，我国2011年就已公布了4.8亿吨标准煤的非化石能源目标，但是可再生能源电力的发展并不尽如人意。借鉴国际经验，有助于我国可再生能源的政策调整，提高发展的效率和可持续性。德国风能发电在欧洲保持领先地位，然纵观其发展历程，德国风能的发展并非一帆风顺，随着驱动因素的变化和各利益集团间的博弈，风电发展在多层治理的框架下波折前行。德国风能发展的进程给我们的启示之一就是效率与速度并重的特殊重要性。

本节内容基于大量的实地调研和深度访谈①，分析了德国风能发展进程及其背后的非技术创新因素，认为中国风能的发展应该借鉴德国经验，不仅要重视技术升级，而且要关注非技术创新系统的完善。德国风电发展的"慢节奏"尽管存在诸多弊端，也有弃风难题，然而德国的多层治理模式很值得我们深思和借鉴，政策扶持应该针对发电量，并网电价必须更灵敏地反映市场和技术以及成本的变化，"高速"必须植根于深思熟虑和重视效率的基础上。

一　德国风电发展进程及动态博弈

德国风能的发展经历了一个曲折的过程，DENA（德国能源署，

---

① 感谢洪堡基金会帮助联系与可再生能源政策相关的部门和机构，为笔者开展深访提供便利；感谢德国的Ulrich先生与Lufstrom风电公司董事长Gereon Schürmann精心组织了相关的访谈和风电场的实地调研。

Deutsche Energie – Agentur）的研究将德国风能的发展划分为以下六个阶段[①]，风能发展的过程也是其背后利益相关者的一个动态多层博弈的过程，其间各利益集团的意见得以较充分的表达，相互之间得以实现较充分的沟通协调，从而政策不断地得以调整和完善，尽管进程缓慢，但从中却更多地渗透出德国风能发展的谨慎和有效性。

（一）初始阶段（1975—1986）

初始阶段是 1975—1986 年。当今在国际市场上领先的风能制造公司绝大多数也是基于 20 世纪 70 年代对风能的研发，尤其是在丹麦，荷兰，德国以及美国[②]。DENA 将该阶段称作先锋们攻克风能领域的时期。七八十年代的石油价格危机、环境问题以及围绕着核能的争论导致了社会意识观念的转变。这种观念的转变也驱动了政策制定者开始寻找能源的替代品，而风能最初正是被看作一种减少油气进口依赖的可能性，视作油气的替代品而出现的。

（二）起飞阶段（1986—1991）

DENA 将该阶段作为新起点，是由于 1986 年的切尔诺贝利事件以及公众对气候变化影响敏感性的增加，这两项重要因素推动了德国能再生能源的发展进程。从联邦议院委员会 1990 年的最终报告中可以看出气候保护在政治进程中的重要性。报告号召发展风能和其他可再生能源，并为之提供开放的能源市场。

直到 1991 年 StrEG 生效前，风电主要并入本地电网。这期间，电网连接、接入许可以及并网电价都必须与地区的电力公司逐个协商。合同能否真正达成在很大程度上取决于一些不可预测的因素，

① 根据 2011 年 7 月在德国柏林的访谈，以及参考德国能源署网站（http：//www. dena. de/）的信息总结。

② Joanna I. Lewis，Ryan H. Wiser，“Foster a Renewable Energy Technology Industry：An International Comparison of Wind Industry Policy Support Mechanisms”，*Energy Policy*，Vol. 35，No. 3，2007.

还依赖于电力供应商的意愿。因此风电的建设和运营都面临着很大的财务风险。这就使第一个风能发展支持计划更加重要了。

第一个风能支持项目是在20世纪80年代中期，那时还没有针对可再生能源给予比较系统的支持。但是一批干劲十足的、希望在风能技术上一展宏图的行为主体及时抓住了德国联邦政府和州层面在80年代最早的一批支持项目，出现了风能发展新的起点。这一阶段，主要的行为主体就是工程师和研究人员，小型机器制造者和风能的第一批使用者，大部分农场主、个人和小公司都是风能的支持者。①

刚开始的支持计划都是有针对性的研发，这期间资助政策进行了重新调整，从支持研发转向保障和准备系统逐步的市场引导。基民盟（CDU）下面的联邦研究部在1989年给出了一个非常关键的目标——5年内100MW风电的计划，由于申请者众多，该项目计划扩展到250MW，研究部因而成功启动了风能起飞的重要基金。

以下萨克森州为例，该州1987年就开始了风能的推广，联邦政府和州政府的同时支持给予了风能起飞一个非常有效的基石，由于资金非常充足而被外界称为“过度融资”。最初由于都是小规模的风能系统在发展，形成了各种不统一的技术概念，因此没有任何一个系统能单独形成完备的市场。在GROWIAN试验之后，称作“丹麦概念”的三叶转子（与耦合电网连接）成了德国风能技术发展的起点。这期间正好是德国从干中学过渡到能够立足于自己传统工艺的阶段。也是在此期间，风能开始了规范化发展。由于在海岸或河岸区域（属于风能的黄金区域）对风能规划和建设有着巨大的需求，因此下萨克森州和石荷州先行一步发展了统一的规划和许可证系统。于是，石荷州在1984年就已经开始在“风能设计、建造

① Jens Peter Molly, “Background information from the German Renewable Energies Agency”, *Renews Special Issue* 41, September 2010.

和运行的指导原则”的框架下发展了，这一指导原则规范了当时的一些法令解释。因法规进步的推动作用，在海岸或河岸区域一些大型私企之间的选址和许可证的竞争在20世纪80年代末期已经显现。但是在内陆州，情况与沿海地区正相反，在那建设风电场依然需逐个协商，而协商的结果在很大程度上取决于风电对于当地农场主而言能否成为替代能源或者是带来足够的经济利益。

（三）突破阶段（1991—1995）

StrEG在1991年生效，与此同时250MW计划已进入了实施阶段，促使了风能领域利益和兴趣的明显增长。在StrEG的激励作用还不够充足的条件下，250MW计划恰好提供了及时的支持，给予了风电场运营者长达15年的补助。因此，一些专业的风电产业迅速建立起来，特别是涌现了很多中小规模的企业，于是这一阶段风能的发展不再仅仅是由环保理想主义推动，而是更多地被商业利益所替代。因此，风能不仅由专业个人先行者，而是由越来越多、规模越来越大的制造商所支撑，生产的风能设备功率也迅速提高。

在该阶段，尽管因技术尚未成熟，尚面临很多经营风险，但是此前各种各样的风机设计，如一叶的、两叶的和三叶片的转子，大小不同的运行系统，在该阶段都规范到一个统一的标准上来，一个水平轴，三叶片迎风（或称向上的）的转子，在当时该系统更加稳定有效，并且能够根据之后的技术进步而改造。

这期间一个重要的创新就是出现了一种叫作“公民行动团体”的风能运营方式，它以自行组织和资源分配任务为原则，这种以有限责任公司做合作伙伴的有限合作关系“GmbH & Co. KG”[①] 在当时就成了风能运营的典型合作形式，也被称作公民的风电厂。这种形式不仅使有限责任成为可能，并提供了预期收益，还带来了通过

---

① The German Renewable Energies Agency, “A limited partnership with a limited – liability company as a partner”, *Renews Special Issue* 41, September 2010.

风能设备系统的折旧的税收减免。通过有限责任，投资的风险得以分散，当地居民也可以通过这一形式获取利润。因此这种形式既推广了风能又促进了当地对风能的接受。然而，更大规模的风能系统在更大地理空间的推广也使州和地方备受压力。他们不得不制定新的空间发展规划和风能项目的授权，以应对不断产生的风能利用和环境保护利益之间的冲突。①

（四）挫折阶段（1995—1997）

据德国可再生能源局资料，认为由于遭遇新的阻力，风能的动态发展在90年代中期停滞不前，② 但是从环保部的数据上看，1995年风能发展的减速并没有如此夸张，1994年德国风能的装机容量为618MW，1995年1121MW，1996年1549MW，③ 实现了较快的增长，但是假如没有该阻力，沿着既定路线，风能的发展会更迅速。当时的阻力是来自传统的能源产业对StrEG的极力反对，他们尽一切办法上诉到欧洲法院。各种政治机构发出相互矛盾的信号，有的试图降低StrEG的费率，有的倾向于保持这种待遇水平以便给予经营者一个稳定的发展环境。同时250MW的国家项目正好在1995年到期，因此，风能的快速发展遭遇了一次拦截。

在这场交锋中，一些电力供应商单方面削减了法律规定的并网价格，而寻求一种判例（test case）以挑战StrEG的合宪性。供应商的这一战略遭到公众严厉的批评以及联邦所有政党的不满，他们要求电力供应商按照联邦原来的要求严格执行StrEG的规定。直到2001年欧洲法院的裁决结束了这一不确定和争议的局面。另一方面，公民行动和保护主义者对发展风能持批评态度，因风能

---

① The German Renewable Energies Agency, *Renews Special Issue* 41, September 2010.

② The German Renewable Energies Agency, *Renews Special Issue* 41, September 2010.

③ Data from the Federal Ministry for the Environment, Nature Conservation and Nuclear Safety (BMU), *the development of renewable energy sources in Germany in* 2010, as of March 2011.

占用了越来越多的自然空间。也因此出现了一场围绕着风能“蔓延恐惧”的争论，特别是在风能条件相对较好的地区，争论尤其激烈，风电建设的申请越来越多地遭到拒绝。风电授权和空间规划已不足以应付日益增加的选址、规划以及建设许可证等方面的新兴需求，其结果便是造成许可证和投资的拥堵。那时候技术瓶颈也是一个重要的因素，如电网的容量不足也导致了一些地区的风能发展滞后。加之当时法规和规划的不确定性，市场发展一度停滞不前。

（五）动态增长阶段（1997—2002）

然而从1997年开始，逐步克服了艰难的时期，迎来了风能的快速发展。一系列不同的因素促成了这一快速发展：首先就是1997年1月1日生效的新的上网法，使得风能的建设许可有了基本的法律依据，只要它与重要的公共利益不冲突，风能的建设就具有优先许可。公共利益主要包括环境保护、物种保护、景观保护，城市可以根据自己的地区情况划定风能集中开发区（concentration zones），除此之外是非发展风能区域。1998年选举产生了新联邦政府，带来了新的政治理念，有效地推动了风电的发展。其中最重要的是2001年实现了从StrEG（强制输电法）到EEG（可再生能源法）的转变，后者引入Feed－in tariff（即FIT，并网电价政策）对风能运营者提供更进一步的价格和优先并网保障，鼓励投资，促进了风电厂数量的增加和规模的扩张。

FIT模式在不同的政治团体中都有许多支持者，如同在联邦议院代表各党派的成员一样。如可再生能源协会、环保团体、农民组织、基督教教会和金属工人联盟等，都支持可再生能源。而在1995年的争论之前是从未有过如此广大的联盟热衷于发展可再生能源的。自欧洲法院于2001年发布德国可再生能源并网法与欧盟法律相容的裁决以来，风能的发展得以破冰，于是风能价值链上的一系列产业随即蓬勃发展，这一成功得益于环境目标和政治—经济目标的结合。[①]

（六）稳定的陆上发展和离岸规划（2002年至今）

随着风能的快速发展，最优地段内的风能建设近乎饱和，要找到合适的地段建设风电场都必须经过激烈的竞争。因此陆上风力发电系统的新建在2002年后放缓了。同时取代之以对小容量、旧系统以及低效率的风电装机的更新。尽管如此，风能装机容量的增加仍然保持在一个稳定的水平，很大程度上归功于由技术进步导致的每个系统的输出功率的增加。

2002年联邦政府做出发展离岸风能的决定。离岸风能基金会主席库贝尔（Jörg Kuhbier）提到，离岸风电的发展对于实现可再生能源的发展目标意义非凡，关键是和海事部门一起尽快积累离岸风电系统运行的实践经验，为推动德国北部和波罗的海风电发展的催化剂。[②] 但很多利益相关者也持批判的态度，比如渔业航运和旅游产业、海洋保护以及军事等方面的利益代表者都担心离岸风能带来负面的影响，因此联邦政府在2001年开始了一项综合研究项目以确定离岸风能可能造成的生态影响，以便解除上述担忧，并研究如何尽量减少对生态的影响。与陆上风电不同，离岸风电场要求大笔的投入和昂贵的技术以及良好的组织管理，尤其是海上电网的规划、审批和实施对于组织管理提出更高的要求。针对此，2006年出台了一项法规使离岸风电减轻了部分负担，和陆上风电一样，电网公司要负责从电厂到电网的连接义务，也就是必须负责从海上风电场到就近的陆上电网之间的电缆投资。[③]

鉴于上述措施的实施行动比较缓慢，德国在2005年成立离岸

---

① 不过在此期间要也有一些负面的声音：如随着不断增加的投资，占地越来越大的风电场对景观造成了一定的破坏。因此尽管风能在当地的接受度非常高，但是当地反对的利益集团也同时增加了。

② The German Renewable Energies Agency, *Renews Special Issue* 41, September 2010.

③ The German Renewable Energies Agency, *Renews Special Issue* 41, September 2010.

风电基金会，以加速离岸风电试验场的建设，推动北部和波罗的海的离岸风电发展。基金会拥有在北海试验区内的 AlphaVentus 风电场，联邦环保部提供 5 年共 5 千万欧元的资金用于试验基地的离岸风能研发。2009 年，在 Alpha Ventus 风电场第一批共 12 个离岸风电机开始投入运行，总功率达 60 兆瓦。在北海和波罗的海区域已获批的 25 个风电场项目的电网连接已经准备就绪，其中有一些风电场已经开工建设，在未来的能源供应中它们将提供重要的贡献，当时的计划是，到 2020 年，德国风能在北海和波罗的海的装机容量将达到 6.5GW（1GW = 1000MW），满足国内电力需求的 5%—6%[①]。实际上，德国在 2019 年末在北海和波罗的海的装机容量已超过既定目标。

目前德国风能发展仍然面临技术方面的挑战，主要来自电网扩容、风能存储以及从风能富集区域到需求区域的输送等方面。

二　德国风电发展的背后：非技术创新的政策效应

StrEG（Stromeinspeisungsgesetz，强制输电法），作为德国可再生能源电力发展的非技术创新要素，从一开始施行（1990 年出台，次年生效）便成为 20 世纪 90 年代德国最重要的政策工具，也是德国可再生能源政策的基点。它强制规定公用事业以年度固定的价格购买产生于风能、太阳能、水能、生物质能和垃圾填埋的电力，价格基于公用事业当年每度电的平均价格。其中给风能电力的报酬是零售价的 90%，其他的可再生能源电力在 65%—80% 之间不等，具体要取决于电厂的规模，小电厂得到的补贴更高。强制输电法还给予商业风电安装的运行以每度电 4.1 欧分提供补贴，因此快速启动了风电市场在 20 世纪 90 年代的突破点。此外，对风电安装的投资也进行了补贴，由本国的国有发展银行给予低息、政府担保的贷

① The German Renewable Energies Agency, *Renews Special Issue* 41, September 2010.

款用于新的风电发展。[①] 从 StrEG 的出台、生效，到不断根据情况适时修订的 EEG（Erneuerbare – Energien – Gesetz，可再生能源法，2000 年出台，2001 年生效，此后定期修改），以及在 StrEG 和 EEG 实施过程中的多层治理机制，可以看出风电发展的非技术创新要素的动态变化和有效性。

（一）可再生能源政策 StrEG 及其功能

StrEG 于 1990 年 12 月 7 日发布，就其内容来说非常简洁，德文原文总共不到两页，共五项条款，然而每个字都折射出对可再生能源电力并网的保障，明确了“强制入网”“全部收购”“规定电价”三个原则。这种制度具有三个最主要的特征：一是强制入网，即输电商有义务将可再生能源生产商生产的电力接入电网；二是优先购买，输电商有义务购买可再生能源生产商生产的全部电量；三是固定电价，输电商有义务根据可再生能源法规定的价格向可再生能源发电商支付固定电费。[②]

StrEG 首先在第一项条款中对该法的适用范围做出了明确规定，该法提供的并网保障剔除了与政府有关系的发电企业，除非该发电企业确实无法在其自身的条件范围内并网。

StrEG 第二项条款明确了电网对可再生能源电力的优先购买义务。电力公司有责任在他们电网所在的区域购买并接入可再生能源的电，假如可再生能源发电站所在的区域没有电网，则由符合条件的距离最近的电网接入。额外的费用可以计入价格的分摊系统中。这一条也隐含了德国风电政策的针对性，即针对的是发电量，是结果而非过程，这就避免了对类似于“景观风电场”（无发电量）的无效补贴，杜绝了那种通过装机容量来套政策利

① Mischa Bechberger and Danyel Reiche, “Renewable Energy Policy in Germany: Pioneering and Exemplary Regulation”, *Energy for Sustainable Development*, Vol. 8, Issue 1, March 2004.

② Wei Jiang, “Study on German Renewable Policy: An MLG Perspective— the Case Study of Wind Power”, Report to the Alexander von Humboldt, 4th July, 2011.

益的行为。

StrEG 第三项条款规定了可再生能源电力购买的最低价格，相当于电力公司零售给最终用户平均电价的60%—90%。其中，风电的最低价格为平均零售电价的90%。同时，电网收入必须在该年度的官方审计上发布。

（二）可再生能源政策 EEG 及其功能

StrEG 在德国运行的十年期间获得了意想不到的效果。2000年德国通过了可再生能源法 EEG，该法进一步确立了 StrEG 的原则。该法律规定，电力运营商必须无条件以政府制定的保护价，购买利用可再生能源产生的电力，同时有义务以一定价格向用户提供可再生能源电力，政府根据运营成本的不同对运营商提供金额不等的补助。核心还是强制并网、购买和支付，以及最低价格保障，其中规定风电的收购价格不低于上年度市场电价的90%，可再生能源电价和市场收购价的差价在该供电区域范围内均摊。EEG 以及修正案较之最初的 StrEG 无论在针对性、效率和执行力方面都增强了。

第一，可再生电力优先并网权的法律保障。在 StrEG 中，规定的是强制并网，是“obliged to purchase”但是没有给予清晰的优先权，[1] 而在 EEG 中强制性明显提高了，不仅仅是“obliged”，而且具有相对于其他电力的优先并网权“priority”，[2] 这无疑是一大飞跃，直接刺激了发电企业在投资方向上更多地转向可再生能源而非传统能源。2004 年以及 2008 年的可再生能源法修正案对于优先权

---

① “the electricity utilities which operate a system for the general supply are obliged to purchase the electricity generated from renewable energies in their supply area and to pay for the electricity fed into the system...”, BMU, Stromeinspeisungsgesetz, StrEG, as of 1990.

② “grid operators shall be obliged to connect their grids electricity generation installations as defined in Section 2 above, to purchase electricity available from these installations as a priority, and to compensate the suppliers of this electricity in accordance with the provisions in Sections 4 to 8...”, BMU, Act on Granting Priority to Renewable Energy Sources, as of March 2000.

更是逐级上升，2004 年从 2000 年的“优先权”上升到“即刻执行的优先权”，2008 年则在 2004 年的基础上，进一步扩大“优先权”的范围至“即刻执行的涵盖连接、购买、输电、分发等整个链条的优先权”。这就给风电乃至 EEG 所包括的可再生能源发电提供了法律保障。

第二，政策的稳定性和投资保障。在 StrEG 原文中最后一条规定了该法案 1991 年初生效，但没有涉及投资的期限保障，而在 2000 年的 EEG 原文第 9 节第一段中就增加了相关的规定，即提供 20 年的有效期。这就给予风电及其他可再生能源发电一个稳定的市场预期。EEG 规定，有效期从可再生能源发电组投产运行开始 20 年有效，对于在 EEG 生效之前投厂运营的发电组来说，起始时间则一律从 2000 年开始计算。① 在笔者的访谈中，Lufstrom 风电公司董事长 Gereon Schürmann 坦言，假如风电场的选址不是太失败的话（有时候因选址失误，会出现没有足够的风的现象），20 年的时限甚至长于投资的回收周期。

这就相当于给了可再生能源发电企业一个投资的“定心丸”，根据报告的统计数字，可以说，EEG 是十分成功的。2001 年开始，德国风力发电量几乎每年增加近 2 万千瓦。总装机容量也从 2002 年的 12 万千瓦升至 2010 年底的 27 万千瓦。②

2002 年以来德国风能产业的出口显著增长，2006 年，投资于可再生能源设备的资金达到 90 亿欧元，超过 70% 的风力发电设备用于出口。德国风能的成功有效地给风能产品以最好的广告，2010 年德国 80% 的风能产品用于出口，可再生能源在德国出口领域的地

① BMU, Act on Granting Priority to Renewable Energy Sources, as of March 2000.

② Data from the Federal Ministry for the Environment, Nature Conservation and Nuclear Safety (BMU), the Development of Renewable Energy Sources in Germany in 2010, as of March 2011.

位变得日益重要。①

第三，也是至关重要的一条，就是“degression”，即以费率递减（并网电价逐年递减）给予市场和技术刺激。以岸上风电为例，假如该风电企业从2009年开始运营，那么每度电的基础电价就是9.20欧分；假如企业主愿意等待技术进步以减少投资，等到第三年开始运营，则基础电价就降至9.02欧分，如表4—4所示。

表4—4　　德国并网电价的费率递减

运营年份	基础电价 单位：欧分/千瓦时	基本费率 单位：欧分/千瓦时	系统服务奖励 单位：欧分/千瓦时	技术改造奖励 单位：欧分/千瓦时
2009	9.20	5.02	0.50	0.50
2010	9.11	4.97	0.50	0.50
2011	9.02	4.92	0.49	0.49
2012	8.93	4.87	0.49	0.49
2013	8.84	4.82	0.48	0.48
2014	8.75	4.77	0.0	0.48
2015	8.66	4.73	0.0	0.47
2016	8.58	4.68	0.0	0.47
2017	8.49	4.63	0.0	0.46
2018	8.40	4.59	0.0	0.46

资料来源：EEG of 11，August 2010。

这就需要投资者权衡好技术进步的收益和率先进入市场的收益，以及逐年递减的电价之间的关系。递减的目的，一是促进公平（因越早的投资成本越大）；二是刺激技术创新，递减的价格逼迫企业重

① Wei Jiang，“Study on German Renewable Policy：An MLG Perspective— the Case Study of Wind Power”，Report to the Alexander von Humboldt，4th July，2011.

视技术进步，降低发电成本；三是推动企业快速进入市场，有助于提高国际竞争力。这种刺激促进了近年来风电技术的飞速进步。

2002 年，德国平均每台新风机的容量仅为 1.4MW，在 2010 年超过 2 兆瓦，甚至 5 兆瓦系统的批量生产技术也已成熟。风能系统的进步不仅仅表现在转子增大和机塔加高，而是表现在内部的技术上，无论是离岸风能和陆上风能都已经优化改进。重要的是，从 1990—2010 年，技术进步已经使得每度电的生产成本下降了一半以上。[①]

EEG 推动了可再生能源的发展尤其是风电的快速进展，带来了明显的环境效应：2006 年，由于风能的使用，减少二氧化碳排放 4500 万吨，比 2005 年多 800 万吨。由于可再生能源的使用，德国在 2006 年的二氧化碳总排放量减少了 1 亿吨。此外，EEG 的实施还创造了大量就业岗位，在可再生能源领域的工作岗位从 2004 年的 160500 人增加到 2010 年的 367400 人，其中风电创造的岗位则从 63900 人增加到 96100 人，德国可再生能源产业对创造就业的贡献分布如图 4—3 所示。

可见，StrEG 和 EEG 的核心就是可再生能源的并网保障机制，就是 FIT 模式，该政策的设计是为了鼓励可再生能源的生产和使用，加快可再生能源电力的并网。包括三个关键条款：一是可再生能源发电的并网保障，二是可再生能源电力长期合同，三是可再生能源电价理论上基于发电成本和趋于电网平价。[②] 通常，符合条件的可再生能源电力生产者会从其并网的电网运营商处获得一份溢价。德国 EEG 改革的方向是进一步的市场化。

稳定而不断完善的政策是可再生能源发展最有效的保障。截至 2010 年，德国共安装了 21585 台风机，总发电能力达到 27204 兆

---

① The German Renewable Energies Agency, *Renews Special Issue* 41, September 2010.

② Mendonça, M. *Feed - in Tariffs: Accelerating the Deployment of Renewable Energy*, London: Earth Scan, 2007.

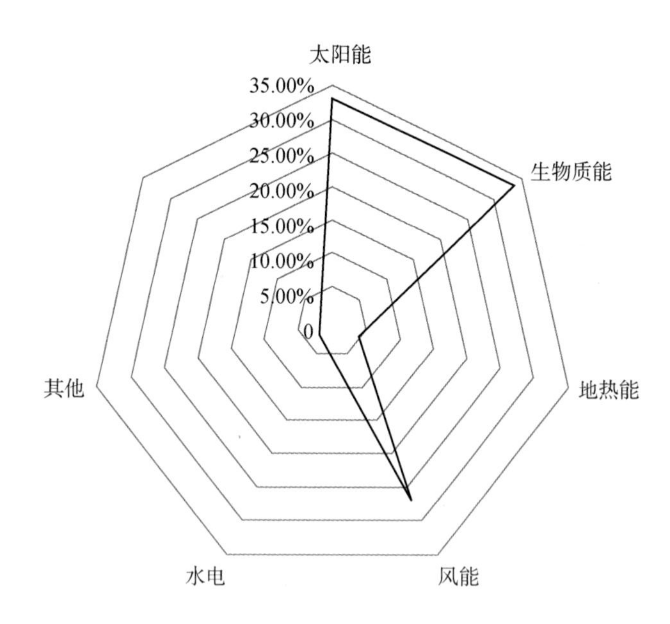

图 4—3　德国可再生能源产业对创造就业的贡献分布

瓦；2011 年上半年，德国风力发电量达到 20.7 太瓦时，约占全部发电量的 7%。到 2050 年，德国还计划将风电在国内电力消费中所占比重提升至 30%—40%。[①] 可再生能源的发展也是德国在欧洲债务危机境况下的一个绿色增长点，是提升其国际竞争力的一个砝码。

（三）多层治理机制的有效性

从德国风电及其他可再生能源电力的发展过程中可见其比较严谨的多层治理脉络。如图所示，从风机装机到发电到最后的可再生能源附加费回收，其中的责任、义务和权利分割得非常清晰。风力发电通过优先并网进入最近的电网，并由输电商（TSO）输送到各电力公司，整个过程的主管是德国电网署（BNetzA），万一出现纠

① 访问 International Academy for Nature Conservation German Federal Agency for Nature Conservation, 27th March, 2011.

纷，则可以诉之清算院（Clearing House）。风电的政策制定主要产生于经济技术部（VBMWi）、资源与环保部（BMU）、农业部（BMEL）等多个部门之间无休止的争论和相互妥协中（如图 4—4 所示）。

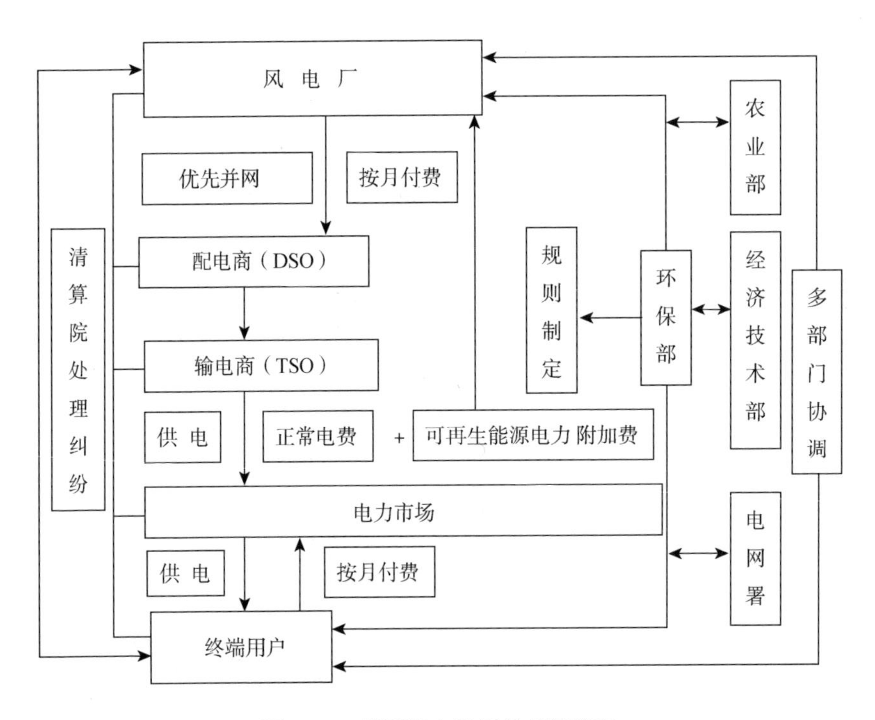

图 4—4 德国风电发展的多层治理

资料来源：Wei Jiang，"Study on German Renewable Policy：An MLG Perspective— the Case Study of Wind Power"，Report to the Alexander von Humboldt，4th July，2011.

从选址和获取授权书的过程可见德国风电场建设的速度之慢，但是在漫长等待中不难发现，经过长时间的各利益相关者的多层博弈之后，争议少了，隐患少了，从风电场地的获取到并网到输电再到附加费等过程中，各方义务和权益都变得清晰了，这时垃圾工程和闲置风电场的现象也就在很大程度上避免了。

根据笔者对德国 Luftstrom 集团 CEO 盖略恩（Gereon）的深访，

每个在当地规定的适宜发展风电的区划内的风电场，在建前都必须有一年的“上空观察”，观察上空的飞禽、飞机等飞行物，便于及早发现隐患，因风电场的建设和运行不能影响周围的居民以及上空的飞行物，否则就将被撤销。在获取项目许可之前，企业法人首先是与土地主讨论，然后从社区到市到州层层递交申请，逐层讨论，每层最长时间 7 个月。Luftstrom 其中的一个机组项目在 2001 年提出申请，因所在社区认为该项目的实施会影响人居环境，于是进入征求居民意见阶段。这一阶段从 2001 年一直持续到 2011 年，到最终拿到许可证，历时 10 年。在技术层面德国风电也是按部就班，在风电项目动工之前，风电企业要与电网企业签订协议，其中他们要对并网的所有细节一一核对，如电网的容量与风电的匹配情况，对于接网也要进行几十次至上百次的试验。

三　德国风电发展过程中非技术创新贡献的启示

审视德国可再生能源的非技术创新机制及其对风能发展的作用，我们能够得到下述启示。

（一）政策扶持须针对发电量而非装机容量

我国对于可再生能源电力的扶持政策，最初很多是以装机容量来衡量的。然而对于政策支持的对象，究竟是针对过程（装机）还是针对结果（发电量）？哪种更有效？德国风电发展的经历给出了一个明确的答案——政策扶持需针对发电量，而非装机容量，以消除针对后者而导致的无效补贴。

德国无论是 StrEG 还是后来的 EEG，都有一条“购买来自可再生能源的电量”，即隐含了政策的针对性，针对的是发电量，而不是装机容量。这种针对结果而非过程的支持，有助于避免对类似于“景观风电场”（无发电量）的无效补贴，也可以杜绝那种通过发电机组容量来达到政策套利的行为。

也正是上述针对发电量而非装机容量的政策扶持模式，促使风电项目实施之前必须经过反复的试验、详尽的讨论和严谨的规划，以最大可能地规避风电项目半途而废的风险，以及只有装机没有发电量，或者发电成功却进不了电网等困境。

（二）费率递减的并网价格政策是技术创新的必要条件

我国目前对于可再生能源电力价格采取的是分类分区制，如2009年我国确定了风电价格按照风能资源分区并绑定固定的上网电价。诚然，固定的并网价格结束了之前“一场一议”探讨每个风电场上网价格的烦琐，在一定程度上降低了政府的行政成本和寻租机会，然而这一改革不够彻底，以至于保护了企业的惰性，极大地削弱企业追求技术进步的动力。直接后果是：有的企业将伺机等待成本的下降和技术进步，因为价格是固定的，尽管也有提高利润空间的动力，但是相对于费率递减，企业没有足够的技术创新压力。

递减的并网电价在一定程度上可以缓解这种消极等待，递减的价格也能促使企业重视技术进步，降低发电成本，将技术创新转化为企业追求利润的主要动力，而不是坐等政策红利。因为固定价格只是一个中间产物，它不利于电力市场的培育，最后可再生能源电价还要由市场决定，递减费率正好是一个过渡。更重要的是，如果没有并网电价的递减原则及其带来的技术创新压力，那么，发电企业将在相应技术上处于落后水平。

借鉴德国风电发展的波折经历，我国可推出并网价格的递减政策，同时可以附带类似于德国的技术进步附加补贴，越早实施就越有助于推动我国可再生能源企业进入市场、提高国际竞争力。

（三）确保监管体系的有效性

德国的经历显示，监管机制的完善是可再生能源发展的最后防护。无论是政府机构如电网署和清算院，还是其他的非政府机构，都从不同侧面、不同程度地提高了政策形成和实施的有效性。我国可再生能源可持续、有效的发展，也同样需要有效的监管体系，既有专门的独立机构来处理程式化的问题，裁决可能出现的冲突和纠纷，制定科学、合理、规范的并网标准，提高电网的接纳能力，同时以更开放的姿态接受多元化的监管。在此过程中应该有意识地培养公众意识，充分发挥环保人士、社团和科研人员的积极性，推动可再生能源电力开发的可持续发展。

（四）停止对发展速度的盲目追求

我国近年来的水电、太阳能、风能等可再生能源的发展迅速，但是效果令人担忧，除了不同程度的环境和社会隐患之外，发电和并网效率也不甚乐观，有的风电场弃风曾达到50%，光伏甚至出现过“并网倒贴”的现象。尽管我国近年来不断完善相应的政策措施，也取得成效，但依然面临严峻挑战。如 2017 年我国波动性可再生能源发电量占比仅为 7.3%，全国平均风电限电率高达 12%。反观欧洲国家，德国在风能项目实施之前的繁文缛节，在摒弃其慢吞吞的节奏之后，我们则可以学习其在前期规划中的严谨性：给予利益相关者更加充分的沟通机会；每个项目考虑到对周围环境以及人居、航空等的现在以及未来的可能影响，谨慎周密规划的过程有助于尽可能地避免后期的弃风限电等无效闲置，以及利益冲突等问题。

在一定程度上，可再生能源电厂的建设成了地方政绩竞争的筹码，这就不可避免地造成了盲目建设和无效建设的巨大浪费。同时，在能源低碳转型的过程中，可再生能源对原有传统能源的替代势必导致利益相关方的矛盾，阻碍促进可再生能源发展的各项政策的顺利实施。因而我们亟须完善能源低碳转型的非技术创新系统，以便更有效地缓解矛盾冲突，最大限度地避免电力市场的扭曲和资源浪费。可再生能源的可持续发展需要尽快解决阻碍波动性风光电并网面临的非技术性因素，根据各地的资源特点，全国统筹安排。

（五）逐步开放公平的可再生能源电力市场

我国可再生能源发展过程中的某些浪费现象并非源于开发过多，而是速度和效率不匹配的结果。对比德国，我国可再生能源电力的发展还远远不够，可持续的发展需要多元化的投资，应从国家持股的集中的大型风电场更多地转向鼓励和支持多种形式持股的分散的小型风电，让更多的主体参与风电的发展，小型分散也更加适合我国风电发展的资源和地理特点。为了消除不公平竞争，德国在政策中明确剔除了与政府有任何关联的企业的优先上网权，从而给多元化的可再生能源电力投资开辟了道路。我国在并网方面必须消除“背景歧视”，符合条件的可再生能源电力优先上网，逐步开放公平的可再生能源电力市场。

我国可再生能源的发展要突破现有的瓶颈，就必须推动非技术创新，以重点解决有效并网、定价机制、成本效益、协调机制、监管体系等问题，避免不必要的效率和效益损失，实现可再生能源建设的健康发展。

第四节　小结

欧盟及其成员国荷兰和德国的案例都显示了非技术创新因素在环境与气候保护领域的作用，如欧盟环境规制对环境话语权的提升作用，行业标准对城市住房能效的市场激励，以及可再生能源法对德国风电发展的驱动效应。上述对于低碳发展的非技术创新系统建设提供了一定的经验启示。

一是适时完善的法律法规和动态调整的政策工具。环境治理的有效性要求实施机制不断优化，这是基于逐步完善的法律体系之上的。欧盟逐步发展了包括法律、市场机制和财政手段、金融支持以及其他措施在内的系统化实施工具，以及生态标签、生态管理与生态审计等手段，此外欧盟还对环境治理的政策措施进行评估并根据评估结果调整修改，以此提高环境治理的有效性。

二是低碳发展的标准和标识体系。荷兰住房能效标识体系的案例表明，低碳发展的政策目标必须和市场机制结合才是可持续的，而行业标识便是链接两者之间的桥梁，有助于将政府的政策目标转化为市场的预期收益。

三是命令控制与经济刺激的双重机制。欧盟环境治理机制经历了一个从命令控制型转向经济刺激型的过程，然而经济手段主要是为了补充传统的命令控制而非完全替代，只有转向双重机制才能更加有效而又有助于促进公平。

四是政策目标的精准定位。政府对低碳城市建设过程中的激励性政策工具，必须由产生的效果来决定获得的资助幅度，而非针对项目或者实施过程，通过这种精准定位来提高奖励或补助的使用效率。

五是多层治理体系的完善。相对完善的多层治理体系也是德国可再生能源发展的一个核心因素，这种多层多维的协调机制尽管会带来速度损失，但它有助于实现决策民主化和信息公开化。

六是环境治理与环境正义并重。在环境治理的过程中，各群体、区域、族群、民族国家之间所应承担的权利与义务须公平对等。公众参与、环境影响评估以及司法救济等方式有助于对因经济手段所产生的外部性进行一定程度的矫正。

第五章

完善低碳城市建设的非技术创新系统:国内实践与国际借鉴

气候变化是全球性问题，在努力构建“人类命运共同体”的大格局下，有意识地减缓和适应气候变化，实现绿色低碳转型，使经济社会进入可持续发展的轨道，已是国际社会的共识。我国已提出力争 2030 年实现碳达峰和 2060 年前实现碳中和的宏伟目标。结合我国低碳城市建设的进展及问题，借鉴欧盟及其成员国的发展经历，可见，低碳转型不仅要求技术领域的创新，而且亟须非技术范畴的创新和系统构建，需要一个清晰的法律和政策框架、有效的多层治理机制和评价体系，以及建立和完善有关低碳发展的标准和标识体系。

第一节　主要发现

尽管绿色低碳已经成为各地的标语性高频词汇，然而在实践中，与 GDP 增长、招商引资等目标相比较，地方对低碳转型的紧迫感尚不及前者。根据国内低碳试点城市的调研，并结合国际经验的比较分析，我们发现，该现象究其原因，除认知局限外，更重要的是我国低碳建设尚存在治理结构、评价机制以及标准体系等非技术创新系统的缺陷。

有不少地区提到当地有对低碳发展的需求，但是尚缺乏稳定、制度化的低碳产业发展的创新机制，高层次人才缺乏、低碳技术研发水平较低的局面短时期内难以得到有效改善；目前政策法规和制度建设还不能和低碳技术发展的需求达到较高水平的匹配；产业标准的推广和实施在具体实践中也时常陷于困境。

此外，更多提到的是，政策目标未能较好地兼容地方的生态环境现实和居民诉求，治理机制和评价体系尚未实现"绿色""低碳"转型，因而难以协调各部门来激励和推动各种力量运用相关技术以及实施相应的政策措施于地方的低碳发展，同时也难以减少实践过程中的效率损失和增进公平。如青海案例城市中就很明显地反映出政策本地化方面的瓶颈。

上述缺陷较集中地反映出 MLG（多层治理，Multi – level Governance）体系的结构模糊和运作低效，及其评价体系的滞后，这容易导致低碳城市建设的低效率，难以有效地激励和推动各种力量运用相应的技术以及实施相应的政策措施投入绿色低碳发展。反之，低碳发展成效显著的城市，非技术创新系统也较完善。

本书对我国三批低碳试点 70 个地级市的分析显示，非技术创新对低碳试点城市的低碳发展和碳生产力均是中等正相关，尤其与低碳发展的相关性更大。对 2015 年和 2010 年的动态分析结果显示，非技术创新对于低碳城市的建设具有明显地促进作用，而且作用在不断增强。可见，非技术创新系统能够有效地增强低碳治理的效果，从而促进城市的低碳发展。

上述与我们对欧盟及其成员国德国和荷兰的低碳发展经历的研究结论是一致的。作为重要的非技术创新要素，环境政策在欧盟的气候、环境和经贸领域都起着不可忽视的作用；多层治理体系和法律法规制度等非技术创新因素在德国可再生能源的有效增长中扮演着重要角色；同理，行业标准的制定执行等非技术创新因素有效地链接了节能目标与市场行为，促进了荷兰城市住房能效的提高。欧盟及其成员国在气候变化领域的非技术创新实践经历，对我国的低碳城市建设有着现实的借鉴意义。

第二节　政策建议

结合我国低碳城市建设的进展及问题，借鉴欧盟及其成员国的发展经历，可见，低碳城市建设不仅要求技术领域的创新，而且亟须非技术范畴的创新和系统构建，需要一个清晰的法律和政策框架、有效的多层治理机制和评价体系，以及建立和完善有关低碳发展的标准和标识体系。治理机制和评价体系必须进行“低碳”转型，以协调各部门、激励和推动各种力量实施低碳政策和运用适宜的技术投入低碳城市建设，并减少过程中的效率损失和增进公平。

一　清晰的法律制度和政策框架

法律法规和政策工具的动态更新是低碳发展的基础条件。欧盟环境领域的发展表明，环境治理的有效性要求实施机制不断优化，而后者则是基于逐步完善的法律体系，欧盟环境法律体系的完善主要表现在范围不断扩展，内容不断丰富，环保机构日益健全和机构权限逐步扩大，形成了一套多层次的较为全面的法律体系。此外，欧盟对环境法规及政策的实施效果进行评估审查，并根据评估审查结果对其进行调整修改。如德国从 2000 年推出《可再生能源法(EEG)》之后，每四年修订一次以适应不断变化的情况。

除了完备的环境法之外，欧盟还规定了严格的“环境罚”，但各成员国的惩罚程度不一。此外，为确保政策目标的实现，欧盟逐步发展了包括市场机制和财政、金融及其他措施在内的系统化实施工具，包括财政支持、生态标签、生态管理与生态审计等手段与政策目标相匹配。

我国已经出台了一系列推动低碳城市建设的法律规章制度，如

《中华人民共和国清洁生产法》《循环经济促进法》《清洁发展机制项目运行管理办法》，以及国家应对气候变化及节能减排工作领导小组颁布的系列指导性文件，如《应对气候变化国家方案》《节能减排综合性工作方案》等，然而在实施过程中，尚需要更加有效的低碳标签、低碳审计等其他非技术手段加以配合，以提高法律法规实施的可操作性。

二　实施差异性、低碳化的分区分类考评机制

不同类型城市的低碳发展应体现差异性，实现特色发展。生态功能区城市生态环境保护与经济发展之间矛盾的形成与地方财政建设、经济指标主导的评价体系及居民对于生活质量的强烈诉求密切相关。对此，不仅需要对生态功能区的资源保护情况进行跟踪调查，优化监管环节的软硬件基础，而且应进一步完善生态补偿机制，增加对生态功能区的扶持力度。在此基础上，明确生态红线范围，确定生态功能核心区、缓冲区及试验区等界限，根据不同功能分区来设定相应不同的评价因子及其权重，扩大生态功能区与其他功能区之间、生态功能区不同类别之间经济指标的权重差距，制定和实施差异化、绿色低碳化的分区考核机制，以便刺激生态功能区城市突破经济驱动桎梏，增强生态环境偏好，自上而下逐步解决经济建设与环境和气候保护之间的冲突，维护生态安全。

（一）明确生态功能分区及其目标要求

《全国生态功能区划》将全国分为九大功能区，2017 年又增补了新的地区和城市，但在实际操作中，多层治理的发展滞后带来政策信息传导偏差，对分区界限和政策内容本身的概念不清容易导致地方对生态功能分区政策的更新调整不能及时做出反应，或利用政策更替期的模糊界限违规操作等。亟须根据新形势下我国生态文明建设的要求，加快推动各地进行清晰的生态功能分区，督促基层明确和细化不同功能区的发展要求和禁止项目，避免出现模糊地带。

（二）根据不同功能区建立差异化的考核体系

为更科学地实施对地方的考核评价，需要根据不同地区的发展特点进行量体裁衣，以便对考评体系作出调整。在进一步细化全国生态功能区划的基础上，评价体系要视各地区所在的不同功能分区而设置相应的差异性评价因子及权重，扩大生态功能区与其他功能区之间及生态功能区不同类别之间评价指标权重的差异。例如，对于大兴安岭、秦岭—大巴山区、大别山区、南岭山地、闽南山地、海南中部山区、川西北、三江源地区、甘南山地、祁连山及天山等水源涵养、生物多样性重要生态功能区，经济指标的要求应与沿海发达地区明显不同，可考虑免除招商指标或降低其考核权重，同时提高生态保护相关指标权重，充分体现绿色低碳化导向。

目前青海省已经开始实施差异化的评价机制，调整地方党政领导班子和领导干部政绩考核办法。2018 年青海省委组织部新增了 8 个农产品主产县区取消 GDP 等 4 项考核指标，截至 2018 年 5 月，青海已有 28 个县区取消 GDP 等考核指标，实行以生态环保和脱贫攻坚为导向的考核机制。①

（三）约束性生态补偿与自愿性援助相结合

对重点生态功能区，要加大国家财政投入和转移支付力度，切实执行生态补偿机制。鼓励以重要生态功能区为依托，以资源定价为基础，充分考虑生态功能区居民对于经济发展和生活质量的诉求，加大实施区域之间生态补偿的力度。对生态下游的发达地区，鼓励其向欠发达的生态功能区开展非约束性的自愿援助。

三　完善多层治理体系

完善的多层治理体系是德国可再生能源有效增长的一项关键的

---

① 新华社西宁分社：《青海新增 8 县区取消 GDP 等 4 项考核指标》，参见 http：//www.gov.cn/xinwen/2018 -05/08/content_ 5289166.htm，登录时间 2019 年 11 月 13 日。

非技术创新因素，它在纵向层面使政策目标的传导和反馈得以顺畅进行，并在横向层面促进了不同利益相关者之间的沟通和协调，有效地推动了可再生能源的发展。这对我国低碳试点建设提供了有价值的参考。

（一）多层治理结构的完善

多层治理结构的完善主要包括治理结构的合理性和完备性、专设机构的独立性和有效执行力、低碳发展政策及工具的逐步完善。如第三章第一节所述，治理结构在MLG模型中体现为纵向和横向两个维度：横向维度上，包括部门之间协调的充分性、低碳发展的社会公平程度和低碳参与的广泛度等；纵向维度上，包括低碳政策传导和反馈的顺畅与否、相关措施的执行排序、公众低碳发展意识的成长等。如发展规划、政策制定和任务的分解细化，干部考核体系中绿色贡献的权重，尤其是低碳目标的完成情况是否融入县区—乡镇—村/居委会等各级领导干部的考核内容中，并且有相应的奖惩机制，以确保低碳政策的有效实施。

（二）低碳决策的民主化和信息公开化

对欧盟环境规制的研究可见，环境政策的形成和实施是一个多层治理（MLG）的过程，它强调参与主体和权威来源的多元化，通过多元行为体（超国家、国家和次国家）间的互动实现协调与合作。这对我国低碳建设也同样适用，在此框架下，公众参与和司法诉讼是环境治理、低碳城市建设的重要方式和环节，因此公众的环境知情权和信息权是一个不可忽视的方面。欧盟是通过不断提高决策过程的透明度和保证诉讼公开原则来提高环境政策实际决策过程中的公众参与，实现决策民主化和信息公开化。相对完善的多层治理体系也是德国可再生能源发展成功的一个核心因素，而这正是我国低碳城市建设中急需解决的一个制度问题。它既包括纵向的，不同层级之间的自上而下的传导过程，以及自下而上的比较顺畅的反馈过程，还包括横向的各行为主体之间的沟通和协调过程。这种多层多维的协调机制尽管会带来一部分速度损失，但是它所提供的充分的争论和沟通在很大程度上保证了政策的可操作性和民众的可接受性，并且有助于解决政策的负外部性。

（三）加强宣传教育、开展对外合作交流

公民的低碳意识和行动意愿是低碳城市建设的重要条件。欧共体的第三个环境行动规划中就强调了要有意识地训练和培养公民的环保意识，对于我国的低碳建设更是如此，低碳目标最终还是要落实于每一位公民。因此，各城市应该积极弘扬绿色低碳发展理念，加大舆论宣传引导力度，及时发布低碳发展的方针、政策、法规及工作部署，提高媒体对绿色低碳的公益宣传强度。通过开展全国节能低碳日等宣传教育活动，号召全体市民参与低碳城市建设。对低碳建设的典型单位、个人进行表彰奖励，树立榜样。同时加强信息沟通、意见表达、决策参与、监督评价等公众参与的平台建设，增强公众对低碳发展的认知和了解，承担资源节约和环境保护义务，充分发挥广大群众建设低碳城市的责任心、积极性和主动性，营造良好社会氛围。同时应加强国内不同试点城市之间，以及试点城市与非试点城市之间的沟通交流和经验分享，共同探讨有效的低碳城市建设与管理经验，开展多层面的互促合作。对外，加大国际合作力度、拓宽对外合作范围和渠道，开展与国外城市的互访交流、借鉴经验，增强国际先进低碳技术、先进管理技术和资金的引进、消化和吸收能力，以推动当地的低碳城市建设。

四　低碳发展的标准化及标识体系建设

欧盟的经验显示，行业标准化是低碳建设的有效途径，低碳城市建设不能仅依靠政府行为，必须有企业和民众参与的积极性。没有市场动力，依靠业主自身的低碳意识是不可持续的。因此政策目标必须和市场机制结合才是可持续的，而行业标识便是链接两者之间的桥梁，有助于将政府的政策目标转化为市场的预期低碳收益。

如荷兰的住房能效标识体系，有效地将政策目标转化为市场力量，促进了住房节能改造的良性循环。同理，通过行业标识体系来规范低碳行业和技术，并以此链接政策目标与市场机制，能够提高低碳城市建设的效度和效率。因此，探索建立低碳认证与碳标识制度是推动低碳发展的关键要素。包括产品和服务“碳足迹”计算方法及评价标准研究，及时跟踪研究国内外先进低碳认证技术，探索建立不同城市的低碳产品和低碳服务的标识制度，逐步制定相关管理办法。在大型商场、旅游酒店等领域，选择量大面广、可比性强、易于标准化和定量化的日常生活用品和常规服务，逐步开展低碳标识工作，引导全社会形成合理消费、适度消费、共享式消费等低碳消费观念和生活方式，引领和带动企业向提供低碳产品和服务的方向转型升级。

五　命令控制与市场激励的双重机制

欧盟环境治理机制经历了一个从命令控制型转向经济刺激型的过程，为了促使社会各阶层共同分担责任，欧盟越来越多地使用经济手段，主要有环境税、排污权交易、押金返还、环境补贴、环境标签、环境认证、信息披露和自愿协议等。但需要指出的是，这种机制转变并非完全替代型的，而是一种互补型的环境政策的双重实施机制。经济和市场手段主要是为了补充而非替代传统的命令控制型的环境规制，是基于后者之上，因而实际上是转向一种双重的环境治理机制。我国低碳城市建设也是如此，在行政手段的同时，要更多地发挥市场作用，培育低碳发展的市场体系。

（一）达峰控制与追踪机制

在命令控制方面，应鼓励各城市建立碳排放达峰的追踪机制，碳排放达峰追踪制度是保证达峰目标顺利实现的必要手段。它以各试点城市的碳排放达峰目标（达峰期限及总量）为基准，通过构建指标体系，识别重点减排区域、部门及行业，进而将达峰目标层层分解，以实现对重点区域、重点行业、重点企业的监控及目标完成情况的评估，及时制定科学的应对策略和针对性措施，倒逼各重点碳排放主体实现控排减排，保证达峰计划的有序推进。对此，各城市应建立有效的目标分解、达峰过程评估、工作督导、责任追究等制度，以数据管理平台为技术支撑，围绕“数据共享共用、全域统筹调度”的指导原则，能够促进政企沟通与合作，深度挖掘低碳数据的多元价值，以支持低碳行为决策，有效地推动城市的低碳发展。具体步骤可分为：一是明确各地碳排放总量控制的年度目标并进行分解。以碳排放量占比、减排贡献大小等作为判断关键控制领域的标准，识别减排的重点部门、重点行业等，将达峰目标分解为若干具体指标，建立符合不同城市各自特点的指标体系。二是定期开展达峰评估。根据各城市碳排放控制总体目标和指标体系，完善达峰评估机制，建立达峰评估工作组，依托数据管理平台定期开展目标完成情况评估，及时掌握完成进度与问题，深入追踪城镇化进程、经济增长与结构调整、能源消费总量和强度以及脱钩指数[①]等核心因素的变化趋势，开展城市达峰目标可行性分析。

为保证上述步骤的实施，各城市还必须加强对各部门节能降碳工作与政策执行的督导，将工作成效纳入年度目标考核，并适当提高考核层级和分值，并严格实行责任追究。结合目标分解、过程评估、工作督导等结果，及时识别薄弱环节，达到动态管理，实现部门间目标可调节，改进效果可追踪。对未能按期完成或超额完成阶段性目标的单位、部门、行业，及时调查具体原因，落实相关责任，严格按照相关制度奖惩并举，并鼓励单位之间的经验交流。以

---

① 碳排放脱钩指数基本计算公式为：脱钩指数 D_i = 碳排放变化率 C_i/GDP 变化率 G_i。$D_i > 1$ 时，代表扩张性负脱钩，经济发展仍以碳排放上升为基础；$0 < D_i < 1$ 时，代表弱脱钩，碳排放上升慢于经济增长；当 $D_i < 0$ 时，为强脱钩，经济发展的同时碳排放下降。

此发挥各行为主体的低碳发展积极性，使各部门低碳目标管理由“被动审核”向“主动进取”转变，使低碳技术的利用由“被动采用”向“主动创新”转变。

（二）完善市场机制

在市场机制方面，应加快推进资源价格差别化机制，如阶梯电价、水价、气价制度，完善污水、垃圾等处理处置收费机制。借鉴德国可再生能源上网的政策，优化电力生产运行方式，优先调度可再生能源发电资源。各地还需加快建立用能权和碳排放权交易制度，积极推行合同能源管理，推动建设林业碳汇市场，探索制定非国有公益林政府赎买等政策。积极探索纵向和横向相结合的生态环保财力转移支付制度，完善《饮用水源保护工作考核激励试行办法》，建立生活垃圾处理费分级承担制度和跨区域处理补偿政策。

如第三批试点成都市推行“碳惠天府”计划，将全民减排与市场化机制相链接。通过政府引导，激发控排企业、投资机构、公益组织和个人自愿参与，形成国家核证自愿减排量（CCER）需求信息，鼓励企业自愿减排温室气体；政府购买社会服务，委托社会机构用“碳惠天府”引导资金购买并托管省内的 CCER。以受委托社会机构实际持有的 CCER 数量为基准，形成可用于派发、分配、兑换 CCER 的“碳元”，每吨二氧化碳当量（tCO_2e）对应一定数量的“碳元”。受委托社会机构策划制定一系列公众低碳行为的奖励活动方案，经政府相关部门批准后组织实施；个人的低碳行为在奖励活动期间，可按活动方案得到一定数量的“碳元”奖励；获奖个人可在有效期内，由四川联合环境交易所按照相关规定和条件为其开立个人碳账户，以登记所持有的“碳元”对应的 CCER，作为个人碳资产确权基础；国内外机构、企业、团体和个人均可参与 CCER 交易，以满足其投资、公益或者强制履约的需求。这不仅创新了政府管理机制，而且通过市场机制的完善有效地激发了全体市民低碳建设的积极性。

六　提高政策有效性

有效的低碳发展不仅需要政策体系的完备，这可能流于书面形式，关键是如何在实践中提高有效性。一方面要提高政策目标的精确性，另一方面要有可追踪的环境问责制。

（一）政策目标的精准定位

政府对低碳城市建设过程中的激励性政策工具，如奖励和补贴，必须进行分类：一类是针对过程，如地方政府对绿色低碳教育和宣传等方面；另一类是针对结果，该类奖励或补贴必须由实际产生的效果来决定获得的资助幅度，而非针对项目或者实施过程，以此提高奖励或补助的使用效率，有助于实现精准补贴。如可再生能源补贴，住房能效改善补贴。

在我国可再生能源电力的发展中，主要针对装机容量的项目扶持并未取得理想成效，反而时有出现较为严重的弃风现象，以及太阳能发电的上网困境。对比德国可再生能源政策 StrEG 和 EEG，可发现，针对结果的政策和资金的精准扶持是较为有效的手段。类似于荷兰城市住房能效的行业标识体系，对低碳建设的效果分不同级别进行界定和分档，每一档分别赋值，根据不同的分值确定最终的扶持力度和补贴额度。这就避免了仅针对过程或针对项目的补贴可能带来的低效率。

（二）可追踪的环境问责制

调研证实，现阶段生态功能区的生态资源保护主要依赖于地方政府的政策行为。在提高居民生态保护意识的同时，更多地是需要激励地方干部的能动性和积极性。可实施全国联网的绿色政绩累积制，不因干部地域或职位变动而中断其生态建设业绩或失误，鼓励干部对生态文明建设做出贡献，并实现相关监管的可计量性和可持续性。[①] 建立全国联网的绩效卡，将干部政策行为所产生的结果对应为积分录入，以追踪问责制强化责任意识，提高地方生态文明建设效率。

七　环境治理与环境正义并重

“环境正义”（environmental justice），是指人类社会在处理环境保护问题时，各群体、区域、族群、民族国家之间所应承担的权利与义务的公平对等。欧盟的环境正义主要关注贫穷和污染的关系，针对环境治理中出现的非正义状况，欧盟逐步完善环境法规中所包含的“经济措施安全网”。其中包括公众参与、信息获得法规、环境影响评估以及司法救济等方式对由于经济手段所产生的外部性进行矫正；对因自愿协议引起的外部性进行一些弥补；同时还采用其他补充措施，比如改善低收入家庭的能源使用效率等措施促进环境正义。同理，我国的低碳建设也是如此，低碳城市建设需要不同地区 56 个民族的共同努力，并且大部分少数民族地区是中国乃至亚洲的生态屏障，也是最易受气候变化影响的地区。如何制定和实施有效的气候政策，编织成一张有效的“法律和经济措施安全网”，既达到政策有效性又实现气候环境正义，推动全国的低碳建设和可持续发展，迫在眉睫。

① 蒋尉：《西部地区绿色发展的非技术创新系统研究——一个多层治理的视角》，《西南民族大学学报》（哲学社会科学版）2016 年第 9 期。

英文执行摘要

1. The Development of the Concepts of Low Carbon and Low-Carbon City

The concept of low carbon was first developed in the field of economic development. In the late 1990s, Kinzig and Kammen brought up the term of "low-carbon economy" in their paper National Trajectories of Carbon Emissions. In 2003, this term made its way from academic discussions to official documents and appeared in the UK Energy White Paper. ①For the connotation of low-carbon economy, according to the "decoupling elasticity", Tapio subdivided the indexes for measuring the degrees of decoupling between greenhouse gases (GHG) emission and economic growth into eight major categories based on different values of elasticity. ② Pan put forward that the low-carbon economy focuses on low carbon with the aim of achieving development, a worldwide and long-term sustainable development. ③ Zhang et. al. believed that the low-carbon economy featured by low-carbon energy, zero-carbon energy or carbon-free technology is an

---

① Kinzig, Ann P., and Daniel M. Kammen, "National Trajectories of Carbon Emissions: Analysis of Proposals to Foster the Transition to Low-Carbon Economies", *Global Environmental Change*, Vol. 8, No. 2, 1998.

② Tapio, Petri, "Towards a Theory of Decoupling: Degrees of Decoupling in the EU and the Case of Road Traffic in Finland between 1970 and 2001", *Transport Policy*, Vol. 12, No. 2, 2005.

③ Pan, Jiahua, *Social, Economic and Technical Analyses of Low-Carbon Development*, Beijing: Social Sciences Academic Press (China), 2004.

integral part of a resource-saving and environment-friendly society. [①] Later, the concept of low-carbon spread from the field of economic development to social life and the carriers of concrete practices. For example, this discussion has extended from low-carbon production to low-carbon lifestyle or low-carbon community and further to the construction of low-carbon cities. In terms of the connotation and policy implications, the low-carbon economy puts more emphasis on the production and energy utilization, while the low-carbon society pays more attention to the consumption. [②] Cities are the main carrier of greenhouse gases emissions and highly capable of allocating economic and social resources in a centralized, large-scale and efficient way and therefore become the key platform of low-carbon practices. [③] For this reason, the construction of low-carbon cities turns into one of the major issues in this research field.

Chinese and foreign scholars, research institutions and organizations have defined the concept and connotation of low-carbon city from different angles. For instance, the World Wildlife Fund (WWF) and the Energy Research Institute of National Development and Reform Commission (NDRC) believed that low-carbon cities refer to the cities with low carbon dioxide emissions per unit of GDP or energy consumption per unit of GDP despite the rapid economic development. [④]

---

① Zhang, Kunmin, Jiahua Pan, and Dapeng Cui, *Introduction to Low Carbon Economy*, Beijing: China Environmental Science Press, 2008.

② Zhou, Zhenge, Guiyang Zhuang, and Ying Chen, "Assessment of Low-Carbon City Development: Theoretical Basis, Analysis Framework and Policy Implications", *China Population, Resources and Environment*, Vol. 28, No. 6, 2018.

③ Su, Meirong, Bin Chen, Chen Chen, Zhifeng Yang, Chen Liang, and Jiao Wang, "Reflection on Upsurge of Low-Carbon Cities in China: Status Quo, Problems and Trends", *China Population, Resources and Environment*, Vol. 22, No. 3, 2012.

④ Liu, Qinpu, "Review of Research on Evaluation Index Systems of Low-Carbon City in China", *Journal of Nanjing Normal University (Natural Science Edition)*, Vol. 37, No. 2, 2014.

The Climate Group believed that the key for low-carbon cities is to develop low-carbon economies, decrease carbon emissions or even achieve zerocarbon emissions. ① The Sustainable Development Strategy Study Group of Chinese Academy of Sciences believed that low-carbon cities refer to the cities that can minimize greenhouse gases emissions by transforming residents' lifestyle and consumption attitude and pattern in a low-carbon economy dominated by low-carbon industries and production. ② Yang and Li argued that low-carbon cities are meant to bring low-carbon practices to production and consumption, and establish a benign and sustainable energy ecosystem. ③

The above discussions on low-carbon cities have three things in common. First, low-carbon cities are based on low-carbon economy, so it is still important to maintain economic development and follow the characteristics of low energy consumption, low pollution, low emission and high efficiency. Second, low-carbon cities involve not only technology and products, but also society, economy, culture, ideology, mode of production and consumption pattern, which requires overall consideration. Third, the construction of low-carbon cities has diversified objectives such as economic development, ecological environmental protection and improvement in living standards and the key is how to achieve a win-win situation for all these targets.

---

① The Climate Group. 2011. China's Low Carbon Leadership in Cities. https://max.book118.com/html/2016/0302/36708438.shtm.

② Sustainable Development Strategy Study Group of Chinese Academy of Sciences, *China Sustainable Development Strategy Report: China's Approach Towards a Low Carbon Future*, Beijing: Science Press, 2009.

③ Yang, Li and Yanan Li, "Low-Carbon City in China", *Sustainable Cities and Society*, Vol. 9, December 2013.

2. The Development of China's Low-Carbon Pilot Cities and its Research Progress

2. 1. The Development of China's Low-Carbon Pilot Cities

As China is undergoing rapid urbanization and about to enter the post-industrialization stage, the low-carbon urban development is a necessary condition for transforming the development pattern, achieving modernization and building an environment-and climate-friendly society. The NDRC had launched three batches of low-carbon pilot projects in selected provinces and cities in 2010, 2012 and 2017, as shown in Fig. 1. The first batch of pilot areas, which began in October 2010, included five provinces (Guangdong, Liaoning, Hubei, Shaanxi and Yunnan) and eight cities (Tianjin, Chongqing, Shenzhen, Xiamen, Hangzhou, Nanchang, Guiyang and Baoding). ① Following the successful progress of the first batch, the NDRC expanded the scope of pilot areas in 2012 to explore the paths for controlling greenhouse gases emission in different types of areas and to achieve green and low-carbon development. It selected 29 provinces and cities based on their applications considering their capabilities, demonstration effect and representativeness as the second batch of low-carbon pilots. The second batch includes Beijing, Shanghai, Hainan Province, Shijiazhuang City, Qinhuangdao City, Jincheng City, Hulunbuir City, Jilin City, Daxing'anling Prefecture, Suzhou City, Huai'an City, Zhenjiang City, Ningbo City, Wenzhou City, Chizhou City, Nanping City, Jingdezhen City, Ganzhou City, Qingdao City, Jiyuan City, Wuhan City, Guangzhou City, Guilin City, Guangyuan

① National Development and Reform Commission (NDRC). 2010. Notice on Carrying Out Pilot Programs in Low-Carbon Provinces and Cities, http://www.gov.cn/zwgk/2010-08/10/content 1675733. htm.

City, Zunyi City, Kunming City, Yan'an City, Jinchang City and Urumqi City.[①] In January 2017, the NDRC launched the third batch of pilot projects to expand the scope of low-carbon cities and encourage more cities to explore and summarize their development experience as required in the 13th Five-Year Plan for Economic and Social Development,[②] the National Plan on Climate Change (2014 – 2020) and the Work Plan for Controlling Greenhouse Gases Emissions during the 13th Five-Year Plan Period.[③] The third batch includes 45 cities (counties or districts), which are Wuhai City, Shenyang City, Dalian City, Chaoyang City, Xunke County, Nanjing City, Changzhou City, Jiaxing City, Jinhua City, Quzhou City, Hefei City, Huaibei City, Huangshan City, Liu'an City, Xuancheng City, Sanming City, Gongqingcheng City, Ji'an City, Fuzhou City, Jinan City, Yantai City, Weifang City, Changyang Tujia Autonomous County, Changsha City, Zhuzhou City, Xiangtan City, Chenzhou City, Zhongshan City, Liuzhou City, Sanya City, Qiongzhong Li and Miao Autonomous County, Chengdu City, Yuxi City, Pu'er City, Simao District, Lhasa City, Ankang City, Lanzhou City, Dunhuang City, Xining City, Yinchuan City, Wuzhong City, Changji City, Yining City, Hetian City, and Aral City of XPCC First Division.[④]The total

---

① National Development and Reform Commission (NDRC). 2012. Notice on Carrying Out Pilot Programs in the Second Group of National Low-Carbon Provinces and Cities, http://www.ndrc.gov.cn/gzdt/201212/t20121205 517506.html.

② National Development and Reform Commission (NDRC). 2016. The 13th Five-Year Plan for Economic and Social Development of the People's Republic of China, http://www.xinhuanet.com//politics/2016lh/2016 – 03/17/c 1118366322.htm.

③ The State Council. 2016. Notice on Issuing the Work Plan for Controlling Greenhouse Gases Emission during the 13th Five-Year Plan Period, http://www.gov.cn/zhengce/content/2016 – 11/04/content 5128619.htm.

④ National Development and Reform Commission (NDRC). 2017. Notice on Carrying Out Pilot Programs in the Third Group of National Low-Carbon Provinces and Cities, http://www.ndrc.gov.cn/zcfb/zcfbtz/201701/t20170124 836394.html.

number of low-carbon pilot provinces and cities amounts to 87.

The key to develop low-carbon pilot cities is to set a scientific and reasonable target for the peak value of urban carbon emissions based on preparing energy balance sheet and greenhouse gases inventory, and formulate specific objectives, approaches and implementation plans according to the cities' development level and features to lower carbon emission indexes (including relative index and absolute index). In comparison with the first and second batch, the third batch of pilot cities has clearer and more radical targets, and is required to be more capable of conducting, organizing and coordinating pilot programs in the aspects such as industrial development, low-carbon technology update, construction of low-carbon community, governance mechanism, policy instruments and other non-technological innovation aspects. In the construction of low-carbon communities, for example, it is clearly required to promote green, low-carbon way of life among individuals and families, and put into practice green, low-carbon lifestyle, and consumption pattern, including advocating moderate consumption, curbing irrational consumption, reducing the use of disposal products, and encouraging low-carbon transportation.

2. 2. Progress in the Research of Low-Carbon Cities in China

The development of low-carbon pilot cities in China has drawn extensive attention from scholars at home and abroad and engaged them in research. In recent years, there have been four major changes in the study of low-carbon cities. First, the research focus has shifted from the macro-level topics of concept and connotation to the micro-level ones such as urban transportation and urban planning. Second, the spatial scale of research has expanded from individual cities to different dimensions such as families, communities and city clusters. Third, a more comprehensive set of indexes has been built for the evaluation system of low-carbon cities, with the dimension and scope of the evaluation extending continuously. Fourth, for the objects of evaluation, the one-dimensional evaluation has gradually given the way to the two-dimensional evaluation of time and space, and the evaluation areas have also extended from developed areas to underdeveloped areas.

2.2.1. The research focus has shifted from the connotation research at a macro-level to the analysis of specific issues at a micro-level

The research focus on low-carbon cities has shifted gradually from concept and connotation at a macro-level to specific issues at a micro-level, such as urban transportation, urban planning, corporate responsibility and civic duties. The Ministry of Housing and Urban-Rural Development brought up the concept of "low-carbon cities" at the beginning of 2008. The research at this time mainly focused on the concept and connotation of low-carbon cities.① With the launch of three batches of low-carbon pilot cities in China since 2010, domestic scholars have paid increasing attention to low-carbon cities and conducted more studies in this field.② The research focus shifted from concept and connotation to micro-level topics such as urban transportation,③ urban architecture④ and

① Xin, Zhangping, and Yintai Zhang, "Low Carbon Economy and Low Carbon city", *Urban Development Studies*, Vol. 15, No. 4, 2008; Dai, Yixin, "The Necessity and Governance Model of Developing Low Carbon City in China", *China Population, Resources and Environment*, Vol. 19, No. 3, 2009; Liu, Zhilin, Yixin Dai, and Changgui Dong, "Municipal Solid Waste Reduction Policy in the World", *Urban Development Studies*, Vol. 16, No. 6, 2009.

② Yang, Weishan, Bofeng Cai, Jinnan Wang, Libin Cai, and Dong Li, "Study on low Carbon cities' popularity in China", *China Population, Resources and Environment*, Vol. 27, No. 2, 2017.

③ Gui, Xiaofeng, and Lingyun Zhang, "Research on Transportation Development in Low-Carbon City", *Urban Development Studies*, Vol. 17, No. 11, 2010; Zhang, Wei, Jinyu Wei, Zailong Kang, and Lei Yue, "Urban Public Transport Development Path Mode Based on Low Carbon Economy", *Science and Technology Management Research*, Vol. 33, No. 20, 2013.

④ Fei, Yanhui, and Zhen Lin, "Research on Green Building's Development under the Construction of Low-Carbon City", *China Population, Resources and Environment*, Vol. 20, No. s2, 2010.

urban planning.[1] Moriarty and Wang argued that although it is advisable to increase the use of renewable energy and improve the energy efficiency, both of them would not remarkably reduce the use of fossil fuel by 2050.[2] Since relevant technical solutions cannot be achieved within next decades, it will be necessary to transform the urban lifestyle. In addition, many scholars have conducted remarkable explorations on the development of low-carbon cities, and the low-carbon transformation of government functions, policy instruments, corporate responsibilities and civic duties.[3]

2.2.2. The spatial scale of research on low-carbon cities has expanded from individual cities to spatial units such as families, communities and city clusters

The research on low-carbon cities was originally conducted on individual cities, such as the research on the low-carbon development path of Shanghai as one of the first batch of pilot cities,[4] the research on low-

---

① Ye, Zuda, "Planning and Construction of Low Carbon Cities: Cost and Benefits Analysis", *City Planning Review*, Vol. 34, No. 8, 2010; Zhang, Quan, Xingping Ye, and Guowei Chen, "Low-Carbon Urban Planning: A New Vision", *City Planning Review*, Vol. 34, No. 2, 2010; Wang, Yajie, and Yong He, "Methods for Low-Carbon City Planning Based on Carbon Emission Inventory", *China Population, Resources and Environment*, Vol. 25, No. 6, 2015; Du, Dong, and Shaoyang Ge, "Systematic Low Carbon City Planning, Construction and Management by System Engineering Method", *Science and Technology Management Research*, Vol. 36, No. 24, 2016.

② Moriarty, Patrick, and Stephen Jia Wang, "Low-Carbon Cities: Lifestyle Changes Are Necessary", *Energy Procedia*, Vol. 61, December 2014.

③ Zhuang, Guiyang, "Low Carbon Economy and the Modes of City Construction", *China Opening Herald*, No. 6, 2010; Yao, Hong, Zhen You, Shurong Fang, and Jun Liu, "Study on Regulation and Control of Environmental Policy Implementation of Local Government in Context of Low-Carbon Economy", *Environmental Science and Technology*, Vol. 24, No. 4, 2011; Zheng, Zhenyu, "Discussion about Government Management Innovation at the Age of Low-Carbon Economy: A Viewpoint Based on 'Political Convergence' and 'Economic Convergence'", *Future and Development*, Vol. 34, No. 9, 2011.

④ Chen, Fei, and Dajian Zhu, "Theory of Research on Low-Carbon City and Shanghai Empirical Analysis", *Urban Development Studies*, Vol. 16, No. 10, 2009.

carbon development of Tianjin,[①] and the evaluation of low-carbon development of Wuhan.[②] With the deepening insight into low-carbon cities and the growing focus on different urban spatial dimensions, scholars began to study inwardly the components of low-carbon cities, such as urban households,[③] communities[④] and towns,[⑤] and outwardly the spatial agglomeration effect of low-carbon cities, such as the optimized transportation system of Changsha-Zhuzhou-Xiangtan city cluster,[⑥] the healthy development of urban agglomerations in the middle reach of the Yangtze river,[⑦] the development plans and paths of low-carbon cities under the perspective of the coordinated development of Beijing-Tianjin-Hebei region,[⑧] and a quasi-natural experiment analysis of the effects of the "Coal to Gas/Electricity" policy on driving green cooperative

---

① Xie, Huasheng, Yong Yang, Zijing Yu, Lei Zhao, Juan Wen, Dan Liu, Ran Li, Ying Chen, and Yichen Zhao, "Low-Carbon Development Path of Tianjin", *China Population, Resources and Environment*, Vol. 20, No. 5, 2010.

② Zhang, Ying, "Based on Low Carbon Evaluation Index of Wuhan Low Carbon Cities Construction Research", *China Soft Science*, No. s1, 2011.

③ Zheng, Siqi and Yi Huo, "Low-Carbon Urban Spatial Structure: An Analysis on Private Car Traveling", *World Economic Papers*, No. 6, 2010.

④ Qin, Bo, and Ran Shao, "The Impacts of Urban Form on Household Carbon Emissions: A Case Study on Neighborhoods", *City Planning Review*, Vol. 36, No. 6, 2012; Dong, Kai, and Guanghui Hou, "Evaluation Index System and Empirical Study on Low Carbon Community: Case in Vanke Holiday Community", *Ecological Economy*, No. 3, 2013.

⑤ Pang, Bo, and Chuanglin Fang, "Smart Low-Carbon City: Progress and Prospect", *Progress in Geography*, Vol. 34, No. 9, 2015.

⑥ Liu, Xiliang, and Tingting Qin, "Analysis on the Low Carbon Economy about Exploration of Optimizing the Traffic in Changsha-Zhuzhou-Xiangtan", *Economic Geography*, Vol. 30, No. 7, 2010.

⑦ Shan, Zhuoran, and Yaping Huang, "The Research on the Healthy Development Strategy of the Inter-Provincial Domain of Low-Carbon Urban Agglomeration: Take Urban Agglomerations of Middle Reaches of the Yangtze River as an Example", *Modern Urban Research*, No. 12, 2013.

⑧ Zhou, Jun, and Xiaoli Ma, "Development Plans and Paths of Low-Carbon Cities under the Perspective of the Coordinated Development of Beijing-Tianjin-Hebei Region", *People's Tribune*, No. 32, 2015.

development in Beijing-Tianjin-Hebei region. ①

2.2.3. A more comprehensive set of indexes and methods has been built for the evaluation system of low-carbon cities, with the dimension and scope of the evaluation expanding continuously

The single indexes and methods built for the evaluation system of low-carbon cities have gradually given way to the comprehensive ones, and the spatial features and policy instruments have become increasingly important. Chen and Zhu used the elastic coefficient of annual energy consumption per capita GPD to evaluate the effects of low-carbon development in Shanghai. ② Ren et al. established 88 indexes to evaluate the development level of a low-carbon society based on its connotation and features. ③ Jiang and Zhang used 17 indexes to evaluate low-carbon cities from three aspects, i. e. low-carbon development, economic development and social development of low-carbon cities. ④ Gong and Wei built an evaluation model of low-carbon highway traffic with three levels of indexes using the analytic hierarchy process to evaluate the low-carbon degree of highway traffic in Heilongjiang province from the aspects of traffic scale, road network structure, traffic efficiency, occupancy rate, energy consumption, and carbon emissions. ⑤ Wang et al. established an

---

① Shi, Dan, and Shaolin Li, "The Effect of Green Cooperative Development in Beijing-Tianjin-Hebei Region — A Quasi-Natural Experiment Based on the Policy of 'Coal-to-Gas/Electricity'", *Research on Economics and Management*, Vol. 39, No. 11, 2018.

② Chen, Fei, and Dajian Zhu, "Theory of Research on Low-Carbon City and Shanghai Empirical Analysis", *Urban Development Studies*, Vol. 16, No. 10, 2009.

③ Ren, Fubin, Qingfang Wu, and Qiang Guo, "Construction of Assessment Index System of Low-Carbon Society", *Jianghuai Tribune*, No. 1, 2010.

④ Jiang, Huiqin, and Lili Zhang, "Study on Comprehensive Evaluation Index System of Low-Carbon Cities", *Management and Administration*, No. 11, 2012.

⑤ Gong, Yilong, and Daquan Wei, "Design and Application of Low-Carbon Road Traffic Evaluation Model — Taking Heilongjiang Province for Example", *Engineering Journal of Wuhan University*, Vol. 45, No. 6, 2012.

evaluation index system comprising low-carbon economy, society, environment, energy, concepts and policies, and conducted an empirical study on Hangzhou city using AHP.① Du and Wang built an evaluation index system of low-carbon cities based on the low-carbon city standard system proposed by the Chinese Academy of Social Sciences in 2010. Its criteria includes the low-carbon development in architecture, transportation, industry, consumption, energy, policies and technology, and the indexes include carbon emissions per capita, proportion of zero-carbon energy in primary energy, and emissions per unit.② Lian established a comprehensive evaluation index system of low-carbon cities including 20 indexes using the DPSIR model, and further used Spearman's rank correlation coefficient and principal component analysis to conduct an empirical analysis of the low-carbon development level of 35 key cities in China.③ Du et al. established an index system of low-carbon cities integrating evaluation and construction with the evaluation of basic conditions, policy implementation, measure implementation and development status as main indexes.④ Du et al., and Du and Wang established an efficiency analysis model of policy instruments by quantifying six selected policy instruments (direct regulation, carbon tax, carbon emissions trading, fiscal subsidies,

---

① Wang, Yingzheng, Yuying Zhou, and Xingye Deng, "Construction and Empirical Analysis of Evaluation Index System for Low-Carbon Cities", *Statistical Theory and Practice*, No. 1, 2011.

② Du, Dong and Ting Wang, "Study on the Evaluation Index System and Development Comprehensive Evaluation of Low Carbon Cities", *Chinese Journal of Environmental Management*, No. 3, 2011.

③ Duan, Yonghui, Hongyan Zhen, and Naiming Zhang, "Evaluation of Low-Carbon City and Spatial Pattern Analysis in Shanxi", *Ecological Economy*, Vol. 34, No. 4, 2018.

④ Du, Dong, Guiyang Zhuang, and Haisheng Xie, "Study on the Evaluation of Low Carbon Cities from 'Promoting Construction by Evaluation' to 'the Combination of Evaluation and Construction'", *Urban Development Studies*, Vol. 22, No. 11, 2015.

policy recommendations and government procurement), linking them with the evaluation index system of low-carbon systems. Duan et al. established an evaluation index system of low-carbon cities by selecting indexes from four aspects (energy, economy, enviroment and society), and used principal component analysis, clustering methodology and GIS model to evaluate low-carbon cities and analyze spatial patterns of 11 prefecture-level cities in Shanxi province.① Zhu et al. extracted 30 indexes directly related to low-carbon cities involving energy consumption, carbon emissions, main urban fields (industry, transportation and architecture) and waste disposal based on the North-East Asia Low Carbon City Platform (NEA-LCCP), the ecological and low-carbon indicator tool for evaluating cities (ELITE), and the ISO 37120 indicator system.② The research used press-state-response (PSR) analytical method to create an evaluation index system for the construction of China's low-carbon cities. Wu et al. built a three-layer evaluation index system of low-carbon cities with 22 indexes in five aspects of low-carbon development, low-carbon economy, low-carbon environment, urban size and energy consumption.③ The research introduced DMSP-OLS night light data set from remote-sensing images and image of retrieving PM2.5 concentration, and conducted comprehensive research on low-carbon cities using the factor analysis, clustering analysis and space-correlation analysis. Du and Li based their research on an input-output mode, with the indexes from technology, funds and policies during the construction of low-

① Duan, Yonghui, Hongyan Zhen, and Naiming Zhang, "Evaluation of Low-Carbon City and Spatial Pattern Analysis in Shanxi", *Ecological Economy*, Vol. 34, No. 4, 2018.

② Zhu, Jing, Xuemin Liu, and Yu Zhang, "Research on the Evaluation Index System for Low Carbon City Construction in China", *Ecological Economy*, Vol. 33, No. 12, 2017.

③ Wu, Jiansheng, Na, Xu, and Xiwen Zhang, "Evaluation of Low-Carbon City and Spatial Pattern Analysis in China", *Progress in Geography*, Vol. 35, No. 2, 2016.

carbon cities as inputs, and the indexes from overall development, production and living as outputs, and hence built an evaluation system for the construction of low-carbon cities. ①

Sieting et al. established a three-layer evaluation system of low-carbon cities with economy, society, and environment as the target level. ② Considering the influences of policies and plans over the future, the research selected 10 cities (London, Sidney, Stockholm, Mexico City, Beijing, Johannesburg, Saint Paul, Vancouver, New York and Tokyo) to rank their low carbon levels, with the results showing that Beijing ranked the lowest while London ranked the highest. Hossny and Hasyimi built an evaluation model of low-carbon cities with a set of criteria including economy, land use, water, transportation, energy and carbon emissions, and conducted an empirical study on the above 10 cities. ③ Sarker et al. summarized and analyzed the concepts and policies for the development of low-carbon cities in the context of China's new type urbanization, arguing that a standard evaluation index system should be under the government's control to monitor and encourage people to use low-carbon technology. ④ They also believed that further research should be conducted to determine the role of governmental agencies in the development of low-carbon cities to figure out how to improve the

---

① Du, Dong and Yalin Li, "Research on the Evaluation System of Low-Carbon City Construction Based on 'Input-Output'", *Shanghai Environmental Sciences*, No. 2, 2018.

② Sieting, Tan, Jin Yang, and Jinyue Yan, "Development of the Low-Carbon City Indicator (LCCI) Framework", *Energy Procedia*, Vol. 75, December 2015.

③ Hossny, Azizalrahman, and Valid Hasyimi, "Towards a Generic Multi-criteria Evaluation Model for Low Carbon Cities", Sustainable Cities and Society, Vol. 39, February 2018.

④ Sarker, Md. Nazirul Islam, Md. Altab Hossin, Xiaohua Yin, Jhensanam Anusara, Srichiangrai Warunyu, Bouasone Chanthamith, Md. Kamruzzaman Sarkar, Nitin Kumar, and Sita Shah, "Low Carbon City Development in China in the Context of New Type of Urbanization", *Low Carbon Economy*, Vol. 9, No. 1, 2018.

performance of China's low-carbon pilot cities. Liu and Qin analyzed China's policies for low-carbon cities from the aspects of targets, content and tools, arguing that despite problems in implementation, a multi-layer and multi-actor policy-making process for developing low-carbon cities has generally taken shape in China, in which the civil society should play a bigger role in the future. ①

2. 2. 4. In the evaluation of low-carbon cities, the one-dimensional evaluation has gradually given the way to the two-dimensional evaluation of time and space, and the evaluation areas have extended from developed areas to underdeveloped areas

The one-dimensional evaluation has been conducted on both individual cities and multiple cities, for example, the empirical research on Shanghai,② the evaluation of Wuhan,③ the evaluation of six eastern coastal provinces,④ and the evaluation of 13 prefecture-level cities in Jiangsu Province. ⑤ The two-dimensional evaluation of time and space has also expanded from individual cities to multiple cities and from relatively developed cities to underdeveloped cities. In terms of the research on individual cities based on time series, Liu et al. conducted a low-carbon city evaluation of Shenyang City from 2001 to 2008 using the "decoupling"

---

① Liu, Wei, and Bo Qin, "Low-Carbon City Initiatives in China: A Review from the Policy Paradigm Perspective", *Cities*, Vol. 51, January 2016.

② Chen, Fei, and Dajian Zhu, "Theory of Research on Low-Carbon City and Shanghai Empirical Analysis", *Urban Development Studies*, Vol. 16, No. 10, 2009.

③ Zhang, Ying, "Based on Low Carbon Evaluation Index of Wuhan Low Carbon Cities Construction Research", *China Soft Science*, No. s1, 2011.

④ Ma, Jun, Lin Zhou, and Wei Li, "Indicator System Construction for Urban Low Carbon Economy Development", Science & Technology Progress and Policy, Vol. 27, No. 22, 2010.

⑤ Zhu, Xia, and Zhengnan Lu, "Evaluation on the Low-Carbon City Development based on DPSIR Model: The Case of Jiangsu Province", *Journal of Technical Economics and Management*, No. 1, 2013.

model.[①] Yang evaluated Shanghai from 2000 to 2009 with the low-carbon city evaluation system built through principal component analysis.[②] Zhu comprehensively evaluated the low-carbon development of Guangzhou between 2000 and 2015 using the entropy method. In terms of the evaluation on multiple cities based on panel data,[③] Song built an evaluation index system of low-carbon cities and conducted a clustering analysis and evaluation of 28 cities along the Yangtze River between 2004 and 2008.[④] Wang et al. established an exponential model for low-carbon urban development and conducted a horizontal and longitudinal data comparative study among 13 cities in Jiangsu Province from 2005 to 2011.[⑤] Zhuang et al. selected 100 cities, including developed and underdeveloped ones, and carried out a comprehensive evaluation of the low-carbon development level of Chinese cities.[⑥] Liu et al. built an evaluation index system using the DPSIR model, and made an assessment on the low-carbon development of Guiyang, a typical pilot

---

① Liu, Zhu, Yong Geng, Bing Xue, Huijuan Dong, and Haonan Han, "Low-Carbon City's Quantitative Assessment Indicator Framework Based on Decoupling Model", *China Population, Resources and Environment*, Vol. 21, No. 4, 2011.

② Yang, Dezhi, "Comprehensive Evaluation of Low-Carbon City Development Based on PCA", *Journal of Tonghua Normal University*, Vol. 32, No. 4, 2011.

③ Zhu, Li, "Evolutional Analysis of Urban Low-Carbon Sustainable Development of Guangzhou from 2000 to 2015", *Ecology and Environment Sciences*, Vol. 27, No. 5, 2018.

④ Song, Weixuan, "Appraisal of Low-Carbon Development to 28 Cities along the Yangtze River", *Areal Research and Development*, Vol. 31, No. 1, 2012.

⑤ Wang, Feng, Chuanzhe Liu, Congxin Wu, and Shichun Xu, "Construction and Application of Urban Low-Carbon Development Indexes: Take 13 Cities of Jiangsu Provinces as Example", *Modern Economic Research*, No. 1, 2014.

⑥ Zhuang, Guiyang, Shouxian Zhu, Lu Yuan, Xiaojun Tan, "Ranking of Low-Carbon Development Level among Chinese Cities and the International Comparative Study", *Journal of China University of Geosciences (Social Sciences Edition)*, Vol. 14, No. 2, 2014.

city in underdeveloped areas.[①] Wu et al. evaluated the low-carbon results of 284 prefecture-level or above cities in 2006 and 2010 using integrated approaches and multiple indexes.[②] Shi and Sun evaluated and analyzed the low-carbon development level and trends of 35 Chinese cities from 2010 to 2015 using an evaluation index system of urban low-carbon development and comprehensive evaluation indexes.[③] The Institute for Urban and Environmental Studies of Chinese Academy of Social Sciences has developed an evaluation index system for low-carbon cities from six dimensions (macro-level, energy, industry, low-carbon lifestyle, resources and environment, and low-carbon policy innovation). Using this system, it conducted a multi-dimensional evaluation of 70 cities (prefecture-level cities) from three batches of national low-carbon pilots in 2010 and 2015, with the result showing that the low-carbon pilot projects have achieved positive results. The research discovered the evolution rules of low-carbon cities and some problems such as local imbalance and failure to give full play to low-carbon policies.[④] It is suggested to manage planning and layout with systems engineering thinking, improve the system of "promoting development by evaluation and integrating evaluation with development", promote the synergy effect of low-carbon construction and regional development and hold on to the standardization trend.

---

① Liu, Jun, Jianbo Hu, and Jing Yuan, "Evaluation Indicator System of Low Carbon City Construction Level on China's Underdeveloped Area", *Science & Technology Progress and Policy*, Vol. 32, No. 7, 2015.

② Wu, Jiansheng, Na Xu, and Xiwen Zhang, "Evaluation of Low-Carbon City and Spatial Pattern Analysis in China", Progress in Geography, Vol. 35, No. 2, 2016.

③ Shi, Longyu, and Jing Sun, "Study on the Methods of Assessment for Low-Carbon Development of Chinese Cities", *Acta Ecologica Sinica*, Vol. 38, No. 15, 2018.

④ Chen, Nan, and Guiyang Zhuang, "Effective Evaluation on Low-Carbon Pilot Cities of China", *Urban Development Studies*, Vol. 25, No. 10, 2018.

2.3. Comments on current research of China's Low-carbon City

For the construction of low-carbon cities in China, domestic and foreign scholars have conducted in-depth research on the connotations of the low-carbon economy and low-carbon city, low-carbon index, peak value of carbon emissions, technological approaches, energy utilization, low-carbon society, policy instruments and development level assessment, but the research is still subject to several limitations.

Judging from the spatial scale of case studies on low-carbon cities, the studies on relatively developed areas in eastern China have outnumbered those on the cities in western China, especially in the minority areas. Most minority areas are located in the places that are most vulnerable to climate change in China, and shall merit more research attention both in theory and practice. Judging from the published research findings, the discussions on the construction and evaluation indexes of low-carbon cities have put more emphasis on the technical aspects such as carbon emissions per RMB10, 000 of GDP, application of low-carbon technology, low-carbon society and environmental energy. Instead, these research assigned small weights to the indexes non-technical innovations such as low-carbon policies, governance mechanism and performance appraisal, which are urgently needed by the construction of low-carbon cities in China. In terms of the factors influencing the construction of low-carbon cities, as well as the formation and implementation of low-carbon city policies, inadequate attention has been paid to the residents' psychological factors, in particular the ethnic religious and cultural factors in the ethnic minority areas.

Therefore, the construction of low-carbon cities and relevant research need to pay more attention to the places which are the most vulnerable to climate change and be further explored from a non-technological innovation perspective.

3. The Non-technological Innovation in China's Low-Carbon City Building

3.1. The concept of Non-technological Innovation and Multi-level Governance

According to the discussion above, the existing literature includes in-depth study of a relatively broad scope, while the non-technological innovation factors are not taken into full consideration, neither are the most climate change vulnerable places. On this point, this book explores the non-technological innovation system in China's low-carbon city building, and takes the cities from most vulnerable areas as cases to discuss the multi-level governance structure (MLG) of low-carbon development.

The concept of non-technological innovation dates back to Joseph Schumpeter's definition of innovation, which categorizes innovation into five aspects: product, process, market, raw material allocation, and organization.[1] According to Schumpeter, innovation could be more explicitly divided into technological innovation and non-technological innovation. The former refers to all-embracing innovation in products and processes, while the latter deals with the perfection of governance structure and operation system, notably changes in marketing approaches, management skills, organization as well as those in

---

① Schumpeter, Joseph A., *The Theory of Economic Development: An Inquiry into Profits, Capital, Credit, Interest, and the Business Cycle.* New Brunswick and New Jersey: Transaction Publishers, 1934.

operation mechanism;[1] Oslo Manual, jointly published by OECD and Eurostat further elaborates the influence that non-technological innovation exerts on enterprise strategy, internal management, and external relations;[2] Caroline Mothe demonstrated that non-technological innovation plays different roles in different stages of innovation;[3] Schmidt and his fellow researchers, on the basis of German CIS4 data, analyzed the deciding factors in non-technological innovation and verified a close connection between technological innovation and non-technological innovation as well as the prominent part the latter plays;[4] Liu Wei and Yin Jiaxu concluded that non-technological innovation is innovation in business model, management, organization, culture, and system;[5] Jin Wulun holds that non-technological innovation is of great significance to the construction of an innovative country.[6] Obviously, the defects of non-technological innovation in the western region can be concluded as the fifth aspect of Joseph Schumpeter's definition of innovation: organization innovation, including the change and improvement in governance structure and operation system.

---

① Damanpour, Fariborz and William M. Evan, "Organizational Innovation and Performance: The Problem of ' Organizational Lag ' . " *Administrative Science Quarterly*, Vol. 29, No. 3, 1984; Anderson, Neil and Nigel King, ' Innovation in Organizations. ' In *International Review of Industrial and Organizational Psychology*, ed. Gerard P. Hodgkinson and J. Kevin Ford, Chichester: Wiley, 1993.

② OECD and Eurostat, "Proposed Guidelines for Collecting and Interpreting Technological Innovation Data", In *Oslo Manual.* 2nd ed. Paris: OECD Publishing, 1996.

③ Mothe, Caroline and Thuc Uyen Nguyen Thi, "The Link between Non-technological Innovations and Technological Innovation", *European Journal of Innovation Management*, Vol. 13, No. 3, 2010.

④ Schmidt, Tobias and Christian Rammer, "Non-technological and Technological Innovation: Strange Bedfellows?", ZEW Working Paper, 2007.

⑤ Liu, Wei and Jiaxu Yin, *Building Business Competitiveness at the Information Age: Enterprise Informatization and its Application.* Beijing: Beijing Science Press, 2004.

⑥ Jin, Wulun. 2007. "Non-technological Innovation in the Building of Innovative Country", Guangming Daily. http://news.xinhuanet.com/theory/2007 - 11/13/content 7062371.htm (accessed November 13, 2007).

Field survey reveals that there are still deficiencies in the non-technological innovation system in low-carbon city building. First, the multi-dimensional communication and residents' involvement in the formation of policies needs improvement, thus some of the policy measures lack practicality. Second, request for protection of ecological culture and other local demands in some cities are incompatible due to erroneous conduction of policy or lack of localization process, sometimes leading to negative effects. Third, there is a lack of scientific management and supervision system in the implementation of policies to some degree, usually resulting in poor horizontal coordination and dialogue among behavior subjects as well as the coexistence of multi-sectoral management and no accountability. Fourth, due to great economic growth pressure, the cadre assessment system does not fully embody the goals of low-carbon development in some cities, which discourages their effort in low-carbon investment. Last, due to the inconsistency between low-carbon development effect and cadres' terms of office, i. e. the former is hardly shown within a cadre's terms of office, and correspondingly local cadres' enthusiasm for pursuing low-carbon development is dampened down.① Low-carbon development involves not only technological innovation, but also non-technological innovative factors such as governance capacity and evaluation system. All those deficiencies reflect that the Multi-level Governance (MLG) is vague in structure and inefficient in operation, and the evaluation system is lagged behind, all of which inevitably result in the inefficiency in the

① Other than the instant statistics produced by GDP, comprehensive outcome of low-carbon development cannot be seen immediately (with the exception of air quality index, which, however, cannot be representative of comprehensive effect of low-carbon development). Instead, it is a long-term cause.

building of low-carbon cities. Consequently, it is difficult to effectively inspire and motivate forces to invest in low-carbon development by applying low-carbon technology and implementing related policies and measures. Therefore, establishment of an effective non-technological system including governance structure and evaluation system is of positive significance for the western region to realize low-carbon development.

MLG, originates in the study on European integration, is an important theory in politics and public management. Firstly raised by Lisbeth Hooghe and Gary Marks, it was aimed at analyzing the organizational innovation and operation logic behind the Russian-nesting-doll-like governance institutions at all levels based on regional-stratification in the European Union. ① Specifically, it deals with the power structure continuous negotiation system and the interactive relations in politics and policies among power subjects at all levels of "EU-EU member states-region-district". ② In the early 2000s, MLG was further divided into two relative types: T1 and T2. The former means the more stable MLG within a sovereign state, while the latter refers to the issue-oriented MLG beyond sovereignty that occurs and disappears with problems, usually problems in public affairs. ③ MLG is flexible governance. To be specific, T1 conceives a vertical non-crossing governance

---

① Piattoni, Simona, "Multi-level Governance: A Historical and Conceptual Analysis", *Journal of European Integration*, Vol. 31, No. 2, 2009; Marks, Gary, "Structural Policy and Multilevel Governance in the EC", In *The State of the European Community*, ed. Alan Cafruny and Glenda Rosenthal, Boulder Colorado: Lynne Rienner, 1993.

② Schmidt, Tobias and Christian Rammer, "Non-technological and Technological Innovation: Strange Bedfellows?", ZEW Working Paper, 2007.

③ Hooghe, Liesbet and Gary Marks, "Unraveling the Central State, But How? Types of Multi-level Governance", *American Political Science Review*, Vol. 97, No. 2, 2003.

with limited levels, resembling the structure of Russian nesting dolls; T_2 proposes a horizontal crossing governance that is task-based, more flexible, and in greater and uncertain numbers. Marks et al. believe that MLG helps internalizing external issues like climate change mitigation, and thus achieving better governance effect. Ostrom, Keating and other researchers propose that modern governance should decentralize governance rights to power subjects at all levels through effective organization forms, so that flexible crossing local governance institutions could execute governance right of public affairs and enhance the effectiveness of policies. ① MLG therefore becomes a typical model for modern governance. It extends from researches on the political science of European Union to an important theoretical instrument for researches on public policies. ②

This book defines non-technological innovation system as the MLG mechanism and evaluation system that drive low-carbon development within the framework of ecological civilization construction. By introducing and expanding MLG model, this book takes Guangyuan, Sichuan Province in western region as the target case with Deyang and Hanyang as reference cases. Based on field surveys, questionnaires, and interviews, and through comparative study, it explores non-

---

① Ostrom, Elinor, "Metropolitan Reform: Propositions Derived from Two Traditions", *Social Science Quarterly*, Vol. 53, No. 3, 1972; Keating, Michael, "Size, Efficiency and Democracy: Consolidation, Fragmentation, and Public Choice", In *Theories of Urban Politics*, ed. David Judge and Gerry Stoker, London: Sage, 1995; Lowery, David, "A Transactions Costs Model of Metropolitan Governance: Allocation versus Redistribution in Urban America", *Journal of Public Administration Research and Theory*, Vol. 10, No. 1, 2000; Peters, B. Guy and Jon Pierre, "Developments in Intergovernmental Relations: Towards Multi-Level Governance", *Policy and Politics*, Vol. 29, No. 2, 2000.

② Marks, Gary, "Structural Policy in the European Community", In *Europolitics: Institutions and Policy-making in the "New" European Community*, ed. Alberta Sbragia, Washington D. C.: The Brookings Institution, 1992.

technological innovation system for China's low-carbon city building from the perspective of MLG.

3.2. MLG Framework Construction and Case Study

3.2.1. MLG model for low-carbon city building

As illustrated above, MLG model is employed for the analysis of the interactive relations among various actors of different vertical stratifications and horizontal organizations, as well as that of public governance structure and operation mechanism that take form correspondingly. However, is MLG, a model based on the study of the European Union, equally relevant to the non-technological innovation system for low-carbon city building? This question could be considered from the characteristics of the research objects. In terms of the effectiveness of the governance system for external issues such as climate change, the governance structure, and operation mechanism of the EU (e.g. the conduction and feedback of policies, and the coordination and communication among stakeholders) is a successful model, despite notable inefficiency caused by the prolonged interest game among various parties within the European Union.① Considering the structure advantages and applicability of MLG theory, MLG analyzes the game among right and interest actors existing in a multi-level structure with multiple interactions, e.g. the MLG structure and complicated interest relationships of "EU-EU member state-state-district-county-community"; besides, the MLG framework also helps to articulate the division of vertical and horizontal liabilities, rights, and interests of actors. Thus

---

① Hooghe, Liesbet and Gary Marks, "Unraveling the Central State, But How? Types of Multi-level Governance", *American Political Science Review*, Vol. 97, No. 2, 2003; Druckman, A., P. Bradley, E. Papathanasopoulou and T. Jackson, "Measuring Progress towards Carbon Reduction in the UK", *Ecological Economics*, Vol. 66, No. 4, 2008.

despite different administrative relations and operative mechanisms (which are mainly bottom-up in the EU countries and top-down in China), the MLG analyses of the EU public governance and the low-carbon development in China have similarities in hierarchical structure and interactive mechanism, meaning that the governance structure and operation mechanism are comparable, and the advantages of MLG two-dimensional vertical and horizontal analyses can be fully played. Therefore, for the research on China's low-carbon city building, MLG is a practical technological approach to analyze the interaction among vertical levels as well as the coordination and competition among various stakeholders at horizontal levels. Given the criss-cross and interactive relations among related administrative subjects, including the coordination and communication among interest groups and institutions, China's low-carbon city building is multilateral and complicated. It is evident that neither T_1 nor T_2 in MLG is able to function as the analysis framework alone. They both need reasonable improvement. Accordingly, this book improves and expands MLG model by embedding T_2 into T_1, combining the formation mechanism of environmental policies and China's administrative characteristics. What is worth mentioning is that in this context, T_2, originally referring to "issue-oriented power structure and relations", more specifically meaning horizontal power structure and interactive relations among stakeholders, known as Th (T-horizontal); likewise, T_1 is better formulated as stable vertical interactive relations or Tv (T-vertical), as illustrated in Figure 1. Expanded MLG model clearly demonstrates city-level governance structure of low-carbon development and facilitates the analysis of the game relationships.

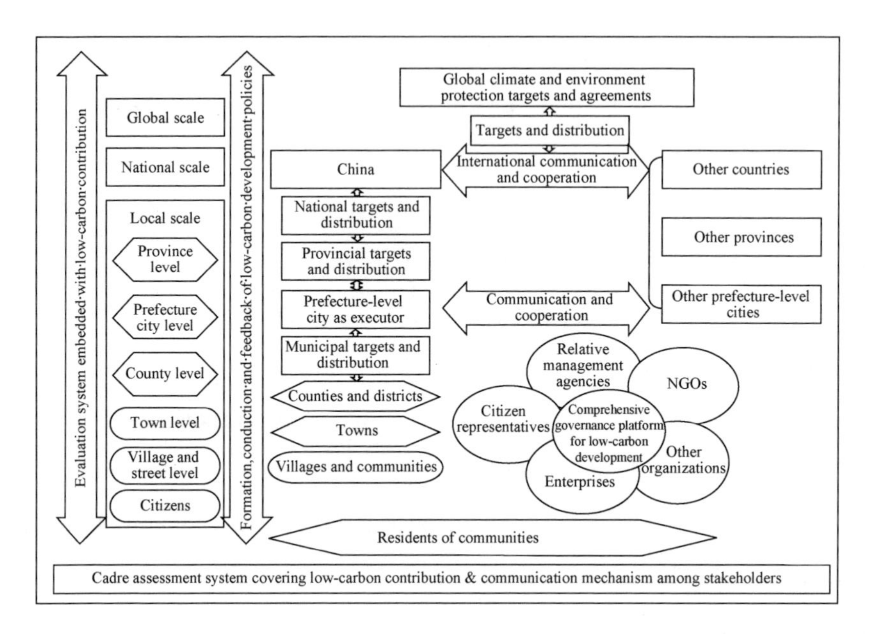

Figure 1　Expanded MLG model for low-carbon city building.

Following that idea, this book, based on the characteristics of China's administrative structure, defines league/city level as the benchmark and establishes a two-dimensional model composed of Tv and Th. To be more specific, vertically, it analyzes the "top-down" policy conduction and implementation mechanisms and "bottom-up" policy feedback mechanism that go through the chain of state-autonomous region-league-banner/county-town-community-resident; horizontally, it analyzes the communication and coordination mechanism among various sectors, organizations, governments, enterprises, citizens, NGOs, and other stakeholders.

As regards to case selection, this book chooses Guangyuan, Sichuan Province as the target case and nearby cities Hanzhong and Deyang as reference cases. Guangyuan, located at the upstream of Jialing River, an off branch of the Yangtze River, is a significant ecological barrier in Southwestern China. At the intersection of Sichuan Province, Gansu

Province, and Shaanxi Province, Guanyuan has jurisdiction over three districts and four counties, among which three are state poverty-stricken counties/districts. Guangyuan's main industries are energy, metal, agricultural products and by-products processing, building materials, electronic machinery, tourism, and vocational education. Its characteristic and competitive industries are natural gas, flue-cured tobacco, Tea, forest, and fruit industries. The ratio of three industries has been adapted from 33.7 : 27.4 : 38.9 in 2005 to 23.8 : 39.0 : 37.2 in 2010. With an urbanization rate of 31%, it is still at the first stage of mid-term urbanization, which determines that various emission demands caused by production and consumption growth will keep growing. Guanyuan is an underdeveloped city in remote Southwestern China with widely populated ethnic minorities and low level of economic development (state poverty-stricken city). In addition, it lacks technology, capital, talent reserve, and attraction, which is very representative in the climate change vulnerable places. Analysis and conclusions on Guangyuan's non-technological innovation system would provide references for other cities at similar development stage and help them achieve low-carbon transition.

The author followed up the low-carbon development in Guangyuan from 2008 to 2015, mainly by means of door-to-door interview, group interview, and questionnaire, etc. Unless otherwise noted, all statistics in this chapter are quoted from first-hand interview data, annual bulletins, and statistical yearbooks for national economic and social development of Guangyuan, Hanzhong and Deyang, as well as Sichuan Province overall.

3.2.2. Analysis on Non-technological Innovative Factors of Low-carbon Development in Case City

3.2.2.1. The progress on low-carbon transition in Guangyuan city

Due to its low economic development level, Guangyuan government had long taken catching up with other cities in Sichuan Province in economic growth as its main target. Until the end of 2008, it shifted its strategic focus to low-carbon development, including promoting clean energy, low-carbon buildings, low-carbon transportation, low-carbon agriculture, and low-carbon communities, etc. Among which, developing and using clean energy, promoting low-carbon transportation (by replacing gasoline with natural gas and advocating bicycles in cities), popularizing household biogas, testing soil for formulated fertilization, and promoting flower-growing, etc. became key measures that are well suited for local conditions. Meanwhile, industrial and service sectors embraced technologies for energy conservation, emission reduction, and energy renewal. Besides, local governance structure has constantly been adjusted and low-carbon contribution has been given more weight in cadre assessment system.

Comparing the main data on low-carbon development in Guanyuan since 2007, it reveals evident progress in low-carbon transition: from 2007 to 2008, energy consumption per unit of GDP in Guangyuan is clearly above national average, growing from 1.43 to 1.56 tons of standard coal per 10, 000 yuan. One of the reasons is that, after being severely hit by the major earthquake in 2008, Guangyuan attracted large amounts of high energy-consuming industries such as metal building materials and cement related to reconstruction, resulting in a surge in energy consumption per unit GDP in the early stage. After that, it has gone down year on year to 1.03 tons of standard coal per 10, 000 yuan in 2013 by 27.97%, slightly higher than the regional average decline of 27.70%, the 27.20% decrease in Deyang and 22.89% in Hanyang, both are nearby prefecture-level cities, as shown in Fig. 2 (a). Energy carbon intensity in Guanyuan has gone down from 3.79

tons of CO_2 per 10, 000 tons of standard coal in 2007 to 2. 13 in 2012, a 44% decrease in five years, which is far above national average during the same period, as shown in Fig. 2 (b). This reflects the growth of clean energy use and the optimization of energy structure in Guangyuan. Since adopting the low-carbon development strategy, Guangyan has accelerated the promotion of hydropower, solar energy, wind energy, household biogas, and other low-carbon energies, accounting for the rapidly growing percentage of non-fossil fuel. By 2011 the city had achieved 100% household biogas usage where it is accessible. Forest rate had grown from 47. 2% in 2007 to 54% in 2012, 1. 5 times of the regional average, as shown in Figs. 2 (d) and 2 (c). At the end of 2012, Guangyuan was listed as one of the first batch of national low-carbon cities.

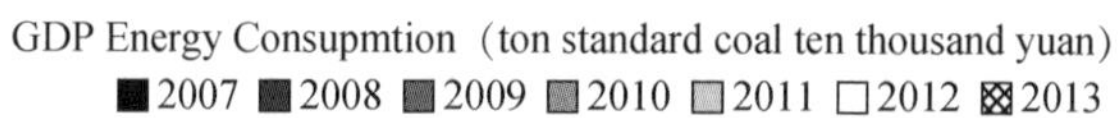

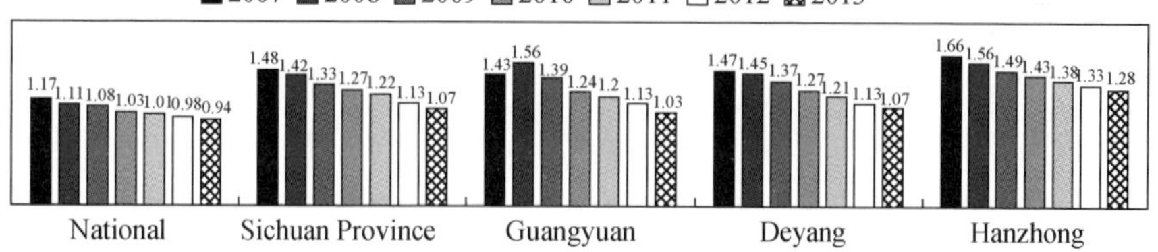

(a)

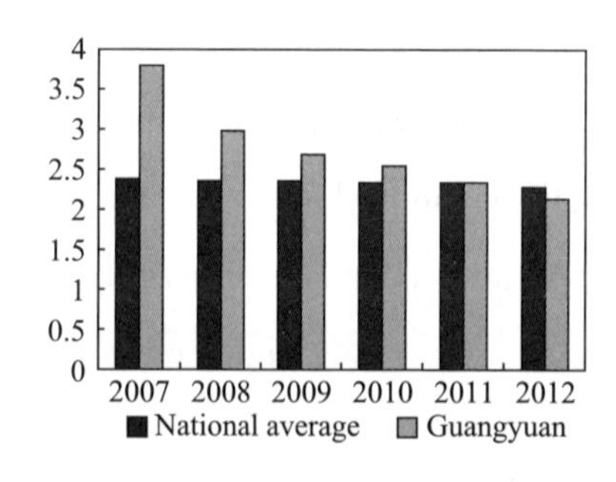

(b)

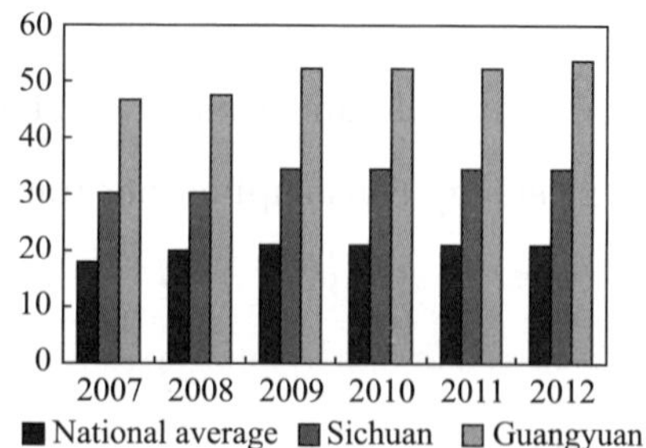

(c)

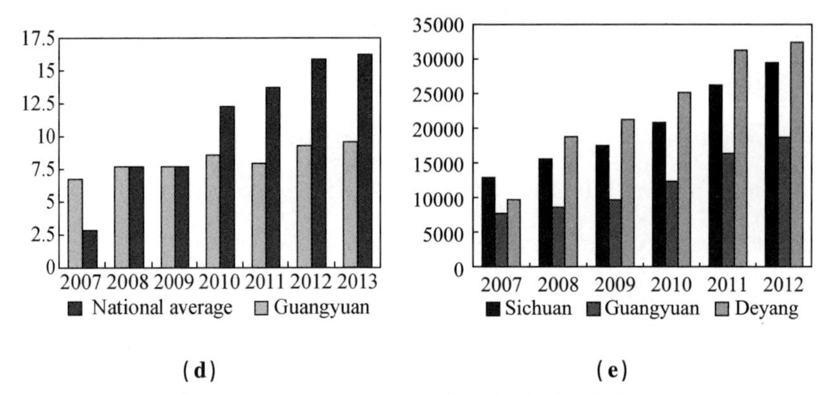

(d)　　　　　　　　　　(e)

Figure 2　(a) Energy consumption per unit GDP of Guangyuan and nearby prefecture-level cities (2007 – 2013), based on prices in 2005, Unit: tons of standard coal per 10, 000 yuan.

(b) Energy carbon intensities in Guangyuan (2007 – 2012), tons of CO_2 per 10, 000 tons of standard coal.

(c) Coverage of forest in Guangyuan (2007 – 2012), Unit: %.

(d) Non-fossile fuel proportion of Guangyuan (2007 – 2013), Unit: %.

(e) Per capita GDP in Guangyuan (2007 – 2012), Unit: yuan.

3. 2. 2. 2. Non-technological innovative factors in Guangyuan's low-carbon transition

A comparison between Guangyuan and reference cities reveals that per capita GDP in Guangyuan is only two thirds of regional average, as shown in Figure 2 (e). Besides, it also lags behind in terms of technology, natural environment, human resource, economy, and other potentials for low-carbon development. As can be seen in Table 1, Guangyuan is out-performed by Deyang and Hanyang regarding low-carbon-development-related patent application, public education level, and investment in low-carbon energy. The number of patent applications in Guangyuan is only one fourth of that in Deyang, and is also lower than that in Hanzhong.

Table1 helps to draw the conclusion that Guangyuan is not advantaged as compared to other two cities, namely, Deyang and Hanyang, in overall economic power, technological innovation, capital, human resource, and other technological factors of low-carbon development potential. Nevertheless, it should be noted that Guangyuan has been at the top in Sichuan Province, outperforming Hanyang and Deyang nearby, regarding main indexes for low-carbon development. Therefore, it is worthwhile to analyze the non-technological innovation factors in Guangyuan's low-carbon transition.

Table 1 Comparison of low-carbon (LC) development potential in Guangyuan, Deyang, and Hanzhong.

Technological potential for LC development				LC energy advantage		Carbon sink potential	Economic support
	Index of comprehensive technological advance (%)	Patent applications	Resident education level	LC energy Investment (%) percentage	LC energy percentage	Forest Target of coverage (%) forest sink	LC investment (million yuan)
Guangyuan	40.40	548	49.97	1.35	36.13	54.00 57.00+	18.67
Hanzhong	/	769	62.79	1.44 /		58.18 65.00+	22.61
Deyang	60.96	2108	62.34	2.91 /		38.50 41.00+	35.94

Table 2 Evaluation of non-technological innovation system for the low-carbon development in Guangyuan.

1st level indicators	2nd level indicators	3rd level indicators	4th level indicators	Unit	Evaluation standards	Results of Guangyuan
		Completeness of governance institution settings	Whether there are special agencies Whether there are special personnel Whether there are leading groups	Yes/no	All yes	With special agencies, special personnel, and leading group
		Independence and effectiveness of institutions	Independence and executive capability of low-carbon platforms	Strong/weak	Independence and effectiveness of coordination among and supervision on departments	Strong (low-carbon Bureau is relatively independent, although under certain restrictions)
Non-technological innovation system for low-carbon development	Completeness of the governance system for low-carbon development	The completeness of policies and instruments for low-carbon development	Completeness of strategic plans and measures	Yes/no	With complete strategies and plans for LC development	Began formulating LCD plans in 2008 and has been gradually improving them since then
			LC accounting system	Yes/no	With energy list, greenhouse gases list, and green GDP accounting system	With energy list and greenhouse gases list
			Low-carbon contribution reflected in cadre assessment system	%	Weight of LC contribution in cadre assessment system	(2007) 5 (2008) 12 (2009) 15 (2010) 19 (2011) 19 (2012)
			If the policy conduction and feedback is smooth	Yes/no	Yes	With smooth top-down policy conduction and bottom-up feedback mechanisms

续表

1st level indicators	2nd level indicators	3rd level indicators	4th level indicators	Unit	Evaluation standards	Results of Guangyuan
	Effectiveness of the operation mechanism for LC development	Tv dimension: Vertical conduction and feedback	Execution order of LCD policy measures	Order	If listed at first three places	Over 90% of respondents rated LCD policies and measures as the 2nd place
			Public awareness of LCD		>75%	2 (2008) 15 (2009) 93 (2010) 97 (2011) 98 (2012)
		Th dimension: horizontal exchange and communication	Sufficiency of inter-departmental coordination	%	Times of reaching an agreement/ Times of coordination	Above 95% over the years
			Frequency of hearings on LC measures	%	Number of hearings/Total amount of policies	100% are announced through hearings or bulletin boards
			Participation of NGOs Times		Times of exchange and cooperation with other countries	Specific data is unavailable but generally NGO is able to participate in foreign exchange and cooperation

Research shows that Guangyuan is equipped with a well-developed governance system for low-carbon development. For instance, Guangyuan Reform and Development Commission includes a Low-carbon Development Bureau (LDB) with specialized personnel and a municipal leading group for low-carbon development headed by major governors of the city. Efficient policy conduction and feedback is ensured by specially assigned persons who are responsible for the vertical link-up from city to county, village, town, and community. Meanwhile, policies and instruments for low-carbon development in Guangyuan are relatively well-developed. At the end of 2008 and the beginning of 2009, when low-carbon concept has not been acknowledged by nearby prefecture-level cities, Guangyuan adopted low-carbon development as its major competitive strategy and developed well-rounded strategies and plans for low-carbon development. As regards the weight of low-carbon contribution in Guangyuan's cadre assessment system, it surged from 3% in 2007 to 12% in 2009, as shown in Figure 3 (b). It then rose to 19% in 2011 and stayed there in 2012, higher than nearby cities and states in both weight and growth rate. The LDB, as the platform for low-carbon management and pivot of the governance system, links other actors in both horizontal and vertical dimensions. As low-carbon development has been adopted as a primary strategy for Guangyuan, this bureau is assigned great authority and independence, and thus could hold regular and irregular coordination meetings on low-carbon development issues for discussion and communication among different departments. It has been found that the LDB is empowered with executive capabilities beyond its counterparts in Guangyuan and it supervises all related municipal departments and agencies to implement policies issued by the low-carbon green leading group. At the end of the year, the LDB is entitled to carry out evaluations of the implementation and the results are taken into account in the scoring system of the department, directly influencing the cadre assessment. Regarding green or low-carbon accounting system, which should include a statistic system for energy production and consumption, a monitoring system for greenhouse gases emission, and a green GDP accounting system so as to make low-carbon targets more quantifiable, detectable, and evaluable, Guangyuan has only the first two systems and has plenty of room for improvement.

As regarding the operation system for low-carbon development, the survey shows that over 85% of interviewees are satisfied with the setting and operation of the institution for low-carbon development, acknowledging that the top-down policy conduction and bottom-up policy advice and feedback are smooth. Correspondingly, citizens' low-carbon awareness has been enhanced fast. In 2008, only 2% of the respondents were acquainted with the low-carbon development concept in questionnaire; then the percentage grew to 90% in 2011 before it reached 93% in the 2012. In 2013, the popularization rate of low-carbon development in Guangyuan increased to 98%, displaying a growth rate significantly higher than that of Hanyang and Deyang at the same period, as shown in Figure 3 (a).

Besides, as the weight of low-carbon contribution grows in Guangyuan's cadre assessment system, low-carbon development policies, and measures have gone from the bottom to top in government's agenda. Over 90% of interviewed departments in Guangyuan said that low-carbon development policies and measures are "priorities" that only descend to the second place when in conflict with "social security and stability". In terms of public participation (measured by the frequency of hearings, or the proportion of hearings among the total number of policies, in which 100% represents complete public participation), the questionnaire and interviews show that few citizens attended the hearings although the local government held them whenever issuing low-carbon policies. To address that, Guangyuan government replaces most hearings with announcements on bulletin boards and manages to give feedback to the public within a certain amount of period (two weeks, for instance). 80% interviewees said that announcement works better than hearings. Besides, although no detailed information has been concluded as to the degree to which Non-Governmental Organizations (NGOs) are involved in low-carbon development programs, local interviewees and the World Wildlife Fund (WWF) officials who had been part of the low-carbon development programs in Guangyuan said that generally they can participate in specific cooperation programs of low-carbon development, carry out relevant research work and make proposals, which were confirmed as effective participation by the interviewees.

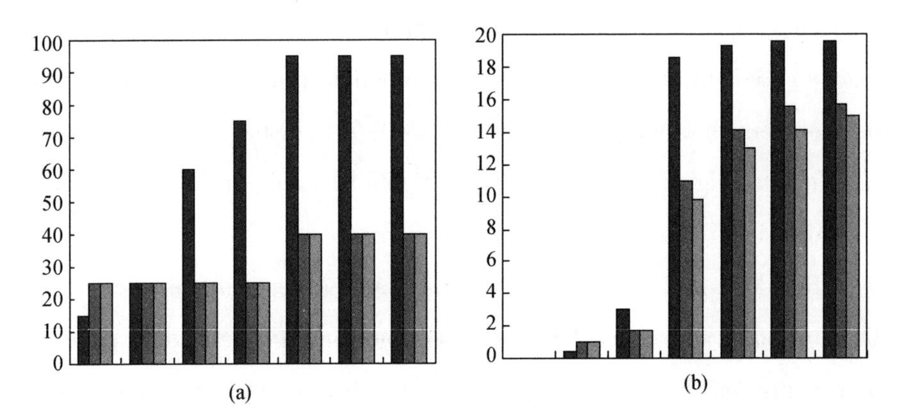

Figure 3 (a) Change of low-carbon weight in cadre assessment system (%). (b) Change in low-carbon development awareness (%). Left: Guangyuan; Middle: Deyang; Right: Hanzhong

Through case comparison among Deyang, Hanyang, and Guangyuan, it could be concluded that although the former two cities are technologically advantaged, they lack a well-rounded governance system of non-technological innovation, and the weight of low-carbon development in their cadre assessment system is insufficient to motivate them effectively. By comparison, Guangyuan gradually developed a relatively complete non-technological innovation system, and low-carbon development has been assigned great weight in its cadre assessment system. As a result, a domino effect of low-carbon preference has been set off and low-carbon development policies are well conducted, localized, and implemented at city, village and even community level. This edge to some extent compensates for Guanyuan's technological backwardness and brings its low-carbon development beyond other prefecture-level cities.

3.2.3. The Non-technological Innovation System of Guangyuan's Low-carbon Development and Its Preference Intervene effect

Taking Guangyuan in Figure 1 as an example, the target is to establish a MLG governance model based on prefecture-level cities as shown in Figure 4 (a). Vertically (Tv), Guangyuan, taking the LDB as a platform and combining the top-down "nation-province-city" conduction of "low-carbon preference" and the bottom-up feedback mechanism, formulated low-carbon policies that are well suited for its own conditions, a successful process of "localization". On this basis, the low-carbon development strategic targets are further divided and unanimously acknowledged through the top-down and bottom-up interaction and coordination mechanism of "Guangyuan-seven counties and districts-238 towns-villages-communities-3, 162, 000 citizens". Meanwhile, cadre assessment system that includes low-carbon weight could exert influence on the preference of counties, districts, towns, villages, and even communities so as to motivate them to give priority to low-carbon development policies and measures. In this process, the LDB continues to function as a pivot, further organizing and coordinating low-carbon development issues horizontally (Th). This resembles the T2 dimension raised by the Marks. It's an integration of target-oriented, horizontally-crossed and flexible jurisdictions, linking various departments and agencies such as functional organizations, enterprises, representatives of citizens and other stakeholders, as well as setting up coordination, dialogue and supervision mechanisms to exchange and cooperate with domestic science and research institutions and environmental protection organizations at home and abroad. This organic combination of Tv and Th constitutes the governance system and operation mechanism of a non-technological innovation system.

As demonstrated in Figure 4 (a), the operational logic behind non-technological innovation system is as follows: when the low-carbon weight in cadre assessment system is high enough, non-technological innovation system would set off the key preference conduction effect. As the curved arrow shown in Figure 4 (a), policy preference of prefecture level governments would be conducted from top to down through "prefecture-level cities-counties/districts-towns-villages/streets-communities" in the form of "assessment indexes" of non-technological innovation system, driving the next level to adjust its policy preference, significantly expanding the preference to low-carbon development, and effectively enhance local decision-makers' enthusiasm for low-carbon development. Interviews and questionnaires both indicated that growing weight of low-carbon contribution in cadre assessment system is accompanied by greater enthusiasm for implementing low-carbon development, which is proved by the competition among local governments. As low-carbon development has been adopted as the core concept for the 13th Five-Year Plan, it could be foreseen that inter-provincial gaming would also center on low-carbon development. In addition, when low-carbon development is taken as a strategic preference by provincial governments and when low-carbon contribution gains more weight (as relative to economic contribution) in cadre assessment system, all levels of governments from prefecture-level cities to villages and communities will also inevitably give low-carbon development top priority.

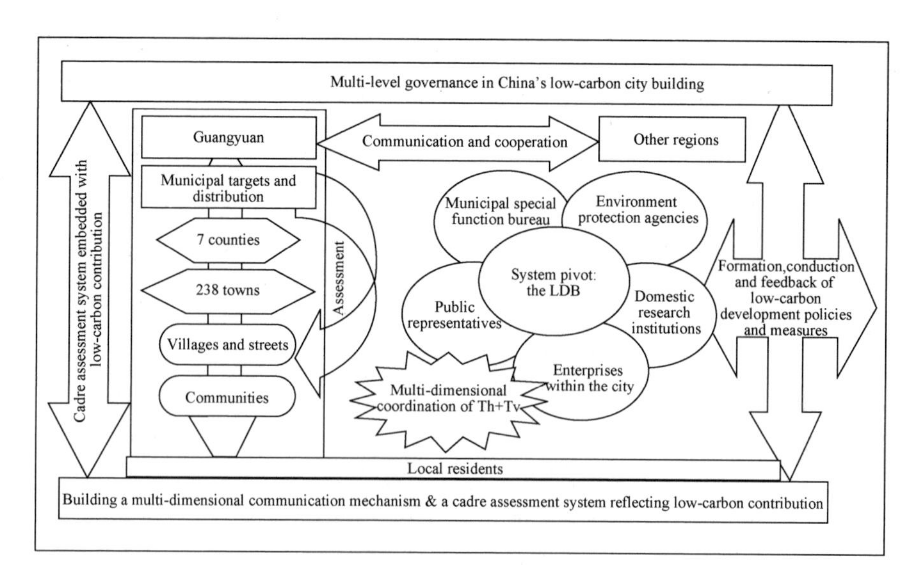

Figure 4 (a) Non-technological innovation system for low-carbon development in Guangyuan

Taking the decision on high-tax and high-pollution industry C as an example, by investigating the potential loss and gain of different prefecture-level cities as a result of their different decisions on industry C, the conclusions can be made as follows (Figure 4 (b)). When prefecture-level city A and B choose to shut down industry C, they both get the score of low-carbon contribution, and related personnel in charge will continue to compete for promotion; when prefecture-level city A chooses to shut down industry C while prefecture-level city B chooses to keep industry C, the former would get a more desirable assessment result and the latter would be eliminated and vice versa; if both A and B choose to keep industry C, they will both be eliminated. As a result, A and B would inevitably make the more sensible decision to shut down industry C and adopt low-carbon development as a top-priority strategic preference, which would naturally be conducted to counties and districts below. By the same token, similar gaming between town A and town B would conduct this preference to villages and communities, until low-carbon development take root in every citizen's core concept and preference.

In the condition that low-carbon development becomes a strategic preference for provincial governments, and low-carbon contribution is given great weight in the assessment system, the potential loss and gain of prefecture-level cities as a result of their different decisions are shown in the below (taking their decisions on high-tax and high-pollution industry C as an example)

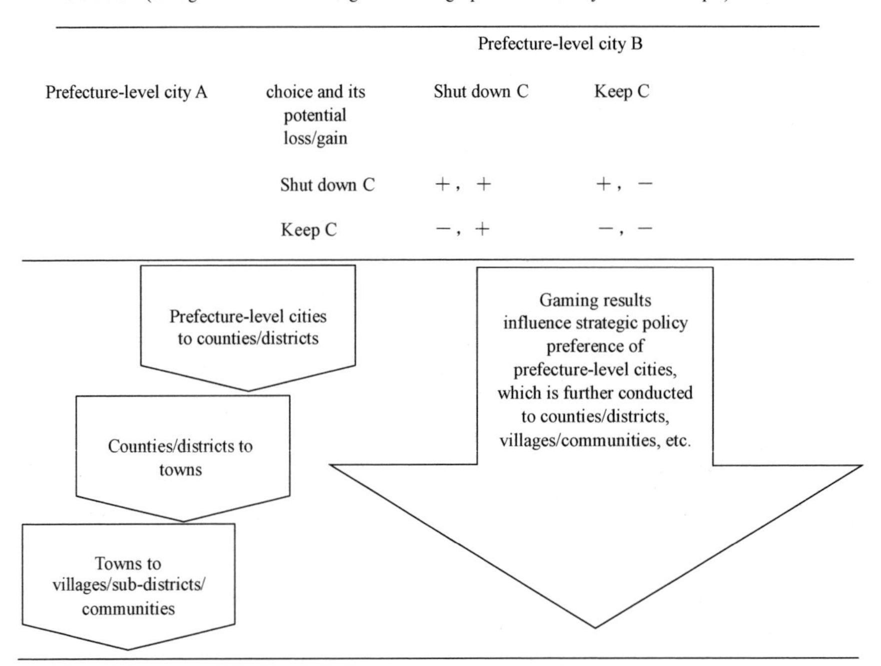

		Prefecture-level city B	
Prefecture-level city A	choice and its potential loss/gain	Shut down C	Keep C
	Shut down C	+, +	+, −
	Keep C	−, +	−, −

In condition that low-carbon development is adopted in towns and becomes the strategic preference there, and low-carbon contribution is given great weight in the assessment system, the potential loss and gain of villages and communities as a result of their different decisions are shown in the below (taking their decisions on high-tax and high-pollution industry D as an example).

		Village/community B	
Village/community A	Decision with potential gain/loss	Shut down D	Keep D
	Shut down D	+, +	+, −
	Keep D	−, +	−, −

Figure 4 （b） Domino effect of low-carbon preference conduction under MLG

In conclusion, government gaming at the same level would result in low-carbon preference conduction that can spread to wider areas and administrative scope and finally make low-carbon development the policy preference and pathway for the cities in low-carbon transition. Nevertheless, this would happen if and only if non-technological innovation system is well developed, in which cadre assessment system gives sufficient weight to low-carbon contribution; besides, Tv and Th dimensions must be organically combined and low-carbon preference is conducted through domino effect from provinces to prefecture-level cities, counties and districts, and finally to villages and communities. During this process, policies are well localized, driving low-carbon development in the whole Western China.

3.2.4. Low-carbon development evaluation system based on non-technological innovation system

In local low-carbon development competition, evaluation system is one of the key factors influencing the policies and effectiveness of local governments. Therefore, an objective evaluation system helps to improve effectiveness of low-carbon development. Existing low-carbon development indicators highlight technological factors, such as low-carbon output, consumption, resource, low-carbon technology, and environmental quality, while non-technological factors are to some extent overlooked. Consequently, the building of non-technological innovation system has not gained sufficient attention of local governments, restricting the formation, conduction and implementation of low-carbon policies. This book combines technological and non-technological factors, and takes the Low-carbon City Evaluation System (Zhuang *et al.*, 2011; Ding *et al.*, 2015; Li *et al.*, 2014) setup by Zhuang *et al.* at Chinese Academy of Social Sciences, Ding *et al.* at National Climate Center for reference. According to the economic and social conditions of different cities, it establishes the primary framework of the evaluation system for low-carbon development under the MLG structure. As shown in Table 3, this four-level indicator system assesses the progress of low-carbon transition from both technological and non-technological perspectives while highlighting the role of non-technological innovation variables.

Technologically, the progress of low-carbon transition is mainly reflected in aspects of production, consumption, infrastructure, energy, and environmental protection, including economic progress, low-carbon progress, low-carbon resource endowment, low-carbon city construction, etc. What is noteworthy is that as regarding energy, resource endowment mainly deals with access to clean energy while technological system highlights carbon emission decoupling (carbon productivity) and utilization of renewable and non-fossil fuels. In addition, technological evaluation also takes into account low-carbon procurement rate, office automation, decontamination rate of refuse, low-carbon construction, low-carbon transportation, etc.

Non-technological innovation system is mainly concerned with the completeness of low-carbon governance system and the effectiveness of its operation mechanism. The former includes the completeness of the structure of the governance system, the independence and execution capability of special agencies and the completeness of low-carbon policies and instruments. The latter is represented both vertical and horizontal network in the MLG model: horizontally, it is reflected by the sufficiency of inter-departmental coordination, social fairness of low-carbon development and participation rate of low-carbon development; vertically, it is reflected by the smoothness of low-carbon policy conduction and feedback, implementation order of related measures and public awareness of low-carbon development, such as the formulation of development programs and specific policies, task specialization, low-carbon weight in cadre assessment system, especially whether the completion of low-carbon targets are included in the assessment system for all levels of leading cadres from counties, districts, and towns to villages and communities, and whether a reward and punishment system is setup to ensure the implementation of low-carbon policies.

Table 3 Low-carbon development evaluation indicators.

1st level indicators	2nd level indicators	3rd level indicators	4th level indicators	Unit	Evaluation standards
Technological level	Economic support	Economic development level	GDP per capita	Yuan per person	> Regional average
		low-car R&D investment	Proportion of LC investment among local GDP	%	< Regional average
		Energy intensity	Regional GDP energy consumption	ton CO_2 per 10, 000 yuan	> Regional average
	Low-carbon level	Carbon consumption	Relative carbon emission per capita	ton CO_2 per person	Relative carbon emission per capita (carbon emisionper capita/national average) < relative income per capita (income per capita/national average)
	Low-carbon endowment	Carbon intensity of energy	Carbon emission per unit of energy	Ton CO_2 per ton of standard coal	< Regional average, and show year-on-year decrease
		Proportion of nonfossil	Proportion of nonfossil energy	%	> Regional average
		Forest coverage rate	Forest coverage rate	%	> Regional average
		Level of LC buildings	Level of LC buildings	/	Above national building energy efficiency standards and regional average
	Construction of LCC	LC transportation level	LC transportation level	%	> Regional average
		Decontamination rate of refuse	Decontamination rate of refuse	/	> Regional average
		Office automation	Office automation	%	> Regional average
		LC procurement rate	LC procurement rate	%	> Regional average

续表

1st level indicators	2nd level indicators	3rd level indicators	4th level indicators	Unit	Evaluation standards
Non-technological level	Completeness of governance system for LCD	Completeness of governance institution	Whether there are special agencies Whether there are special personnel Whether there are leading groups	Yes/no	All yes
		Independence and execution capability of special agencies	Independence and execution capability of LC management platforms	Strong/weak	Independence and effectiveness of coordination and supervision on departments
			Completeness of strategic plans and measures	Yes/no	With complete strategies and plans for LCD
			Completeness of LC accounting system	Yes/no	With energy list, greenhouse gases list and green GDP accounting system
		Completeness ofLC policies and instruments	Completeness of innovation- driven system	Yes/no	With accountable special agencies, innovation incentive mechanism, regular and irregular promotion, and training, as well as the proportion of related human resources, capital and technology input among GDP

4. Main Findings and Policy Suggestions

4. 1. Main findings

Based on filed investigations and long-term statistic follow-up in Guangyuan, and compared with the survey results of other prefecture-level cities, it is found that improving non-technological innovation system including governance mechanism and evaluation system could generate low-carbon preference domino effect, driving policy adjustment of municipal level all the way down to village, even community levels, thus exerting positive effect of preference intervention. It is the same from provincial level to municipal level. Gaming among governments of the same level could result in the expansion of low-carbon preference to wider regions and administrative scope until low-carbon development is adopted as a policy preference and pathway for the cities in the climate change vulnerable places, or even the whole country. Therefore, building and completing non-technological innovation system will help to achieve low-carbon development and share the fruits of low-carbon development.

4. 2. Policy suggestions

4. 2. 1. Completing non-technological innovation system while enhancing low-carbon management capacity

Besides technological support, low-carbon development requires the establishment of effective non-technological innovation system, which should consist of two parts: first, the MLG mechanism that is vertical top-down and bottom-up multi-level coordination mechanism, and an effective and well-organized horizontal interaction and dialogue mechanism among various stakeholders; second, an evaluation system matching the structure, meaning that low-carbon governance should not only focus on economy, technology, and other technological indicators, but also need to take into account other non-technological indicators such as governance mechanism. Indicators of local cadre assessment system should proceed to qualitative and quantitative "low-carbon transition" so as to enhance the enthusiasm of local decision makers for low-carbon development.

In order to complete non-technological innovation system, it could be considered to set low-carbon governance platform as a system pivot. For one thing, this helps vertical institutions to resolve, conduct, and provide feedback on low-carbon development policies; for another, it also facilitates interaction and coordination among different departments and stakeholders horizontally. As executors, prefecture-level governments should make sensible judgment on their internal and external conditions based on their low-carbon transition targets. After making targets more detailed, they can accordingly decide approaches and policy instruments. Policy formulation is a two-dimensional construction: vertically, primary policies should, by means of the governance platform, achieve top-down conduction and bottom-up feedback through the city-district-township-community-business/citizen chain; horizontally, major participants and stakeholders in low-carbon development should be established and, through the governance platform, primary policies should be thoroughly discussed among departments, agencies, governments, businesses, citizens, NGOs and other interest parties to ensure overall participation and the building of effective coordination, dialogue, and supervision systems. In this way, problems resulted from systemic loopholes that may lead to profit and efficiency loss, impair social justice and misguide public's understanding of low-carbon concept could be avoided.

4. 2. 2. Exerting preference intervention and making non-technological innovation system generate the cascade effect in conduction and spreading effect among the same level of governments

On the basis of non-technological innovation system, preference intervention should be conducted. Specifically, major local government leaders should be equipped with low-carbon development concept and enhanced low-carbon governance capacity; meanwhile, governance system and corresponding cadre assessment system should be improved so as to achieve the qualitative and quantitative low-carbon transition of local government assessment system. This promises to drive the conduction and spreading of preference from GDP-oriented development to low-carbon development, thus enhancing the enthusiasm of local decision makers for low-carbon development through preference intervention。

Successful preference intervention would happen if and only if non-technological innovation system is well developed, meaning low-carbon development governance system is relatively well-rounded and effective, and Tv and Th dimensions are organically combined, while cadre assessment system gives sufficient weight to low-carbon contribution. In this way, low-carbon preference is conducted through domino effect from provinces to prefecture-level cities, counties, and districts, and finally to villages and communities. During this process, policies are well localized, driving low-carbon development in the whole country.

4.2.3. Making prefecture-level cities the executors and driving low-carbon transition from both macro and micro perspectives by means of non-technological innovation system

On a macroscale, prefecture-level governments should conduct communication and coordination with governing departments of both provincial and county/district levels; further refine their low-carbon development strategies and formulate comprehensive planning and corresponding laws and regulations for low-carbon development based on their own resource features, and social and economic progress. Both administrative and market approaches should be employed to facilitate low-carbon industry clustering and building of a clean energy system while advocating low-carbon transportation, low-carbon construction, and low-carbon procurement; besides, price mechanism should be employed to adjust the price relations among energy products in market so as to help the development and utilization of non-fossil energy as well as efficient and clean utilization of fossil energy.

From a micro perspective, program operation and industrial

development should be closely supervised and comprehensively assessed. Based on national standards and with international industrial standards for reference, flexible local industrial standards and unified industrial index system should be established. Importance should be attached to the construction of low-carbon communities and the enhancement in acknowledging low-carbon development concept and its application at the basic level.

4.2.4. Establishing Different Assessment Systems to Reflect "Differentiation" and "Low-carbon" for Different Functional Zones

In order to implement local assessment and evaluation more scientifically, it is necessary to adjust assessment systems in different provinces, cities and regions. That is, on the basis of the further refined National Ecological Functional Division, the assessment system should set corresponding differential assessment factors and weights according to different functional divisions of each region, and expand the assessment indicators between ecological functional zones and other functional zones, and among different ecological functional zones, For example, water conservation or biological diversity and other key ecological functional zones such as those of Great Khingan, Qinling Mountain-Daba Mountain Zone, Dabie Mountain Zone, Nanling Mountain Region, South Fujian Mountain Region, Central Mountain Region in Hainan, Northwestern Sichuan, Three-River's Source Region, Gannan Mountain Region, Qilian Mountain and Tianshan Mountain, etc., must be differentiated in terms of the requirements of their economic indicators from those of the developed coastal areas. Exempting indicators such as GDP and investment, or reducing their weights in the assessment indicator system can be considered, and increasing the weights of ecological protection indicators at the same time can fully reflect "greening", "low-carbon" and "differentiation" of different functional zones.

4.2.5. Establishing uniform low-carbon accounting and traceable environmental accountability system

An unified accounting system based on area fragmentation (southwest, northeast, northwest, for instance) in China should be setup, including making lists of energy consumption and greenhouse gases emission, improving statistical systems for energy production and consumption (including development and utilization of new energies and renewable energies) and monitoring system of greenhouse gases emission, checking work on energy consumption and pollution source. This will make it easier to quantify, report, monitor, evaluate, and assess the targets of low-carbon development, and thus clearly outlining accountability and providing references to performance assessment system for government departments and enterprises.

The survey confirmed that, at the present stage, ecological resource protection in ecological functional zones depends mainly on policy adherence by local governments, rather than ordinary residents (such as herdsmen) or external forces. Therefore, while promoting the ecological awareness of residents, it is more necessary to motivate the initiative and enthusiasm of local cadres. In the in-depth interview, both the cadres and the residents admitted that the practice of sacrificing the ecological environment for economic benefits is currently prevalent in local policy behaviors. To this end, tracking low-carbon policy achievement in the national network can be considered as a means to record and recognize the contribution of cadres to the construction of China's ecological civilization. In this way, cadres' contributions would not be interrupted due to geographical relocation or job changes. For example, establishing a national network performance card would allow for the recording of the achievements or adverse consequences (such as decline in water quality and air quality) related to policy implementation by cadres, and this recording would not be interrupted by the transfer of cadres to new positions. Such a traceable environmental accountability system can be used for enhancing the environmental responsibility of local cadres and improving the effectiveness of local ecological civilization construction.

参考文献

中文文献

著作类

［保］托多洛维奇、希波什：《西欧国家的农业工业化》，裘元伦译，北京出版社 1979 年版。

［法］保尔·芒图：《18 世纪产业革命》，商务印书馆 1983 年版。

［美］阿尔文·E. 罗思主编：《经济学中的实验室实验六种观点》，聂庆译，中国人民大学出版社 2013 年版。

［美］埃莉诺·奥斯特罗姆：《公共事务的治理之道》，余逊达、陈旭东译，上海三联书店 2000 年版。

［美］哈罗德·孔茨、海因茨·韦里克：《管理学》，经济科学出版社 1998 年版。

［美］霍利斯·钱纳里等：《工业化与经济增长的比较研究》，吴奇等译，上海人民出版社 1995 年版。

［美］R. D. 罗德菲尔德：《农业技术、农场规模和农场组织结构变化的原因》，《美国的农业与农村》，安子平等译，农业出版社 1983 年版。

［美］罗斯托编著：《从起飞进入持续增长的经济学》，贺立平译，四川人民出版社 1988 年版。

［美］马立博：《中国环境史：从史前到现代》，关永强、高丽洁

译，中国人民大学出版社 2015 年版。
［美］苏珊·C. 莫泽等主编：《气候变化适应：科学与政策联动的成功实践》，曲建升等译，科学出版社 2017 年版。
［意］卡洛·齐波拉主编：《欧洲经济史》第三—六卷，中译本，商务印书馆 1989—1991 年版。
［英］阿萨·勃利格斯：《英国社会史》，陈叔平、刘城等译，中国人民大学出版社 1991 年版。
［英］M. M. 波斯坦等主编：《剑桥欧洲经济史》第四—八卷，经济科学出版社 2003—2004 年版。
［英］麦迪森：《世界经济二百年回顾》，李德伟等译，改革出版社 1997 年版。
娄伟、李萌：《低碳经济规划：理论、方法、模型》，社会科学文献出版社 2011 年版。
潘家华：《低碳城市：经济学方法、应用与案例研究》，社会科学文献出版社 2012 年版。
潘家华：《低碳发展的社会经济与技术分析》，社会科学文献出版社 2004 年版。
潘家华、庄贵阳、朱守先：《低碳城市：经济学方法、应用与案例研究》，社会科学文献出版社 2012 年版。
裘元伦：《稳定发展的联邦德国经济》，湖南人民出版社 1988 年版。
宋则行、樊亢主编：《世界经济史（修订版）》上、下卷，经济科学出版社 1998 年版。
夏耕：《中国城乡二元经济结构转换研究》，北京大学出版社 2005 年版。
谢伏瞻、刘雅鸣主编：《应对气候变化报告（2019）：防范气候风险》，社会科学文献出版社 2019 年版。
谢伏瞻、刘雅鸣主编：《应对气候变化报告（2018）：聚首卡托维兹》，社会科学文献出版社 2018 年版。

谢伏瞻、刘雅鸣主编:《应对气候变化报告(2020):提升气候行动力》,社会科学文献出版社 2020 年版。

杨异同等编:《世界主要资本主义国家工业化的条件、方法和特点》,上海人民出版社 1959 年版。

张坤民、潘家华、崔大鹏:《低碳经济论》,中国环境科学出版社 2008 年版。

中国科学院可持续发展战略研究组:《2009 中国可持续发展战略报告:探索中国特色的低碳道路》,科学出版社 2009 年版。

论文类

[美] 戴维·兰迪斯:《1750—1914 年间西欧的技术变迁与工业发展》,《剑桥欧洲经济史》(第六卷),王春法等译,经济科学出版社 2002 年版。

陈飞、诸大建:《低碳城市研究的理论方法与上海实证分析》,《城市发展研究》2009 年第 10 期。

陈光伟、李来来:《欧盟的环境与资源保护——法律、政策和行动》,《自然资源学报》1999 年第 7 期。

陈楠、庄贵阳:《中国低碳试点城市成效评估》,《城市发展研究》2018 年第 10 期。

戴亦欣:《中国低碳城市发展的必要性和治理模式分析》,《中国人口·资源与环境》2009 年第 3 期。

单卓然、黄亚平:《跨省域低碳城市群健康发展策略初探——以长江中游城市群为例》,《现代城市研究》2013 年第 12 期。

杜栋、葛韶阳:《基于系统工程方法统筹低碳城市规划、建设与管理》,《科技管理研究》2016 年第 24 期。

杜栋、葛韶阳、景雪琴:《低碳城市建设政策工具包的建立及政策工具的有效性分析》,《环境保护与循环经济》2016 年第 6 期。

杜栋、李亚琳:《基于“投入—产出”角度的低碳城市建设评价体系研究》,《上海环境科学》2018 年第 2 期。

杜栋、王慕宇：《低碳城市建设政策工具的有效性分析》，《华北电力大学学报》（社会科学版）2017 年第 1 期。

杜栋、王婷：《低碳城市的评价指标体系完善与发展综合评价研究》，《中国环境管理》2011 年第 3 期。

杜栋、庄贵阳、谢海生：《从“以评促建”到“评建结合”的低碳城市评价研究》，《城市发展研究》2015 年第 11 期。

段永蕙、针宏艳、张乃明：《山西省低碳城市评价与空间格局分析》，《生态经济》2018 年第 4 期。

费衍慧、林震：《低碳城市建设中的绿色建筑发展研究》，《中国人口·资源与环境》2010 年第 S2 期。

巩翼龙、魏大泉：《低碳公路交通评价模型的构建与应用——以黑龙江省为例》，《武汉大学学报》（工学版）2012 年第 6 期。

桂晓峰，张凌云：《低碳型城市交通发展初探》，《城市发展研究》2010 年第 11 期。

国家气候中心：《2020 年中国气候公报》，2021 年 2 月 10 日发布。

胡必彬：《欧盟不同环境领域环境政策发展趋势分析》，《环境科学与管理》2006 年第 6 期。

蒋惠琴、张丽丽：《低碳城市综合评价指标体系研究》，《经营与管理》2012 年第 11 期。

蒋尉：《西部地区绿色发展的非技术创新系统研究——一个多层治理的视角》，《西南民族大学学报》（人文社会科学版）2016 年第 9 期。

Stephen M. Johnson：《经济手段 VS 环境正义：欧盟的视角》，《环境经济》2009 年第 10 期。

柯水发、潘晨光、温亚利、潘家华、郑艳：《应对气候变化的林业行动及其对就业的影响》，《中国人口·资源与环境》2010 年第 6 期。

李勇辉、袁旭宏、潘爱民：《企业非技术创新理论研究动态》，《经济学动态》2016 年第 5 期。
连玉明：《中国大城市低碳发展水平评估与实证分析》，《经济学家》2012 年第 5 期。
梁传志、侯隆澍：《既有建筑节能改造：进展 · 成效 · 建议》，《建设科技》2014 年第 7 期。
刘昌义、潘家华：《气候变化的不确定性及其经济影响与政策含义》，《中国人口 · 资源与环境》2012 年第 11 期。
刘骏、胡剑波、袁静：《欠发达地区低碳城市建设水平评估指标体系研究》，《科技进步与对策》2015 年第 7 期。
刘钦普：《国内低碳城市的概念及评价指标体系研究评述》，《南京师大学报》（自然科学版）2014 年第 2 期。
刘细良、秦婷婷：《低碳经济视角下的长株潭城市群交通系统优化研究》，《经济地理》2010 年第 7 期。
刘英杰：《英国、荷兰农业人力资源开发》，《世界农业》1999 年第 5 期。
刘志林、戴亦欣、董长贵：《低碳城市理念与国际经验》，《城市发展研究》2009 年第 6 期。
刘竹、耿涌、薛冰等：《基于“脱钩”模式的低碳城市评价》，《中国人口 · 资源与环境》2011 年第 4 期。
马军、周琳、李薇：《城市低碳经济评价指标体系构建——以东部沿海 6 省市低碳发展现状为例》，《科技进步与对策》2010 年第 22 期。
潘家华、陈迎：《碳预算方案：一个公平、可持续的国际气候制度框架》，《中国社会科学》2009 年第 5 期。
潘家华：《从生态失衡迈向生态文明：改革开放 40 年中国绿色转型发展的进程与展望》，《城市与环境研究》2018 年第 4 期。
潘家华：《范式转型再构城市体系的几点思考》，《城市与环境研究》2019 年第 1 期。

潘家华、黄承梁、庄贵阳、李萌、娄伟：《指导生态文明建设的思想武器和行动指南》，《环境经济》2018 年第 2 期。

潘家华：《人文发展分析的概念构架与经验数据——以对碳排放空间的需求为例》，《中国社会科学》2002 年第 6 期。

潘家华：《生态产品的属性及其价值溯源》，《环境与可持续发展》2020 年第 6 期。

潘家华：《碳排放交易体系的构建、挑战与市场拓展》，《中国人口·资源与环境》2016 年第 8 期。

潘家华：《新中国 70 年生态环境建设发展的艰难历程与辉煌成就》，《中国环境管理》2019 年第 11 期。

潘家华：《“一带一路”倡议的战略再思考》，《海南大学学报（人文社会科学版》2020 年第 1 期。

潘家华：《与承载能力相适应　确保生态安全》，《中国社会科学》2013 年第 5 期。

潘家华、张莹：《中国应对气候变化的战略进程与角色转型：从防范“黑天鹅”灾害到迎战“灰犀牛”风险》，《中国人口·资源与环境》2018 年第 10 期。

潘家华：《遵循生态环境规律，提升生态环境治理能力与水平》，《理论导报》2020 年第 4 期。

庞博、方创琳：《智慧低碳城镇研究进展》，《地理科学进展》2015 年第 9 期。

秦波、邵然：《城市形态对居民直接碳排放的影响——基于社区的案例研究》，《城市规划》2012 年第 6 期。

裘元伦：《二百年的发展观：欧洲的经历》，《科学与现代化》2006 年第 5 期。

裘元伦：《欧洲国家工业化过程中的技术创新与扩散》（上），《中国经贸导刊》2005 年第 23 期。

裘元伦：《欧洲国家工业化过程中的技术创新与扩散》（下），《中国经贸导刊》2005 年第 24 期。

裘元伦：《欧洲经济—社会政策改革述评》，载《红旗文稿》2003 年第 13 期。

任福兵、吴青芳、郭强：《低碳社会的评价指标体系构建》，《江淮论坛》2010 年第 1 期。

石龙宇、孙静：《中国城市低碳发展水平评估方法研究》，《生态学报》2018 年第 15 期。

史丹、李少林：《京津冀绿色协同发展效果研究——基于“煤改气、电”政策实施的准自然实验》，《经济与管理研究》2018 年第 11 期。

宋伟轩：《长江沿岸 28 个城市的绿色低碳化发展评价》，《地域研究与开发》2012 年第 1 期。

苏美蓉、陈彬、陈晨：《中国低碳城市热思考：现状、问题及趋势》，《中国人口 · 资源与环境》2012 年第 3 期。

王锋、刘传哲、吴从新等：《城市低碳发展指数的构建与应用——以江苏 13 城市为例》，《现代经济探讨》2014 年第 1 期。

王韬洋：《有差异的主体与不一样的环境“想象”——“环境正义”视角中的环境伦理命题分析》，《哲学研究》2003 年第 3 期。

王雅捷、何永：《基于碳排放清单编制的低碳城市规划技术方法研究》，《中国人口 · 资源与环境》2015 年第 6 期。

王嬴政、周瑜瑛、邓杏叶：《低碳城市评价指标体系构建及实证分析》，《统计科学与实践》2011 年第 1 期。

吴健生、许娜、张曦文：《中国低碳城市评价与空间格局分析》，《地理科学进展》2016 年第 2 期。

吴翌琳：《技术创新与非技术创新对就业的影响研究》，《统计研究》2015 年第 11 期。

谢华生、杨勇、虞子婧等：《天津市低碳发展路径探讨》，《中国人口 · 资源与环境》2010 年第 S2 期。

辛章平、张银太:《低碳经济与低碳城市》,《城市发展研究》2008年第4期。

熊卫:《微型企业非技术创新提升核心竞争力的策略》,《企业经济》2012年第6期。

杨德志:《基于主成分分析法的低碳城市发展综合评价》,《通化师范学院学报》2011年第4期。

杨威杉、蔡博峰、王金南:《中国低碳城市关注度研究》,《中国人口·资源与环境》2017年第2期。

姚红、游珍、方淑荣等:《低碳经济背景下地方政府环境政策执行力调控研究》,《环境科技》2011年第4期。

叶祖达:《低碳城市规划建设:成本效益分析》,《城市规划》2010年第8期。

雍兰利、叶微波:《简论技术创新以及非技术创新》,《科技进步与对策》2006年第11期。

张泉、叶兴平、陈国伟:《低碳城市规划——一个新的视野》,《城市规划》2010年第2期。

张玮、魏津瑜、康在龙:《低碳视角下的现代城市公共交通发展战略研究》,《科技管理研究》2013年第20期。

张莹:《基于低碳评价指标的武汉低碳城市建设研究》,《中国软科学》2011年第S1期。

郑思齐、霍燚:《低碳城市空间结构:从私家车出行角度的研究》,《世界经济文汇》2010年第6期。

郑振宇:《论低碳经济时代的政府管理创新》,《未来与发展》2011年第9期。

周军、马晓丽:《京津冀协同发展视角下低碳城市发展规划及路径》,《人民论坛》2015年第32期。

周枕戈、庄贵阳、陈迎:《低碳城市建设评价:理论基础、分析框架与政策启示》,《中国人口,资源与环境》2018年第6期。

朱婧、刘学敏、张昱：《中国低碳城市建设评价指标体系构建》，《生态经济》2017 年第 12 期。

朱丽：《2000—2015 年广州城市低碳可持续发展进程研究》，《生态环境学报》2018 年第 5 期。

庄贵阳：《低碳经济与城市建设模式》，《开放导报》2010 年第 6 期。

庄贵阳、朱守先、袁路等：《中国城市低碳发展水平排位及国际比较研究》，《中国地质大学学报》（社会科学版）2014 年第 2 期。

外文文献

著作类

Anthony D. Owen and Nick Hanley, *The Economics of Climate Change*, London: Routledge, 2004.

Archon Fung, "Varieties of Participation in Complex Governance", Public Administration Review, Special Issue, December 2006.

Ashok V. Desai, *Real Wages in Germany*, 1871 – 1963, London: Oxford University Press., 1968.

Baines D., *Migration in a Mature Economy*, *Emigration and Internal Migration in England and Wales*, 1861 – 1900, Cambridge: Cambridge University Press, 1985.

Bardhan P., *Land*, *Labor*, *and Rural Poverty*: *Essays in Development Economics*, New York: Columbia University Press, 1984.

Berghahn V. R., *Imperial Germany*, 1871 – 1918: *economy*, *society*, *culture*, *and politics*, Oxford: Berghahn Books, 2005.

Borrie Wilfred David, *The Growth and Control of World Population*, London: Weidenfeld and Nicolson, 1970.

Bulkeley H. and Betsill M., *Cities and Climate Change*: *Urban Sustainability and Global Environmental Governance*, New York:

Routledge, 2003.

Byers M. , *Role of Law in International Politics*, London: Oxford University Press, 2000.

Carr-Saunders Alexander, *World Population: Past Growth and Present Trends*, Oxford: Clarendon Press, 1936.

Chambers J. D. , *The Agricultural Revolution*, 1750 – 1850, London: B. T. Batsford Ltd, 1966.

Chenery H. B. , *Structural Change and Development Policy*, New York: Oxford University Press, 1979.

Clark C. , *The Conditions of Economic Progress*, 3rd edn. , London: Macmillan, 1957.

Coale Ansley J. , *The Decline of Fertility in Europe from the French Revolution to World War II*, Michigan: Michigan University Press, 1969.

Deane P. and Cole, W. H. , *British Economic Growth, Trends and Structure*, London: Cambridge University Press, 1967.

Dhakal S. , Ruth M. , *Creating Low Carbon Cities*, Cham: Springer International Publishing, 2017.

Eric Kerridge, *The Agricultural Revolution*, London: George Allen & Unwin Ltd. 1967.

Fei J. H. and Ranis, *Development of the Labor Surplus Economy: Theory and Policy*, Homewood: Richard A Irwin, Inc. , 1964.

Fei J. H. and Ranis, *Growth and Development from an Evolutionary Perspective*, Oxford: Blackwell Publishers Ltd. , 1997.

Feinstein C. H. , *National Income, Expenditure and Output of the United Kingdom*, 1855 – 1965, Cambridge: Cambridge University Press, 1972.

Franklin L. Ford, *Europe*, 1780 – 1830, London: Longmans, 1970.

Frumkin Grezegorz, *Population Changes in Europe since* 1939: *A Study of Population Changes in Europe during and since World War II as Shown by the Balance Sheets of Twenty-four European Countries.* New York: Kelley, 1951.

Hans P. Binswanger and Vernon W. Ruttan eds. , *Induced Innovation*: *Technology*, *Institutions and Development*, Baltimore: Johns Hopkins University Press, 1978.

Hill C. P. , *British Economic and Social History*, 1700 – 1982, London: Macmillan, 1982.

H. J. Habakkuk and M. M. Postan, *The Cambridge Economic History of Europe*, Vol. 5, New York: Combridge University Press, 1977.

H. J. Habakkuk and M. M. Postan, *The Cambridge Economic History of Europe*, Vol. 6, New York: Cambridge University Press, 1978.

H. J. Habakkuk and M. M. Postan, *The Cambridge Economic History of Europe*, Vol. 7, New York: Cambridge University Press, 1978.

H. J. Habakkuk and M. M. Postan, *The Cambridge Economic History of Europe*, Vol. 8, New York: Cambridge University Press, 1989.

Ian Bache and Matthew Flinders, *Multi-level Governance*, New York: Oxford University Press, 2004.

John Parry Lewis, *Building Cycles and Britain's Growth*, London: Macmillan, 1965.

Johnson H. G. , *The Two-Sector Model of General Equilibrium*, Chicago: Aldine-Atherton, 1971.

Jones E. L. , *Agriculture and the Industrial Revolution*, New York: Halsted Press, 1974.

Kenneth Coutts, Wynne Godley and William D. Nordhaus, *Industrial Pricing in the United Kingdom*, Cambridge: Cambridge University Press, 1978.

Kenneth H. , Connell, *Irish Peasant Society*: *Four Historical Essays*, Oxford: Clarendon Press, 1968.

Kiihn M. and Galling L. , *From Green Belts to Regional Parks*: *History and Challenges of Suburban Landscape Planning in Berlin*, UK: Ashgate Pub Co. , 2008.

Marks Gary, " Structural Policy in the European Community ", in Alberta Sbragia (ed.), *Europolitics*: *Institutions and Policy Making in the " New " European Community*, Washington, D. C. : The Brookings Institution, 1992.

McElligott A. (ed.), *The German Urban Experience*, 1900 - 1945: *Modernity and Crisis*, London and New York: Routledge, 2001.

Mendonça M. , *Feed-in Tariffs*: *Accelerating the Deployment of Renewable Energy*, London: Earth Scan, 2007.

Mingay G. E. , *English Landed Society in the 18th Century*, London: Routledge and Kegan Paul, 1963.

Mitchell B. R. , *British Historical Statistics*, Cambridge: Cambridge University Press, 1988.

Mosson T. M. , *Management Education in Five European Countries*, London: Business publication Ltd. , 1965.

North Douglass C. , *Structure and Change in Economic History*, New York: W. W. Norton, 1981.

Olson M. , *The Logic of Collective Action*, Cambridge: Harvard University Press, 1965.

Organization for Economic Co-operation and Development (OECD), *Proposed Guidelines for Collecting and Interpreting Technological Innovation Data-Oslo Manual*, 2nd edition, OECD/EC/Eurostat, 1996.

Overton M. , *Agricuture Revolution in England*, London: Cambridge

University Press, 1996.

Peacock A. T. and Wiseman J. , *The Growth of the Public Expenditure in the United Kingdom*, New Jersey: Princeton University Press, 1961.

Polsby N. A. , *Political Innovation in America: The Politics of Policy Innovation.* Berkeley: University of California Press, 1984.

Portney K. E. , *Taking Sustainable Cities Seriously*, Cambridge: MIT Press, 2003.

Postan M. M. , *An Economic History of Western Europe*: 1945 – 1964, London: Methuen & Co. , 1967.

Richardson H. W. , *Economic Recovery in Britain* 1932 – 1939, London: Weidenfeld and Nicolson, 1967.

Richard Sylla and Gianni Toniolo edi. , *Patterns of European Industrialization, the 19th Century*, New York: Routledge, 1991.

Robert B. Gordon, Tjalling C. Koopmans, William D. Nordhaus and Brian J. Skinner, *Toward a New Iron Age? A Study of Patterns of Resource Exhaustion*, Cambridge: Harvard University Press, 1988.

Robert E. Litan and William D. Nordhaus, *Reforming Federal Regulation*, New Haven: Yale University Press, 1983.

Rothenberg L. S. , *Environmental Choices: Policy Responses to Green Demands*, Washington, DC: CQ Press, 2002.

Schultz T. W. , *Transforming Traditional Agriculture*, New Haven: Yale University Press, 1964.

Schumpeter J. , *The Theory of Economic Development*, Cambridge: Harvard University Press, 1934.

Shonfield A. , *Modern Capitalism, the Changing Balance of Public and Private Power*, London: Oxford University Press, 1965.

Sidney D. Chapman, *the History of Working-Class Housing, A Symposium*, Newton Abbot: David&Charles, 1971.

Simon Kuznets, *Modern Economic Growth: Rate, Structure and Spread*, New Haven: Yale University Press, 1966.

Stone R., and Rowe, D. A., *the Measurement of Consumers' Expenditure and Behaviour in the United Kingdom* 1920 – 1938, Vol. 2, Cambridge: Cambridge University Press, 1966.

Weber A. F., *The Growth of Cities in the* 19*th Century, a Study in Statistics*, New York: The Macmillan Company, 1899.

William D. Nordhaus and Joseph Boyer, *Warming the World: Economic Modeling of Global Warming*, Cambridge: MIT Press, 2000.

William D. Nordhaus, *A Question of Balance: Weighing the Options on Global Warming Policies*, New Haven: Yale University Press, 2008.

William D. Nordhaus (ed.), *Economic and Policy Issues in Climate Change*, Washington, D. C.: Resources for the Future, 1998.

William D. Nordhaus, *Invention, Growth and Welfare: A Theoretical Treatment of Technological Change*, Cambridge: MIT Press, 1969.

William D. Nordhaus, *Managing the Global Commons: The Economics of Climate Change*, Cambridge: MIT Press, 1994.

William D. Nordhaus, "Proceedings of the Workshop on Energy Demand", *IIASA Collaborative Paper*, CP – 76 – 001, January 1976.

William D. Nordhaus, *The Climate Casino: Risk, Uncertainty, and Economics for a Warming World*, New Haven: Yale University Press, 2013.

William D. Nordhaus, *The Efficient Use of Energy Resources*, New Haven: Yale University Press, 1979.

William D. Nordhaus. *The Swedish Nuclear Dilemma: Energy and the Environment*, Washington, D. C.: Resources for the Future, 1997.

Wilson C., *The History of Unilever: A Study in Economic Growth and Social Change*, London: Cassell& Co., 1954.

W. W. Rostow, *The Stages of Economic Growth*, New York: Cambridge University Press, 1990.

论文类

Aall C., Groven, K. and Lindseth, G., "The Scope of Action for Local Climate Policy: The Case of Norway Global Environmental Politics", Vol. 7, No. 2, 2007.

Aboal Diego and P. Garda, "Technological and non-technological Innovation and Productivity in Services Vis-à-vis Manufacturing Sectors", *Economics of Innovation and New Technology*, Vol. 25, No. 5, 2015.

Ackerman F., "Waste Management and Climate Change", *Local Environment*, Vol. 5, No. 2, 2000.

Agyeman, J., Evans, B. and Kates, R. W., "Greenhouse Gases Special: Thinking Locally in Science, Practice and Policy", *Local Environment*, Vol. 3, No. 3, 1998.

Alexandra Hyard, "Non-technological Innovations for Sustainable Transport", *Technological Forecasting & Social Change*, Vol. 80, No. 7, 2013.

Allman Lee, Fleming Paul and Wallace Andrew, "The Progress of English and Welsh Local Authorities in Addressing Climate Change", *Local Environment*, Vol. 9, No. 3, 2004.

Anderson N. and King N., "Managing innovation in organizations", *Leadership and Organizational Development Journal*, Vol. 12, No. 4, 1991.

Andrew Jordan, "The European Union: An Evolving System of Multi-level Governance or government?", *Policy & Politics*, Vol. 29, No. 2, 2001.

Angel D. P., Attoh S., Kromm D., et al. "The Drivers of

Greenhouse Gas Emissions: What do We Learn from Local Case Studies?", *Local Environment*, Vol. 3, No. 3, 2007.

Bardhan P., "Economics of Development and the Development of Economics", *Journal of Economic Perspectives*, Vol. 7, No. 2, 1993.

Berry F. S. and Berry W. D., "Innovation and Diffusion Models in Policy Research", in *Theories of the Policy Process* edited by P. A. Sabatier, Boulder, CO: Westview Press, 1999.

Betsill M. M. and H. Bulkeley, "Cities and the Multi-level Governance of Global Climate Change", *Global Governance*, Vol. 12, No. 2, 2006.

Betsill M. M. and H. Bulkeley, "Transnational Networks and Global Environmental Governance: The Cities for Climate Protection Program", *International Studies Quarterly*, Vol. 48, No. 2, 2004.

Betsill M. M., "Mitigating Climate Change in U. S. Cities: Opportunities and Obstacles", *Local Environment*, Vol. 6. No. 4, 2001.

Bulkeley Harriet and Betsill M. Michele, "Rethinking Sustainable Cities: Multi-level Governance and the 'Urban' Politics of Climate Change", *Environmental Politics*, Vol. 14, No. 1, 2005.

Bulkeley Harriet and Kern, Kristine, "Local Government and Climate Change Governance in the UK and Germany", *Urban Studies*, Vol. 43, No. 12, 2006.

Bulkeley H., "Down to Earth: Local Government and Greenhouse Policy in Australia", *Australian Geographer*, Vol. 31, No. 3, 2000.

Bulkeley H., "Governing Climate Change: the Politics of Risk Society?" *Transactions of the Institute of British Geographers*, Vol. 26, No. 4, 2001.

Caroline Mothe and Thuc Uyen Nguyen Thi, "Non-technological and Technological Innovations: do Services Differ from Manufacturing? An Empirical Analysis of Luxembourg Firms", *International Journal of*

Technology Management, Vol. 57, No. 4, 2012.

Caroline Mothe and Thuc Uyen Nguyen Thi, "The Link between Non-technological Innovations and Technological Innovation", *European Journal of Innovation Management*, Vol. 13, No. 3, 2010.

Cesar Pino, Christian Felzensztein, Anne Marie Zwerg-Villegas and Leopoldo Arias-Bolzmann, "Non-technological Innovations: Market Performance of Exporting Firms in South America", *Journal of Business Research*, Vol. 69, No. 10, 2016.

Charlie Jeffery, "Sub-national Mobilization and European Integration: Does it Make any Difference?" *Journal of Common Market Studies*, Vol. 38, No. 1, 2000.

Clingermayer J. C., "The Adoption of Economic Development Models by Large Cities: A Test of Economic, Interest Group, and Institutional Explanations", *Policy Studies Journal*, Vol. 18, No. 3, 1990.

Damanpour F., Evan W. M., "Organizational Innovation and Performance: the Problem of Organizational Lag", *Administrative Science Quarterly*, Vol. 29, No. 3, 1984.

Darier Eric and Schüle Ralph, "Think Globally, Act Locally? Climate Change and Public Participation in Manchester and Frankfurt", *Local Environment*, Vol. 4, No. 3, 1999.

Davies Anna, "Local Action for Climate Change: Transnational Networks and the Irish Experience", *Local Environment*, Vol. 10, No. 1, 2005.

Dieter Langwirsche, "Wanderungsbewegungen in der Hochindustrialisierungsperode Regional, interstaditiche und innerstaditiche Mobilitat in Deutschland 1880 – 1910", *Viertejahrschrift fuer Sozial- und Wirtschaftsgeschichte*, Vol. 2, No. 4, 1968.

Druckman A, Bradley P, Papathanasopoulou E, et al, "Measuring

Progress towards Carbon Reduction in the UK", *Ecological Economics*, Vol. 66, No. 4, 2008.

Feiock R. C. and West J., "Testing Competing Explanations for Policy Adoption: Municipal Solid Waste Recycling Programs", *Political Research Quarterly*, Vol. 46, No. 2, 1993.

Feldman F. L. and Wilt C. A., "Evaluating the Implementation of State-level Global Climate Change Programs", *The Journal of Environment and Development*, Vol. 5, No. 1, 1996.

Fletcher-Chen, Chavi C. Y. F. B. Al-Husan , and F. B. Alhussan, "Relational Resources for Emerging Markets Non-technological Innovation: Insights from China and Taiwan", *Journal of Business & Industrial Marketing*, Vol. 32, No. 6, 2017.

Godwin M. L. and Schroedel J. R., "Policy Diffusion and Strategies for Promoting Policy Change: Evidence from California Local Gun Control Ordinances", *Policy Studies Journal*, Vol. 28, No. 4, 2000.

Grimmond S., "Urbanization and Global Environmental Change: Local Effects of Urban Warming", *The Geographical Journal*, Vol. 173, No. 1, 2007.

Honhart M., "Company Housing as Urban Planning in Germany, 1870 – 1940", *Central European History*, Vol. 23, No. 1, 1990.

Hossny Azizalrahman and Valid Hasyimi, "Towards a Generic Multi-criteria Evaluation Model for Low-Carbon Cities", *Sustainable Cities and Society*, Vol. 39, May 2018.

Hu Biliang, "Evaluating Low-Carbon City Development in China: Study of Five National Pilot Cities", *Reform, Resources and Climate Change*, edited by Song Ligang, Canberra: ANU Press, 2016.

Hunt E. H., "Labour Productivity in English Agriculture (1850 – 1914)," *Economic History Review*, 2nd Ser., xxiii, 1970.

Jennifer González-Blanco, Jose Luis Coca-Pérez and Manuel Guisado-González, "The Contribution of Technological and Non-Technological Innovation to Environmental Performance. An Analysis with a Complementary Approach", *Sustainability*, Vol. 10, No. 11, 2018.

Jens Peter Molly, "Background information from the German Renewable Energies Agency", Renews Special Issue 41, September 2010.

Jiang Wei , " Study on German Renewable Policy: An MLG Perspective— the Case Study of Wind Power", Report to the Alexander von Humboldt Foundation, July 2011.

Joanna I. Lewis and Ryan H. Wiser, " Foster a Renewable Energy Technology Industry: An International Comparison of Wind Industry Policy Support Mechanisms", *Energy Policy*, Vol. 35, No. 3, 2007.

Jorgenson D. W. , "Surplus Agricultural Labor and the Development of a Dual Economy", *Oxford Economic Papers*, Vol. 19, 1967.

Kaelble H. and H. Volkmann, " Konjunktur und Streik waehrend des Uebergangs zum Organisierten Kapitalismus," *Zeitschrift fuer Wirtschaft-und Sozialwissenschaften*, Vol. 92, 1972.

Kaelble H. , "Sozialer Aufstieg in Deutschland, 1850 – 1914," Viertel-jahrschrift fuer Sozial-und Wirtsschaftsgeschichte, Vol. vx, 1973.

Karkkainen B. C. , Fung A. , and Sabel C. F. , " After Backyard Environmentalism: Toward a Performance-Based Regime of Environmental Regulation", *American Behavioral Scientist*, Vol. 44, No. 4, 2000.

Keating Michael, " Size, Efficiency and Democracy: Consolidation Fragmentation, and Public Choice. " In *Theories of Urban Politics*, edited by David Judge and Gerry Stoker, London: Sage, 1995.

Kinzig A. P. , and D. M. Kammen, " National Trajectories of Carbon Emissions: Analysis of Proposals to Foster the Transition to Low-carbon Economies", *Global Environmental Change Part A: Human and Policy Dimensions*, Vol. 8, No. 3, 1998.

Kousky C. and Schneider Stephen, "Global Climate Policy: Will Cities Lead the Way?" *Climate Policy*, Vol. 3, No. 4, 2003.

Kriedte P., *Peasants, Landlords and Merchant Capitalists*, Cambridge: Cambridge University Press, 1983.

Kuznets S., *Modern Economic Growth: Rate, Structure and Spread*, New Haven: Yale University Press, 1966.

Lafferty W. M. and Hovden, E., "Environmental Policy Integration: Towards an Analytical Framework", *Environmental Politics*, Vol. 12, No. 3, 2003.

Larsen H. N., "The Case for Consumption-based Accounting of GHG Emissions to Promote Local Climate Action", *Environmental Science and Policy*, Vol. 12, No. 7, 2009.

Lindseth G., "The Cities for Climate Protection Campaign (CCPC) and the Framing of Local Climate Policy", *Local Environment*, Vol. 9, No. 4, 2004.

Liu Wei and Bo Qin, "Low-carbon City Initiatives in China: A Review from the Policy Paradigm Perspective", *Cities*, Vol. 51, January 2016.

Lowery David, "A Transactions Costs Model of Metropolitan Governance: Allocation versus Redistribution in Urban America", *Journal of Public Administration Research and Theory*, Vol. 10, No. 1, 2000.

Marks Gary and Liesbet Hooghe, "Unravelling the Central State, but How? Types of Multi-level Governance", *American Political Science Review*, Vol. 97, No. 2, 2003.

Marschak J., "Business Cycles: A Theoretical, Historical, and

Statistical Analysis of the Capitalist Process by Joseph A. Schumpeter" (Book Review), *Journal of Political Economy*, Vol. 48, No. 6, 1940.

Md. Nazirul Islam Sarker, Md. Altab Hossin, Yin Xiao Hua, et al, "Low Carbon City Development in China in the Context of New Type of Urbanization", *Low Carbon Economy*, Vol. 9, No. 1, 2018.

Michael Stein and Lisa Turkewitsch, "The Concept of Multi-level Governance in the Studies of Federalism", Paper Presented at *the* 2008 *International Political Science Association* (*IPSA*) *International Conference*, May 2008.

Mischa Bechberger and Danyel Reiche, "Renewable Energy Policy in Germany: Pioneering and Exemplary Regulation", *Energy for Sustainable Development*, Vol. 8, Issue 1, 2004.

Mullin J. R., "City planning in Frankfurt, Germany, 1925 – 1932, a Study in Practical Utopianism", *Journal of Urban History*, Vol. 4, No. 1, 1977.

Murata Yasusada, "Rural-urban Interdependence and Industrialization", *Journal of Development Economics*, Vol. 68, No. 1, 2002.

Ostrom Elinor, "Metropolitan Reform: Propositions Derived, from Two Traditions", *Social Science Quarterly*, Vol. 53, No. 4, 1972.

Peter Kristensen, "The DPSIR Framework", Paper presented at the workshop on *a comprehensive assessment of the vulnerability of water resources to environmental change in Africa using river basin approach*, UNEP Headquarters, Nairobi, Kenya, September 2004.

Peters B. G. and Jon Pierre, "Developments in Intergovernmental Relations: Towards Multi-Level Governance", *Policy and Politics*, Vol. 29, No. 2, 2000.

Piattoni Simona, "Multi-level Governance: A Historical and Conceptual

Analysis", *Journal of European Integration*, Vol. 31, No. 2, 2009.

Pielke Jr, Gwyn Prins, A. Roger, Rayner Steve and Sarawitz Daniel, "Lifting the Taboo on Adaptation", *Nature*, Vol. 445, No. 7128, 2007.

Portney K. E., "Civic Engagement and Sustainable Cities in the U. S.", *Public Administration Review*, Vol. 65, No. 5, 2004.

Primo D. M., Jacobsmeier M. L. and Milyo J., "Estimating the Impact of State Policies and Institutions with Mixed-level Data", *State Politics and Policy Quarterly*, Vol. 7, No. 4, 2007.

Qiu Yuanlun, "Eight Pairs of Contradictions Contained in Economic Globalization", *World Economy & China*, Vol. 4, No. 2, 1998.

Radicic D. and Djalilov K., "The Impact of Technological and Non-technological Innovations on Export intensity in SMEs", *Journal of Small Business and Enterprise Development*, Vol. 26, No. 4, 2018.

Sammy Zahran, Himanshu, et al. "Risk, Stress, and Capacity: Explaining Metropolitan Commitment to Climate Protection", *Urban Affairs Review*, Vol 43, Issue 4, 2008.

Sawhney M., Wolcott R. and Arroniz, "The Twelve Different Ways for Companies to Innovate", *MIT Sloan Management Review*, Vol. 47, No. 3, 2006.

Schmidt T. and Rammer C., "Non-technological and Technological Innovation: Strange Bedfellows?", *ZEW Discussion Paper*, No. 07 – 052, 2007.

Selin H. and Van Deveer S. D., "Political Science and Prediction: What's Next for U. S. Climate Change Policy", *Review of Policy Research*, Vol. 24, No. 1, 2007.

Shipan C. R. and Volden C., "Bottom-up Federalism: The Diffusion of Anti-smoking Policies from U. S. Cities to States", *American Journal of Political Science*, Vol. 50, No. 4, 2006.

Skeer M., George S., Hamilton, W. L., Cheng D. M., and Siegel, M., "Town-level Characteristics and Smoking Policy Adoption in Massachusetts: Are Local Restaurant Smoking Regulation Fostering Disparities in Health Protection", *American Journal of Public Health*, Vol. 94, No. 2, 2004.

Steams P. N., "Adaptation to Industrialization: German Workers as a Test Case", *Central European History*, Vol. 3, No. 4, 1970.

Tan Sieting, Jin Yang and Jinyue Yan, "Development of the Low-carbon City Indicator (LCCI) Framework", *Energy Procedia*, Vol. 75, December 2015.

Tapio P., "Towards a Theory of Decoupling: Degrees of Decoupling in the EU and the Case of Road Traffic in Finland between 1970 and 2001", *Journal of Transport Policy*, Vol. 12, No. 2, 2005.

Thorstein Veblen, "On the Nature of Capital: Investment, Intangible Assets, and the Pecuniary Magnate", *The Quarterly Journal of Economics*, Vol. 23, No. 1, 1908.

Toly N., "Transnational Municipal Networks in Climate Politics: From Global Governance to Global Politics", *Globalizations*, Vol. 5, No. 3, 2008.

Wall Ellen and Marzall Katia, "Adaptive Capacity for Climate Change in Canadian Rural Communities", *Local Environment*, Vol. 11, No. 4, 2006.

Wheeler S. M., "State and Municipal Climate Plans", *Journal of the American Planning Association*, Vol. 74, No. 7, 2008.

William D. Nordhaus and James Tobin, "Is Growth Obsolete?" in *The Measurement of Economic and Social Performance*, edited by Milton Moss, Cambridge: NBER, 1973.

Wilson Elizabeth, "Adapting to Climate Change at the Local Level: The Spatial Planning Response", *Local Environment*, Vol. 11, No. 6, 2006.

Yarnal B, OConnor R. E. and Shudak R., "The Impact of Local versus National Framing on Willingness to Reduce Greenhouse Gas Emissions: A Case Study from Central Pennsylvania", *Local Environment*, Vol. 8, No. 4, 2003.

Zahran S. et al., "Risk, Stress and Capacity: Explaining Metropolitan Commitment to Climate Protection", *Urban Affairs Review*, Vol. 43, No. 4, 2008.

后　记

我们自2008年开始了对四川低碳发展的跟踪调研，然而当时的研究主要集中于地级市广元，尚欠缺足够的代表性和普及性。感谢国家社科基金一般项目的资助，我们得以扩大了调研的范围，调研试点从广元延伸到成都、雅安、汉中、巴中等市，从四川扩展到内蒙古、青海、浙江、上海、吉林等省市，大大增强了研究结果的可信度。

感谢中国社会科学院科研局、民族学与人类学研究所、城市发展与环境研究所给予我很多田野调查的时间和机会，在内蒙古、四川、青海、浙江、广东等试点的田野工作期间，对牧区、农村及城镇居民的问卷调查和入户访谈，以及对各个部门的组访谈以及档案查阅，使我获得了非常有价值的第一手数据资料。感谢四川试点城市的罗强老师和邹谨市长给我们提供了基层学习和实践的机会，以及宽松的调研环境。还要感谢 Widener 图书馆瀚如烟海的藏书和人性化的服务。在课题研究过程中，中国社会科学院学部委员潘家华老师给了我很多指导，跟着老师参会往往能拜会到在我做文献时敬仰的前辈们；国家生态环境部应对气候变化司的蒋兆理司长解答了我对低碳试点的诸多理论与实践问题；庄贵阳研究员、朱守先研究员以及陈楠博士、文梅和惠临等同学给了我重要的数据分享。特别感谢中国社会科学出版社的老师们，没有他们的辛苦付出，就没有本书的出版。研究与写作的过程，也是一个被帮助和支持的过程，无法一一赘述，在此一并感谢所有给予本书以支持与帮助的人们。

得益于大家巨大的支持和帮助，本书最初设计的调研试点以及内容结构也从单薄趋向丰满。尽管现在本书依然还是爱因斯坦最初的那个不成熟的“小板凳”，但它提示了有待进一步探索的有价值的问题和自己努力的方向：少数民族地区是中国乃至亚洲的生态屏障，同时也是最易受气候变化威胁的地区。如何制定和实施有效的气候政策，既达到政策有效性，又实现气候环境正义，推动少数民族地区的可持续发展，则是一项迫在眉睫的长期任务。田野跟踪调查显示，民族文化心理是当地生态环境保护的一项重要影响因素。气候变化、可持续发展政策的制定如果缺失对不同民族的文化心理以及本土知识等变量的考量以实现本地化，政策的有效度将是值得怀疑的。

如何根据全国功能区划来制定和实施不同功能区城市的差异性、绿色低碳化的考核指标，缓释生态功能区经济驱动与环境保护的冲突，既是生态功能区政府和居民的期待，也是全国功能区划发挥作用的关键环节。同理，为了解决干部任期与地方低碳转型政策可持续性之间的矛盾，“干部绩效一卡通”制度的具体设计和推广也是值得考虑的问题。

气候容量是一项全球性的公共产品，应对气候变化、实现可持续发展需要全球范围的共同行动。在城市间竞争的同时，合作共赢是必由之路。如何在“人类命运共同体”的大框架下，按照全国功能区划格局，根据不同的城市类型和特点，寻求有效推动经济环境协调发展的非技术创新系统的最优点，构建城市命运共同体，是值得我们进一步思考的问题。

2018 年，威廉姆·诺登豪斯（William D. Nordhaus）和另一位大师保尔·罗默（Paul M. Romer）因将技术创新和气候变化引入长期宏观经济模型分析所做出的成就而获该年度的诺贝尔经济学奖。他们在气候变化经济学领域的研究既是对该学科的卓越贡献，也是对整个气候环境系统——地球家园的贡献。应对气候变化、保护生态环境，实现可持续发展是全球性的公共事务，需要突破国界和边境、不分信仰、不分民族和种族的全人类的共同努力。